普通高等学校网络工程专业教材

交换机与路由器 配置教程

韩劲松　李康乐　主　编
贺晓光　左　雷　副主编

清华大学出版社
北京

内 容 简 介

本书采用理论与实训相结合的方式,以锐捷交换机/路由器为例,从基础知识讲起,围绕某学院办公网的设计展开知识的讲述,详细介绍了交换机的基本配置、虚拟局域网、链路及设备的冗余管理、路由器基本配置、IP路由协议及配置、网络地址转换与访问控制列表、点对点协议PPP、网络设备系统管理的知识。

本书配有习题和实训,注重网络技术的实用性、通俗性,可作为本科院校和高职高专院校相关课程的教材,也可作为网络管理从业人员的自学用书。

图书在版编目(CIP)数据

交换机与路由器配置教程/韩劲松,李康乐主编. —北京:清华大学出版社,2022.2(2024.7重印)
普通高等学校网络工程专业教材
ISBN 978-7-302-59594-6

Ⅰ.①交… Ⅱ.①韩… ②李… Ⅲ.①计算机网络-信息交换机-高等学校-教材 ②计算机网络-路由选择-高等学校-教材 Ⅳ.①TN915.05

中国版本图书馆 CIP 数据核字(2021)第 239138 号

责任编辑:张 玥 薛 阳
封面设计:常雪影
责任校对:李建庄
责任印制:杨 艳

出版发行:清华大学出版社
          网   址:https://www.tup.com.cn,https://www.wqxuetang.com
          地   址:北京清华大学学研大厦 A 座   邮   编:100084
          社 总 机:010-83470000   邮   购:010-62786544
          投稿与读者服务:010-62776969,c-service@tup.tsinghua.edu.cn
          质量反馈:010-62772015,zhiliang@tup.tsinghua.edu.cn
          课件下载:https://www.tup.com.cn,010-83470236
印 装 者:三河市铭诚印务有限公司
经   销:全国新华书店
开   本:185mm×260mm   印   张:19.25   字   数:470 千字
版   次:2022 年 2 月第 1 版   印   次:2024 年 7 月第 3 次印刷
定   价:65.00 元

产品编号:092699-01

前　言

随着计算机及网络技术的发展和广泛应用,网络信息化已经成为现代企业生存和发展的必备条件。网络发展的趋势是网络规模不断扩大,网络应用不断拓展,网络安全的要求不断提高,由此对计算机网络工程专业人才的需求也与日俱增。然而,现阶段能够从事网络建设、网络应用和网络管理、维护的人才还很少,远远不能满足网络管理需求。

交换机与路由器是大型交换式网络的核心设备,这些设备必须根据网络应用的需求进行合理正确的配置才能使用。在组建网络时,除布线以外,最重要的是对网管型交换机和路由器进行配置,以实现网络设计的功能;在日常的使用、管理和维护过程中,也要经常对网络设备的配置进行调整,以提高网络的性能和安全性,保证网络通畅,方便用户使用。这些都要求网络管理人员具备较高的对交换机、路由器、防火墙等网络设备进行配置和管理的技术。

本书是为满足学校及社会中存在的这些应用需求而编写的创新网络教材,可满足理论和实践教学需求。本书定位在网络设备的配置和管理的应用上,不对网络设备的内部结构原理和应用协议做深入研究,力图从应用者需求角度对网络设备的基本工作原理和网络协议进行阐述,不涉及深奥的知识。理论知识主要介绍网络设备配置与管理过程中用到的内容,让学生在实践时不仅知道"怎么做",更重要的是知道"为什么";实训内容主要选取网络中典型的先进的网络技术,以实际应用背景设计实训内容,使学生不仅加深对理论知识的理解,还能举一反三,从而将网络技术应用到不同的场合。

本书作者多年从事计算机网络、网络综合布线、网络配置与管理以及网络安全等课程的教学工作,有着丰富的理论和实践经验,为此书的编写奠定了基础。通过本书学习,可以使读者了解网络组建的基本原理和方法,掌握交换机的常规配置、VLAN 技术、生成树技术、端口安全、链路聚合、路由器的常规配置、路由技术、访问控制技术、局域网与互联网连接技术等典型常用技术,并能基本具备应用网络技术进行网络设计、组建的能力。

本书可作为本科和高职高专院校计算机网络相关专业学生及网络管理从

FOREWORD

业人员的学习用书。在清华大学出版社网站(http://www.tup.tsinghua.edu.cn)上提供了本书的多媒体课件。在本书及课件的使用中如果遇到问题,请联系本书责任编辑。

本书由韩劲松和李康乐任主编,由贺晓光和左雷任副主编。全书共分为10章,其中,第2、5、6章由韩劲松编写,第1、4、7、10章由李康乐编写,第3章由贺晓光编写,第8章由左雷编写,第9章由贺晓光和左雷共同编写。

由于时间仓促,作者水平有限,书中难免存在疏漏和不足,恳请读者批评指正,使本书得以改进和完善。

编　者

2021 年 12 月

C O N T E N T S

目　录

C O N T E N T S

CONTENTS

CONTENTS

CONTENTS

CONTENTS

CONTENTS

项 目 背 景

    熟练完成网络设备调试是网络工程师和网络安全工程师的基本技能。不论你是专科毕业生、本科毕业生还是研究生,也不管你是通信工程师、网络工程师或者是安全工程师,只要你的工作是负责项目建设或维护,就需要熟练掌握网络设备的调试。本课程的目的是使学生能够掌握网络基本设备——交换机及路由器的基本配置,为今后的学习工作打下基础。

    本课程以某学院办公网络的拓扑结构(见图 0-1)为背景,以任务分解、分堂讲授完成的方式授课。

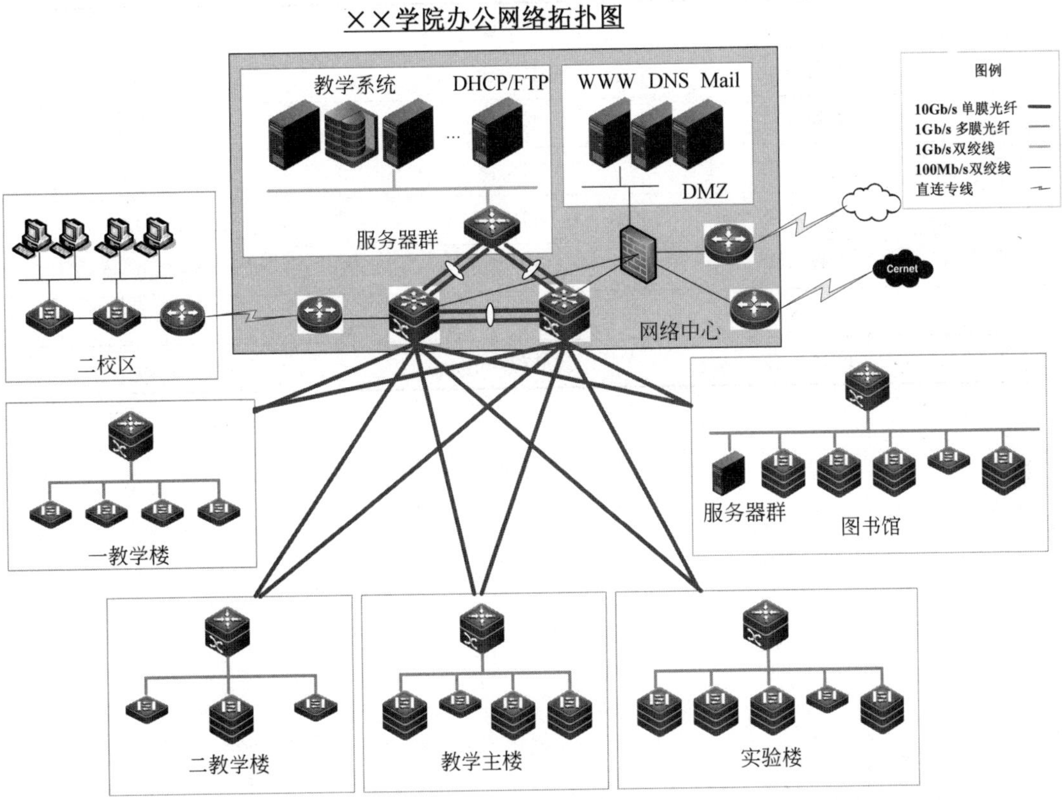

图 0-1　某学院办公网络拓扑

网络设备命名规则为:

设备属性+设备名称+"_"+校区+楼宇+楼层。

设备属性:1 位字母。a 表示接入,d 表示汇聚,c 表示核心,e 表示出口。

设备名称:英文名称。switch 表示交换机,router 表示路由器,firewall 表示防火墙。

校区:1 位数字。1 表示主校区(教学主楼、一教学楼、二教学楼、实验楼、图书馆),2 表示二校区。

楼宇:取设备所在楼宇名称前两个汉字,用全拼表示。

楼层：两位数字。9 楼及以下前面加 0，如 9 楼用 09 表示；接入交换机含楼层数字，汇聚交换机不含。

例如：

aswitch_1jiaoxue07 主校区教学主楼 7 层接入交换机

dswitch_1jiaoxue

两台核心交换机的命名如下。

cswitch_1　　　（左侧核心交换机）

cswitch_2　　　（右侧核心交换机）

IP 地址分配采用 B 类私有地址，如表 0-1 所示。

表 0-1　IP 地址分配表

序　号	部　　门	地　址　段	掩　　码
1	图书馆	172.16.0.0	255.255.0.0
2	实验楼	172.17.0.0	255.255.0.0
3	教学主楼	172.18.0.0	255.255.0.0
4	一教学楼	172.19.0.0	255.255.0.0
5	二教学楼	172.20.0.0	255.255.0.0
6	二校区	172.21.0.0	255.255.0.0
7	网络中心	172.30.0.0	255.255.0.0

第1章 网络基础

1.1 网络模型

1.1.1 ISO 的 OSI/RM

国际标准化组织（International Organization for Standardization，ISO）是一个全球性的非政府组织，负责制定大部分领域的国际标准。中国是 ISO 的正式成员，代表中国参加 ISO 的国家机构是中国国家质量监督检验检疫总局（AQSIQ）。

ISO 制定了 OSI/RM（Open System Interconnection/Reference Model），即开放系统互连参考模型。开放是指任何遵守参考模型和有关标准的系统都能够相互连接，开放系统互连是指为了在终端设备、计算机、网络和处理机之间交换信息所需的标准化协议，为了彼此都能使用这些协议，在它们之间也必须是相互开放的。OSI 参考模型定义了不同计算机体系结构互连的标准，是设计和描述计算机网络通信的基本框架。

1. 层次化体系结构

我们知道，对于复杂的计算机网络，最好采用层次化结构。OSI 参考模型中的基本构造技术是分层结构，其划分层次的基本原则如下。

（1）层数应适当，避免不同的功能混杂在同一层中，但又不宜过多，避免描述各层及将各层组合起来过于繁杂。

（2）各层边界的选择应尽量减少跨过接口的通信量。

（3）每层应有明确的功能定义，对已被实践经验证明是成功的层次应予以保留。

（4）各层功能的选择应该有助于制定网络协议的国际标准。

（5）在保持与上下相邻层间接口服务定义不变的前提下，允许在本层内改变功能和协议。

（6）根据通信功能的需要，在同一层内可以建立若干子层，可以根据情况跳过某些子层。

（7）每一层仅和它的相邻层建立接口并规定相应的服务，这个原则也适用于子层的接口。

OSI 参考模型制定过程中采用的方法是将整个庞大而复杂的问题划分为若干个容易处理的小问题，这就是分层的体系结构办法。在 OSI 参考模型中，采用了三级抽象，即体系结构、服务定义、协议规格说明。

OSI 参考模型把网络通信的工作分为七层，如图 1-1 所示。它们由低到高分别是物理层（Physical Layer）、数据链路层（Data Link Layer）、网络层（Network Layer）、传输层（Transport Layer）、会话层（Session Layer）、表示层（Presentation Layer）和应用层

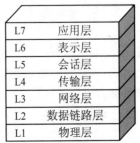

L7	应用层
L6	表示层
L5	会话层
L4	传输层
L3	网络层
L2	数据链路层
L1	物理层

图 1-1 OSI 参考模型

（Application Layer）。第一层到第三层属于 OSI 参考模型的低三层，负责创建网络通信连接的链路，实现通信子网的功能；第五层到第七层为 OSI 参考模型的高三层，具体负责端到端的数据通信，实现资源子网的功能；第四层负责高低层的连接。

在 OSI 参考模型七层结构中，每层完成一定的功能，每层都直接为其上层提供服务，并且所有层次都互相支持，而网络通信则可以自上而下（在发送端）或者自下而上（在接收端）双向进行。当网络中的不同节点进行通信时，如图 1-2 所示，网络中各节点都有相同的层次，不同节点相同层次具有相同的功能，同一节点相邻层间通过接口通信，每一层可以使用下层提供的服务，并向上层提供服务，不同节点的同等层间通过协议实现对等层间的通信。

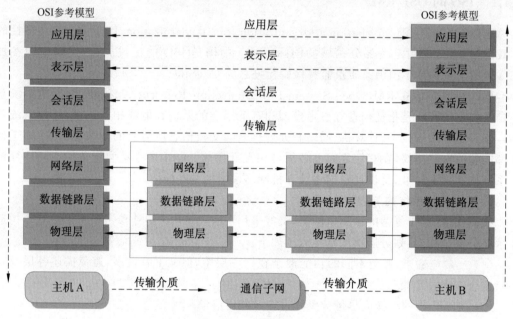

图 1-2　基于 OSI 参考模型的节点间通信模型

当然并不是每一次通信都需要经过 OSI 参考模型的全部七层，有的甚至只需要双方对应的某一层即可。物理接口之间的转接，以及中继器与中继器之间的连接就只需在物理层中进行即可；而路由器与路由器之间的连接则只需经过网络层以下的三层即可。总的来说，双方的通信是在层与层之间进行对等通信，且这种通信只是逻辑上的，真正的通信都是在最底层——物理层实现的，每一层要完成相应的功能，下一层为上一层提供服务，从而把复杂的通信过程分成多个独立的、比较容易解决的子问题。

在 OSI 参考模型结构中，七层网络功能大致可以分为三个层次：第一、二层解决网络信道问题，第三、四层解决传输服务问题，第五、六、七层处理对应用进程的访问。从控制角度看，七层网络的下三层，即第一、二、三层为传输控制层，解决网络通信问题；上三层，即第五、六、七层为应用控制层，解决应用进程通信问题；中间层是第四层，作为传送层，属于传输与应用间的接口。

2. 各层次功能

1）应用层

应用层位于 OSI 参考模型的第七层，即最高层。应用层的功能与应用进程相关，它的主要作用是为应用程序提供接口,使得应用程序能够使用网络服务。

应用层的数据形式是报文,称为应用层协议数据单元(Application layer Protocol Data Unit,APDU)。

2) 表示层

表示层位于 OSI 参考模型的第六层,在应用层的下方。表示层规定了两个系统交换信息的语法和语义。语法是数据的表示形式,确定通信双方"如何讲",定义了数据格式、编码和信号电平等;语义,确定通信双方"讲什么",即数据的内容和意义,定义了用于协调同步和差错处理等控制信息。

表示层的数据形式也是报文,称为表示层协议数据单元(Presentation layer Protocol Data Unit,PPDU)。

表示层的作用有以下几方面。

(1) 数据的编、解码。两个系统间的进程所交换的信息形式通常是字符、数字等,这些信息在传送前需要变换为二进制码流。不同的系统可能使用不同的编码系统,所以表示层的作用就是在不同的编码系统之间提供转换的能力。在发送端的表示层将信息从与发送端有关的格式转换为一种公共格式,在接收端的表示层将该公共格式转换为与接收端相关的格式。

(2) 数据的加、解密。数据的加、解密过程是在表示层实现的。加密和解密,是为了数据传输过程中的安全性,在发送端对数据进行加密处理,接收端收到数据后进行解密处理。

(3) 数据的压缩和解压缩。数据压缩是指在不丢失有用信息的前提下,缩减信息中所包含的数据量以减少存储空间,提高其传输、存储和处理效率。数据的压缩和解压缩过程在表示层实现。

3) 会话层

会话层位于表示层的下方,即第五层。该层的数据形式也是报文,称为会话层协议数据单元(Session layer Protocol Data Unit,SPDU)。

会话层的作用有以下几方面。

(1) 不同用户、不同节点间传输信道的建立和维护。会话层允许两个系统间进行会话,通信可以按全双工或半双工等方式进行。

(2) 同步会话。确定通信双方"讲话的次序",定义了速度匹配和排序等。

(3) 决定通信是否能被中断,以及中断后在何处恢复。断点续传功能在会话层实现。

4) 传输层

传输层位于第四层。传输层是整个网络体系结构中的关键层,其任务是在源主机与目的主机之间提供可靠的、性价比合理的数据传输服务,并且与当前所使用的物理网络完全独立。

当网络中的两台主机通信时,从物理层算起,第一个涉及端到端的层次便是传输层,所以传输层位于端系统,而不是通信子网。它的数据形式是数据段(Segment)。

传输层的作用有以下几方面。

(1) 端口号分配。为了标识同一主机的不同进程,在传输层分配端口号,端口号与 IP 结合形成唯一的套接字(Socket)。

(2) 报文分段与重组。传输层能够在发送端根据网络的处理能力把大的报文分成小的数据单元传送,在接收端按照序号正确地重组。

（3）复用与分用。传输层一个很重要的功能就是复用和分用。

复用,是传输层从应用层接收不同进程产生的报文,这些报文在传输层被复用并通过网络层的协议进行传输;分用,是当这些报文到达目的主机后,传输层便使用分用功能,将报文分别提交给应用层的不同进程。

（4）流量控制。如果发送端发送数据的速度大于接收端接收数据的速度,会使得接收端不能及时接收并处理数据。因此,传输层流量控制的意义在于接收端来得及接收并处理发送端发送的数据。

（5）差错控制。发生错误,通常通过重传机制实现差错控制。

5）网络层

网络层位于第三层。网络层主要负责将数据从源端传递到目的端,如果中间经过多个网络,将由网络层来进行传送路径的选择。它的数据形式是分组或数据包(Packet)。

网络层的作用有以下几方面。

（1）为网络设备提供 IP 地址。在网络层,通过分配的 IP 地址进行设备的识别,IP 地址是一种逻辑地址。

（2）路由选择。数据从源端到目的端,可能会经过不同的网络,在不同的网络之间进行路径的选择,是由网络层完成的。

（3）网络互联。把使用不同网络层协议的网络连接起来,实现不同网络的互联。

6）数据链路层

数据链路层位于第二层。主要作用是一方面从物理层得到服务,另一方面把从网络层接收到的数据分成可以被处理的传输形式。不同的数据链路层协议定义的帧结构不同,数据链路层的数据形式是帧(Frame)。

数据链路层主要考虑帧在数据链路上的传输问题,内容包括:帧的格式,帧的类型,比特填充技术,数据链路的建立和终止,流量控制,差错控制等。常用的数据链路层协议包括:面向字符的传输控制规程,如基本型传输控制规程(BSC);面向比特的传输控制规程,如高级数据链路控制规程(HDLC)。

数据链路层的主要作用有以下几方面。

（1）成帧。数据链路层把从网络层接收到的数据分成数据帧。

（2）物理编址。数据链路层用来标识设备的是物理地址,即设备的实际地址。在成帧的过程中把物理地址添加到数据帧的头部。

（3）流量控制。根据接收端的数据接收处理能力,来确定发送端的发送速率。

（4）差错控制。为了增加数据传输的可靠性,数据链路层通过在帧尾加校验位来实现差错控制。

（5）接入控制。当多个设备连接到同一条链路时,数据链路层需要确定设备什么时候控制传输链路。

7）物理层

物理层位于第一层,即 OSI 模型的最底层。物理层主要负责在网络介质上传输比特流,信号的编码、解码等,与数据通信的物理和电气特性有关。物理层的数据形式是位(bit)。

物理层需要解决以下问题。

（1）实现位操作。将数据形式转换成二进制位。

（2）二进制信号在物理线路的传输。将二进制 0 和 1 转换成能够在传输介质上传输的电或光信号，对数据的传输速率和调制速率进行测算；常采用移频键控和移相键控技术进行信号传输；可采用多种编码方式对物理层的字符和报文组装，最常使用的是 ASCII 编码。在信号传输过程中，系统需要对字符进行控制，能够从比特流中区分和提取出字符或报文。

（3）信号传输规程。规定传输方式采用单工、半双工或全双工，传输过程及事件发生执行的先后顺序。

（4）接口规范。接口的形状、大小，引脚的个数、功能、规格，以及引脚的分布，相应传输介质的参数和特性。接口线功能规定方法，接口线功能分类。

3. 各层次间的数据封装及通信过程

OSI 参考模型的分层体系使得各层功能明确并且独立，下层为上层提供服务。OSI 参考模型的各层封装如图 1-3 所示，通信过程如图 1-4 所示。

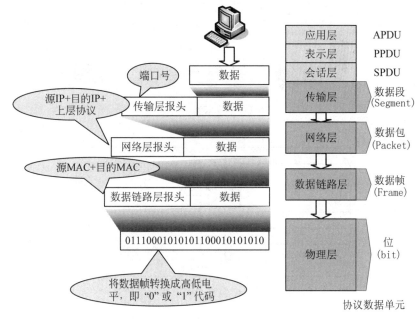

图 1-3　OSI 参考模型的各层封装

1.1.2　TCP/IP

1. TCP/IP 体系结构

由于因特网的飞速发展，它所采用的通信协议 TCP/IP 成为事实上的国际标准。TCP/IP（Transmission Control Protocol/Internet Protocol，传输控制协议/因特网互联协议）由传输层的 TCP 和网络层的 IP 组成，包含多个独立的协议，因此通常称为 TCP/IP 协议族。

TCP/IP 采用四层结构，由高到低分别是应用层、传输层、网际互联层、网络接口层。它的层次结构与 OSI 参考模型的对应关系如图 1-5 所示。

1）应用层

应用层位于四层体系结构的最高层，对应于 OSI 参考模型的高三层（应用层、表示层、

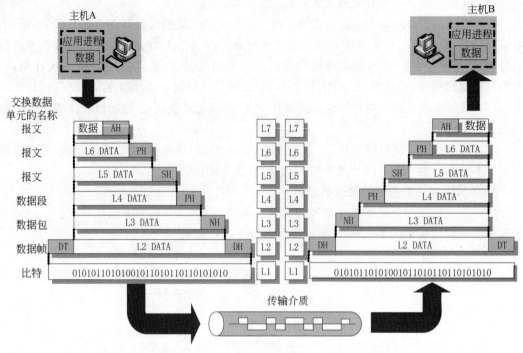

图 1-4　数据通信过程

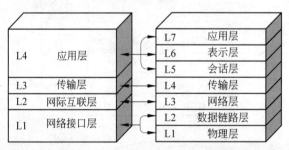

图 1-5　TCP/IP 四层模型与 OSI 七层模型的对应关系

会话层),为用户提供各种所需的服务,如域名解析、邮件接收和发送、文件传输等。为了实现这些服务,在应用层定义了 DNS、SMTP、POP、FTP、SNMP、HTTP、Telnet 等协议。

2) 传输层

TCP/IP 的传输层对应 OSI 参考模型的传输层,为应用层提供端到端的通信。该层定义了两个主要的协议:TCP(Transmission Control Protocol,传输控制协议)提供了一种可靠的面向连接的数据传输服务,在数据传输前,先利用三次握手机制建立传输通道,然后传送信息,数据传输完毕后,传输通道被释放;UDP(User Datagram Protocol,用户数据报协议)提供了一种面向非连接的不可靠的数据传输服务,UDP 在通信之前不需要建立连接通道。

2000 年,IETF(Internet Engineering Task Force,因特网工程任务组)定义了一个新的传输层协议 SCTP(Stream Control Transmission Protocol,流控制传输协议)。它提供了基

于不可靠传输业务的协议之上的可靠的数据报传输协议。SCTP 的设计主要用于通过 IP 网传输 SCN 窄带信令消息。它是一种面向连接的流传输协议,可以看作对 TCP 的改进,通过多宿主、多流功能提供数据传输。

3) 网际互联层

网际互联层对应 OSI 参考模型的网络层,主要提供路由功能,解决主机到主机的数据通信问题。网际互联协议 IP 是 TCP/IP 体系结构中两个最主要的协议之一。与 IP 配套应用的还有四个协议:ARP(Address Resolution Protocol,地址解析协议)、RARP(Reverse Address Resolution Protocol,反向地址解析协议)、ICMP(Internet Control Message Protocol,网际控制报文协议)、IGMP(Internet Group Management Protocol,网际组管理协议)。

4) 网络接口层

网络接口层位于 TCP/IP 模型的最底层,对应 OSI 参考模型的数据链路层和物理层。TCP/IP 本身并未对该层功能进行定义,由参与互联的各网络使用自己的数据链路层和物理层协议,与 TCP/IP 的网络接入层进行连接。

TCP/IP 协议族如图 1-6 所示。

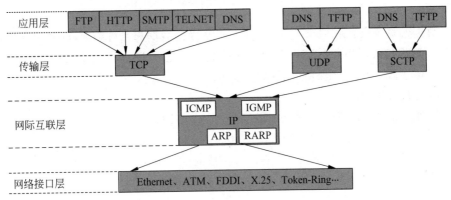

图 1-6 TCP/IP 协议族

2. TCP

TCP 传送的数据单元是 TCP 报文段(Segment)。由于 TCP 提供可靠的、面向连接的传输服务,因此增加了许多额外的开销,使得报文结构的首部增大很多,并且占用了更多的处理机资源。

TCP 报文结构如图 1-7 所示。

(1) 源端口、目的端口字段:各占 2B。端口是传输层与应用层的服务接口,传输层的复用和分用功能都要通过端口才能实现。

(2) 序列号字段:占 4B。由于 TCP 是面向字节传输的,因此 TCP 将所要传送的报文看成是字节组成的数据流,并为每一字节对应一个序号。在连接建立时,双方商定初始序号。TCP 每次发送的报文段的首部中的序号字段数值表示该报文段中的数据部分的第一个字节的序号。

(3) 确认号字段:占 4B。TCP 的确认是对接收到的数据的最高序号表示确认。接收端返回的确认号是已收到的数据的最高序号加 1,因此确认号表示接收端期望下次收到的数据中的第一个数据字节的序号。

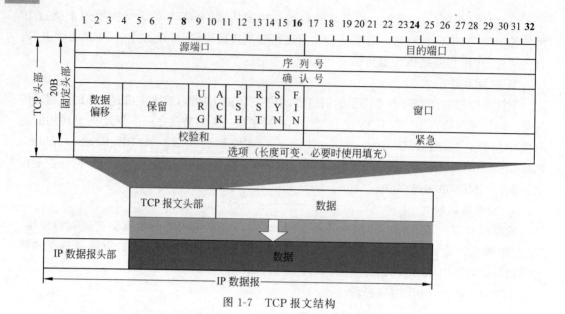

图 1-7　TCP 报文结构

（4）数据偏移字段：占 4b。它指出 TCP 报文段的数据起始处距离 TCP 报文段的起始处有多远。数据偏移量以 4B 为计算单位，实际表示的是 TCP 报文的头长度。

（5）保留字段：占 6b。保留以后使用，置 0。

（6）标志位：共 6b。

URG：紧急位，1b，URG 与紧急字段配合使用。URG＝1，表示紧急字段有效。它告诉系统此报文段中有紧急数据，优先传送（优先级高）。

ACK：确认位，1b，当 ACK＝1 时确认号字段有效；ACK＝0 时，确认号字段无效。

PSH（Push）：推送位，1b，PSH＝1 时，尽快提交报文。

RST（ReSet）：复位位，1b，RST＝1 时，表明 TCP 连接中出现严重问题，必须释放此次连接，重新建立传输连接。

SYN：同步位，1b，SYN＝1，ACK＝0 表示连接请求；SYN＝1，ACK＝1 表示响应报文。

FIN：终止位，1b，释放连接。FIN＝1，表示此报文段发送端的数据已发送完毕，请求释放连接。

（7）窗口字段：占 2B。流量控制，允许发送端发送的最大值，单位为 B。

（8）校验和字段：占 2B。校验和字段检验的范围包含报文头部和数据两部分，采用伪头部计算方式。

（9）紧急字段：占 2B。是一个偏移量，紧急指针指出在本报文段中的紧急数据的最后一个字节的序号。

（10）选项字段：长度可变。TCP 目前只规定了一种选项，即最大报文段长度（Maximum Segment Size，MSS）。MSS 表示所能接收的报文段的数据字段的最大长度是 MSS 字节（MSS 是 TCP 报文段中的数据字段的最大长度，数据字段加上 TCP 首部等于整个 TCP 报文段）。由于选项字段的长度不确定，为了保证整个头部长度是 4B 的整数倍，可以使用填充字段。

端口号分配有两种方式：使用中央管理机构统一分配的端口号或使用动态绑定。

(1) 使用中央管理机构统一分配的端口号。

应用程序的开发者们都默认在 RFC1700 中定义特殊端口号,在进行软件设计时,都要遵从 RFC1700 中定义的规则,不能随便使用已定义的端口号。系统常用端口号如表 1-1 所示。例如,任何 Telnet 应用中的会话都要使用标准端口号 23。

表 1-1　常用端口号

常用的应用层协议 或应用程序	端　口　号	
	UDP	TCP
FTP		21
Telnet		23
SMTP		25
DNS	53	
TFTP	69	
SNMP	161	
HTTP		80
DHCP		67
RPC		135

(2) 使用动态绑定。

如果一个应用程序的会话没有涉及特殊的端口号,那么系统将在一个特定的取值范围内随机地为应用程序分配一个端口号。

主机中的应用程序在发送报文之前,必须确认自身和目的端口号,如果不知道对方的端口号,就必须发送请求以获得对方的端口号。

(1) 服务器端使用的端口号可分为以下 3 类。

第 1 类是熟知端口号或公用端口号,这些端口号的值小于 255。

第 2 类是公共应用端口号,是由特定系统应用程序注册的端口号,其值为 255～1023。

第 3 类端口号称为登记端口号,当在因特网中使用一个未曾用过的应用程序时,就需要向 IANA 申请注册一个其他应用程序尚未使用的端口号,以便在因特网中能够使用该应用程序,这类端口号的值为 1024～49 151。

(2) 客户端使用的端口号。

该类端口号仅在客户端进程运行时临时选择使用,也称为临时端口号,其值为 49 152～65 535。

在客户/服务器(C/S)模式下,当服务器进程接收到客户端进程的报文时,就可以知道客户端进程所使用的端口号,因而可以把数据发送给客户端进程。当本次通信结束后,客户端所使用过的临时端口号被释放,这个端口号可以提供给其他的客户端进程继续使用。

3. IP

IP 数据报的头部所占用的字节数是不确定的,系统默认占有 20B,当包含"IP 选项"字段时,最大可能达到 60B。IP 协议的数据报结构如图 1-8 所示。

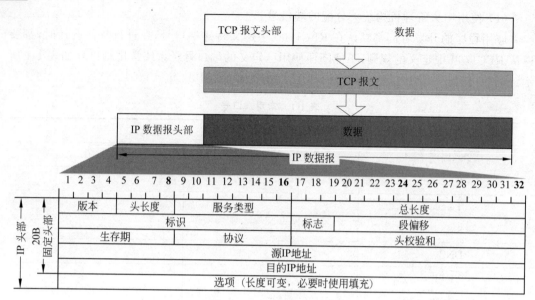

图 1-8　IP 数据报结构

（1）版本字段：占 4b。表明数据报采用因特网协议的哪个版本，对于 IPv4，值为 4。

（2）头长度字段：占 4b。以 4B 为单位计算数据报头部长度。没有 IP 选项字段时，为默认长度，值为 5(5×4＝20)，当有 IP 选项字段时，值为 15(15×4＝60)。

（3）服务类型字段：占 8b。数据报的处理方式，前 3 位为优先级，在 IPv4 中未使用，之后的 4 位为 TOS，用于数据报的服务类型或服务质量，如最小延时、最大吞吐量等，最后 1 位未定义。

（4）总长度字段：占 16b。数据报总长度，包括头部及数据部分，以 B 为单位。该字段为 16b，所以数据报最大长度为 65 535(2^{16}−1)B，其中数据报头部 20～60B。当上层的数据长度超过这个限制时，需要对数据进行分片处理。

（5）标识字段：占 2B。当数据进行分片处理时，通过该字段确定数据报的唯一性。

（6）标志字段：占 3b。该字段用于分片操作。第 1 位保留，第 2 位表示是否对数据分片处理(1 表示不对该数据报分片处理，0 表示对该数据报进行分片处理)，第 3 位表示是否还有分片的数据报(1 表示还有分片，0 表示该分片是一个数据报的最后一个分片)。

（7）段偏移字段：占 13b。该字段用于分片处理，用 8B 表示偏移度量值。

（8）生存期字段：占 1B。该字段表示数据报的生存时间，当该值为 0 时，数据报被丢弃。

（9）协议字段：占 1B。该字段表明发送数据报的上层协议，如 TCP 为 6，UDP 为 17。

（10）头校验和字段：占 2B。确认头部的完整性，该字段只校验 IP 数据报的头部。

（11）源 IP 地址字段：占 4B。该字段标识发送数据的源端 IP 地址。

（12）目的 IP 地址字段：占 4B。该字段标识数据发送的目的地 IP 地址。

（13）选项字段：长度可变。用来进行调试、测试等功能的选项。长度为 1～40B。为了保证该字段的长度是 4B 的整数倍，可在最后用全 0 进行填充。

1.1.3　适用于学习的五层模型

TCP/IP 是四层的体系结构：应用层、传输层、网际互联层和网络接口层。最低层的网络接口层并没有具体内容。因此，在体系结构的学习过程中，通常采取折中的办法，综合 OSI 体系结构和 TCP/IP 体系结构的优点，划分成五层协议结构，如图 1-9 所示。

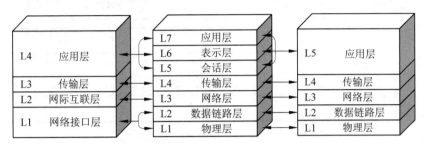

图 1-9　适用于学习的五层模型与 OSI 模型和 TCP/IP 模型的对应关系

1.2　IP 地址

目前应用的 IP 协议版本为 IPv4，使用 32 位二进制表示。为了便于表示，每个地址由 4 段 8 位二进制组成，每个 8 位组被转换成十进制并用"."来分隔，即"点分十进制表示法"。图 1-10 表示了同一 IP 地址的二进制与十进制之间的对应关系。

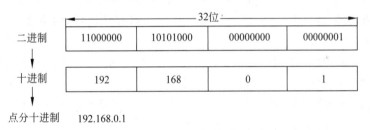

图 1-10　IP 地址格式

IP 地址由地址类别（前缀）、网络 ID、主机 ID 三部分组成，如图 1-11 所示。

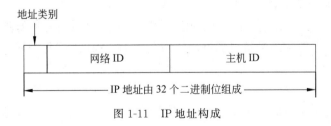

图 1-11　IP 地址构成

1.2.1　IP 地址分类

根据地址类别的不同，将 IP 地址分为 5 类，如图 1-12 所示。

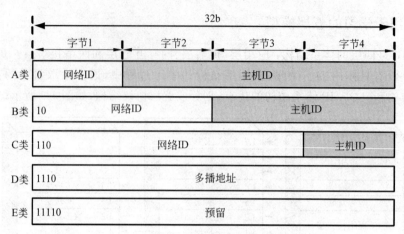

图 1-12　IP 地址分类

1. A 类地址

A 类地址是网络中最大的一类地址,它的默认掩码是 255.0.0.0,它使用 IP 地址中的第一个 8 位组表示网络 ID,其余三个 8 位组表示主机 ID。A 类地址的结构使每个网络拥有的主机数非常多,因此 A 类地址是为超大型网络设计使用的。

A 类地址的第一个 8 位组的第一位被设置为 0,这就限制了 A 类地址的第一个 8 位组的值都不大于 127。

实际上,A 类地址第一个字节的范围为 1～126。虽然从理论上讲,127.x.x.x 和 0.x.x.x 也属于 A 类地址,但是 127.x.x.x 已经被保留作为回路测试使用,网络 0.0.0.0 表示未知网络,所以它们不能分配给任何网络。

因为有三个 8 位组用于表示主机 ID,所以每个 A 类网络的主机数可以达到 16 777 216 (2^{24}),但是由于主机 ID 全 0 的 IP 地址表示网络地址、主机 ID 全 1 的 IP 地址表示到这个网络的定向广播地址,所以实际的主机数应在以上计算的结果上减去 2。主机数的计算方法是 $2^N - 2$,其中,N 是主机部分的位数,例如,在 A 类地址中 $N = 24$。

2. B 类地址

B 类地址的默认掩码是 255.255.0.0。B 类地址使用前两个 8 位组表示网络 ID,后两个 8 位组表示主机 ID。设计 B 类地址的目的是支持大中型网络。

B 类地址的第一个 8 位组的前两位固定设置为 10,所以 B 类地址的范围是从 128.0.0.0 到 191.255.255.255。B 类地址可以拥有的网络数为 16 384(2^{14}),每个网络可以拥有的主机数为 65 534($2^{16} - 2$)。

3. C 类地址

C 类地址的默认掩码是 255.255.255.0,C 类地址使用前三个 8 位组表示网络 ID,最后一个 8 位组表示主机 ID。设计 C 类地址的目的是支持大量的小型网络,因为这类地址拥有的网络数目很多,而每个网络所支持的主机数却很少。

C 类地址的第一个 8 位组的前三位被固定设置为 110,所以 C 类地址的范围为 192.0.0.0～223.255.255.255。

C 类地址可以拥有的网络数是 2 097 152(2^{21}),每个网络可能拥有的主机数是 254($2^8 - 2$)。

4. D 类地址

D 类地址用于 IP 网络中的组播(多点广播)。它不像 A、B、C 类地址一样拥有网络 ID 和主机 ID。一个组播地址标识了一个 IP 地址组。因此可以同时把一个数据流发送到多个接收端,这要比为每个接收端创建一个数据流的流量小得多,它可以有效地节省网络带宽。

D 类地址的第一个 8 位组的前 4 位被固定设置成 1110,所以 D 类地址的范围是从 224.0.0.0 到 239.255.255.255。

5. E 类地址

E 类地址被因特网工程任务组(Internet Engineering Task Force,IETF)保留做研究使用,因此因特网上没有可用的 E 类地址。

E 类地址的第一个 8 位组的前 5 位固定为 11110,因此有效的地址范围从 240.0.0.0 到 247.255.255.255。

6. 掩码的概念

IP 地址在没有相关掩码的情况下是没有意义的。掩码与 IP 地址的组成相似,由 32 位 0 和 1 组成,既可以用二进制表示,也可以用点分十进制表示。与 IP 地址的表示不同的是,掩码的 1 是连续的,而不是 0 和 1 混合组成。掩码包含两个域:网络域和主机域,这些域分别代表网络 ID 和主机 ID,如图 1-13 所示。

二进制表示	11111111 11111111		00000000 00000000	
十进制表示	255	255	0	0
	网络域		主机域	
	网络ID		主机ID	

图 1-13　掩码的组成

掩码通过连续 1 的个数来定义构成 IP 地址的 32 位中有多少位用于表示网络号 ID,或者网络 ID 及其相关子网 ID。掩码中的二进制位构成了一个过滤器,它仅通过应该解释为网络地址的 IP 地址的那一部分,完成这个任务的过程称为按位求与。按位求与是一个逻辑运算,它对 IP 地址中的每一位和相应的掩码位进行,得到的结果就是 IP 地址中所表示的网络 ID 部分。

还有几类特殊的 IP 地址,分别如下。

(1) 本地环回地址:127.0.0.1。

(2) 网络地址:IP 地址的网络位随意(不能为全 0),主机位全为 0。

通过 IP 地址与掩码的按位相与计算。

例如:192.168.12.0。

(3) 广播地址:IP 地址的网络位随意(不能为全 0),主机位全为 1。

例如:192.168.12.255。

(4) 未知网络:IP 地址的网络位全为 0。

例如:0.0.0.23。

(5) 私有地址(RFC1918)。

A 类：10.0.0.0～10.255.255.255　　　　1 个 A　　　默认掩码：255.0.0.0

B 类：172.16.0.0～172.31.255.255　　　16 个 B　　　默认掩码：255.255.0.0

C 类：192.168.0.0～192.168.255.255　　256 个 C　　默认掩码：255.255.255.0

1.2.2　子网划分

由于 IPv4 版本地址缺乏，为了提高 IP 地址的利用率，减少网络边界，同时配合 VLAN 使用，减少广播风暴，增加网络的安全性能，便于管理，往往需要对网络进行细致的子网划分。

1. 子网掩码

子网掩码主要用于子网的划分。

1) 子网掩码的作用

默认情况下，一个 IP 地址由网络 ID 和主机 ID 组成，但通过子网掩码的划分，可以将主机 ID 中的部分位数作为网络 ID 使用，将默认状态下属于主机 ID 但被用作网络 ID 的部分称为子网 ID。这样，在引入子网掩码后，IP 地址将由网络 ID、子网 ID 和主机 ID 三部分组成，即从原来的"网络 ID＋主机 ID"的结构转换成"网络 ID＋子网 ID＋主机 ID"的结构，如图 1-14 所示。

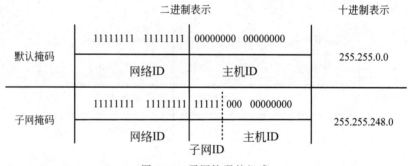

图 1-14　子网掩码的组成

2) 子网掩码的确定

子网掩码的应用打破了默认掩码的限制，使用者可以根据实际需要自己定义网络地址。因为子网掩码确定了子网域的界限，所以当给子网域分配了一些需要的位数(连续的二进制位数 1)后，剩余的位数就是新的主机域。例如，172.31.0.1 为 B 类 IP 地址，默认的掩码为255.255.0.0，即该 32 位 IP 地址的前 16 位表示网络域，后 16 位表示主机域，如果将原来属于主机域的前 5 位作为子网域，这时这个 B 类 IP 地址的掩码将变为 255.255.248.0，主机域将由原来的 16 位变成了 11 位。划分子网后的结构如图 1-14 所示。

给一个 IP 地址划分子网，在默认掩码上，从表示主机域的起始位置连续借出若干位用作子网位，这些位由 0 变为 1，此时默认掩码就变成了子网掩码。

2. 子网划分

在划分子网之前，需要确定所需要的子网数和每个子网的最大主机数，有了这些信息后，就可以定义每个子网的子网掩码、网络地址(网络 ID＋子网 ID)的范围和主机 ID 的范围。

划分子网的步骤如下。

（1）确定需要多少位子网号来唯一标识网络上的每一个子网。

（2）确定需要多少位主机号来标识每个子网上的每台主机。

（3）确定一个合适的子网掩码。

（4）确定标识每一个子网的网络地址。

（5）确定每一个子网所使用的 IP 地址范围。

例如，一个企业，需要对一个 C 类 IP 地址 192.168.0.0/24 进行子网划分，划分 6 个子网，每个子网能容纳 20～30 台主机。

（1）确定子网位（确定子网掩码）。

假设创建子网的数量 $=2^N$（N 是默认掩码中主机位被借用的位数），则 $2^2<6<2^3$。如果将默认掩码从主机位借 2 位，则可以创建 $4(2^2)$ 个子网（其中包括子网 0 和子网 1），不够分配。将掩码从主机位借 3 位作子网位，能够创建 $8(2^3)$ 个子网，可以满足需求。C 类地址的默认掩码为 24 位长，因此新的子网掩码长度为 27 位。即子网掩码为 255.255.255.224。

（2）验证主机位。

在使用这个子网掩码前，需要验证一下它是否满足每个子网所需的主机数目。使用 3 个子网位后，剩下的主机位数为 5，因此每个子网可以拥有 $2^5-2=30$ 台主机，可以满足该企业的需求。

（3）确定子网的地址。

根据确定的子网位，可以依次确定相应的子网，如图 1-15 所示。

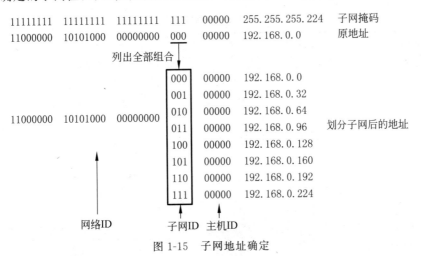

图 1-15　子网地址确定

注意：在一些参考资料上认为划分子网时子网数目要减 2，因为全 0 和全 1 的子网不可使用。事实上，在相应的 RFC 文档中，已经承认了子网位全 1 的子网，并且子网 0 也可以使用。

（4）确定每个子网的 IP 地址，如图 1-16 所示。

3. 可变长子网掩码

可变长子网掩码（Variable Length Subnet Mask，VLSM）是一种在同一个主类网络中用不同长度的子网掩码来分配子网网络号的技术。VLSM 可以为同一个主类网络提供包含多个不同子网掩码的能力。

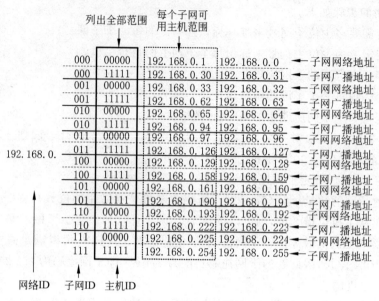

图 1-16   子网主机地址

VLSM 技术对高效分配 IP 地址并减少 IP 地址的浪费及减少路由表大小都起到非常重要的作用。

VLSM 划分见表 1-2。

表 1-2   VLSM 划分

主类 IP 地址	一级子网地址	二级子网地址	三级子网地址	应 用
192.168.1.0 255.255.255.0	192.168.1.0 255.255.255.192	192.168.1.0 255.255.255.240	192.168.1.0 255.255.255.252	2 个 IP 可用 互联路由器使用
			192.168.1.4 255.255.255.252	2 个 IP 可用
			192.168.1.8 255.255.255.252	2 个 IP 可用
			192.168.1.12 255.255.255.252	2 个 IP 可用
		192.168.1.16 255.255.255.240		14 个 IP 可用 网络教研室使用
		192.168.1.32 255.255.255.240		14 个 IP 可用 应用教研室使用
		192.168.1.48 255.255.255.240		14 个 IP 可用 计科教研室使用
	192.168.1.64 255.255.255.192			62 个 IP 可用 多媒体教室使用
	192.168.1.128 255.255.255.192			62 个 IP 可用 教务处使用
	192.168.1.192 255.255.255.192			62 个 IP 可用 实验中心使用

当网络规划中采用 VLSM 技术时,使用的路由协议必须支持 VLSM,如 RIPv2、OSPF、BGP、EIGRP 等。目前的网络设备均支持子网号全 0 和全 1 可用。

4. 无类别域间路由

无类别域间路由(Classless Inter-Domain Routing,CIDR)取消了地址的分类结构,将 IP 地址空间看成一个整体,划分成连续的地址块,采用分块的方法分配 IP 地址。在 CIDR 技术中,采用掩码中表示网络 ID 的二进制位长度来区分网络地址块的大小,称为 CIDR 前缀。如表 1-2 中,IP 地址为 192.168.1.192,子网掩码为 255.255.255.192,用 CIDR 前缀可表示成 192.168.1.192/26。

在实际应用中,常常用 CIDR 技术做 IP 地址汇总,形成超网,即将连续的地址块总结成一条路由条目,减少了路由器中路由条目的数量,提高了路由选择的效率。

利用 CIDR 技术实现路由汇总的条件如下。

(1) 待汇总的 IP 地址具有相同的高位网络 ID。

(2) 待汇总的网络地址数目必须是 $2n$,如 2、4、6、8 个等。

利用 CIDR 技术把多个网络表项缩成一个路由表项的方法如下。

[起始网络,数量]:第一个网络地址和数量。可以用一个超网子网掩码来表示相同的信息,而且用网络前缀法来表示。

例如,一个单位拥有 2000 台主机,那么 NIC 不是分给它一个 B 类网络,而是分配 8 个连续的 C 类网络,每个 C 类网络可容纳 254 台主机,总共可供 2032 台主机使用,也满足用户需求。但是,这种 IP 地址的分配带来的问题就是每个路由器的路由表中必须有 8 个 C 类路由表项,降低了路由效率。采用 CIDR 技术,对这 8 个连续的 C 类地址进行汇总形成一个网络块,如表 1-3 所示。

表 1-3　CIDR 汇总 IP 地址

C 类网络地址	地址二进制编码				汇总后的地址及掩码
202.78.168.0	11001010	01001110	10101*000*	00000000	
202.78.169.0	11001010	01001110	10101*001*	00000000	
202.78.170.0	11001010	01001110	10101*010*	00000000	
202.78.171.0	11001010	01001110	10101*011*	00000000	202.78.168.0/21
202.78.172.0	11001010	01001110	10101*100*	00000000	
202.78.173.0	11001010	01001110	10101*101*	00000000	
202.78.174.0	11001010	01001110	10101*110*	00000000	
202.78.175.0	11001010	01001110	10101*111*	00000000	

实验 1-1　DOS 环境下常用命令一

DOS 环境下的命令使用是以命令行的方式操作的,需要记住大量命令及其格式的使用方法。DOS 命令分为内部命令和外部命令,内部命令是随每次启动的 Command.com

装入并常驻内存,而外部命令是一条单独的可执行文件。在操作时要记住的是,内部命令在任何时候都可以使用,而外部命令需要保证命令文件在当前的目录中,或文件已被加载了路径。

DOS 命令不区分字母的大、小写。

任何命令参数中,[ ]内的参数是可选项,< >内的参数是必选项。

任何命令后加"/?"可显示所有可用参数的用法,相当于 Help 命令。

1. 常用内部命令

DOS 的内部命令是 DOS 操作的基础。

1) dir

(1) 功能:显示磁盘目录下的内容。

(2) 类型:内部命令。

(3) 格式:

dir [盘符:] [路径] [文件名] [/格式参数]

(4) 使用说明。

① 省略所有可选项,直接使用 dir,显示当前目录下的所有非隐藏内容。

② dir/? 可以显示出 dir 所有可用参数的使用说明。

【实验要求】

(1) 用 dir/? 查看所有可用参数。

(2) 逐个练习所有参数的使用,例如:dir/s/p。

2) cd

(1) 功能:显示当前目录名或改变当前目录。

(2) 类型:内部命令。

(3) 格式:

cd [盘符:] [路径名] [子目录名]

(4) 使用说明。

① 如果省略盘符、路径和子目录名则显示当前目录。

② 如采用"cd/"格式,则退回到根目录。

③ 如采用"cd.."格式,则退回到上一级目录。

【实验要求】

(1) 用 cd/? 查看所有可用参数。

(2) 逐个练习所有参数的使用。

例如:

(1) 进入到 usr 子目录:

c:\>cd cmp\usr(进入 cmp 目录下的 usr 子目录)

(2) 从 usr 子目录退回到 cmp 目录:

c:\cmp\usr>cd..

（3）返回到根目录：

c:\cmp>cd/

3）md

（1）功能：创建目录。

（2）类型：内部命令。

（3）格式：

md［盘符:］［路径名］＜目录名＞

（4）使用说明。

① 盘符：要建立目录的磁盘驱动器字母，若省略，则为当前驱动器。

② 路径名：要建立的子目录的上级目录名，若省略，则建在当前目录下。

【实验要求】

（1）用 md/? 查看所有可用参数。

（2）逐个练习所有参数的使用。

例如，在 c 盘的根目录下创建名为 cmp 的子目录：

c:\>md cmp

4）rd

（1）功能：在指定的磁盘删除目录。

（2）类型：内部命令。

（3）格式：

rd［/格式参数］［盘符:］［路径名］＜目录名＞

（4）使用说明。

① 子目录在删除前必须是空的，也就是说，需要先进入该子目录，使用 del（删除文件的命令）将其子目录下的文件删空，然后再退回到上一级目录，使用 rd 命令删除该子目录本身。

② 不能删除根目录和当前目录。

【实验要求】

（1）用 rd/? 查看所有可用参数。

（2）逐个练习所有参数的使用。

例如，删除 c 盘 cmp 目录下的 usr 子目录。

（1）先将 usr 子目录下的文件删空：

c:\>del c:\cmp\usr*.*

（2）删除 usr 子目录：

c:\>rd c:\cmp\usr

5）path

（1）功能：为设备可执行文件显示或设置一个搜索路径，只对文件有效。

（2）类型：内部命令。

（3）格式：

path [盘符1:]目录 [路径名]

（4）使用说明。

① 当运行一个可执行文件时，DOS 会先在当前目录中搜索该文件，若找到则运行之；若找不到该文件，则根据 path 命令所设置的路径，顺序逐条到目录中搜索该文件。

② path 命令中的路径，若有两条以上，各路径之间以一个分号";"隔开。

③ path 命令有三种使用方法：

path [盘符1:] [路径1] [盘符2:] [路径2]…(设定可执行文件的搜索路径)

path;   (清除所有搜索路径并指示 Cmd.exe 只在当前目录中搜索)

path   (显示目前所设的路径)

【实验要求】

（1）用 path/? 查看所有可用参数。

（2）逐个练习所有参数的使用。

6）copy

（1）功能：复制一份文件或多份文件到指定位置。

（2）类型：内部命令。

（3）格式：

copy [源盘符:] [路径] <源文件名> [目标盘符:] [路径] [目标文件名] [/格式参数]

（4）使用说明。

① copy 是文件对文件的方式复制数据，复制前目标盘必须有足够的存储空间。

② 复制过程中，目标盘上相同文件名称的旧文件会被源文件取代。

③ 源文件名与目标文件名之间必须有空格。

④ 文件名中允许使用通配符"＊""?"，可同时复制多个文件。

⑤ copy 命令中源文件名不能省略。

⑥ 复制时，如果目标文件名与源文件名相同，目标文件名可以省略。

⑦ 复制时，如果目标文件名与源文件名不同，目标文件名不能省略。

⑧ 复制时，可以将几个文件合并为一个文件，称为"合并复制"，格式为：

copy [源盘符:] [路径] <源文件名1><源文件名2>…[目标盘符:] [路径] <目标文件名>。

7）del

（1）功能：删除指定的文件。

（2）类型：内部命令。

（3）格式：

del [盘符:] [路径] <文件名> [/格式参数]

（4）使用说明。

① 选用/p参数，系统在删除每一个文件前询问是否真的要删除该文件，若不使用这个

参数,则自动删除。

② 该命令不能删除属性为隐含或只读的文件。

③ 在文件名称中可以使用通配符。

④ 若要删除磁盘上的所有文件,用命令 del ＊.＊ 或 del .,则会提示:是否确认(yes/no?)。若回答 y,则进行删除操作;若回答 n,则取消此次删除操作。

【实验要求】

(1) 用 del/? 查看所有可用参数。

(2) 先建立一个新的目录,再逐个练习所有参数的使用。

8) type

(1) 功能:显示文本文件的内容。

(2) 类型:内部命令。

(3) 格式:

```
type [盘符:] [路径] <文件名>
```

(4) 使用说明。

① 显示文本文件内容。

② 一次只显示一个文件的内容,不能使用通配符。

③ 必须输入完整的文件名。

④ 当文件较长,一屏显示不下时,可以按以下格式显示。

```
type[盘符:] [路径] <文件名>|more
```

more 为管道符,按分屏显示内容,当满屏时会暂停,按任意键会继续显示。

⑤ 若需将文件内容打印出来,可用如下格式。

```
type[盘符:] [路径] <文件名>> prn
```

此时,打印机应处于联机状态。

【实验要求】

(1) 用 type/? 查看所有可用参数。

(2) 先建立一个文本文件,练习该命令的使用。

9) ren

(1) 功能:重命名文件。

(2) 类型:内部命令。

(3) 格式:

```
ren [盘符:] [路径] <旧文件名><新文件名>
```

(4) 使用说明。

① 新文件名前不能加盘符和路径,该命令只对同一目录下的文件更换文件名。

② 允许使用通配符更改一组文件名或扩展名。

【实验要求】

(1) 用 ren/? 查看所有可用参数。

（2）练习该命令的使用。

10）cls

（1）功能：清除屏幕上的所有显示，光标置于屏幕左上角。

（2）类型：内部命令。

（3）格式：cls。

【实验要求】

练习该命令的使用。

11）date

（1）功能：设置或显示系统日期。

（2）类型：内部命令。

（3）格式：

date [/t | date]

（4）使用说明。

① date，不带参数，显示系统日期并提示输入新的日期，不修改则可直接按回车键。

② 当机器开始启动时，有自动处理文件（Autoexec.bat）被执行，则系统不提示输入系统日期，否则提示输入新日期和时间。

12）time

（1）功能：设置或显示系统时间。

（2）类型：内部命令。

（3）格式：

time [/t | time]

（4）使用说明。

① time 不带参数，显示系统时间并提示输入新的时间，不修改则可直接按回车键。

② 当机器开始启动时，有自动处理文件（Autoexec.bat）被执行，则系统不提示输入系统日期，否则提示输入新日期和时间。

2. 常用外部命令

1）mem

（1）功能：显示系统内存情况。

（2）类型：外部命令。

（3）格式：

mem[/c][/f][/m][/p]

（4）使用说明。

① 选用/c 参数列出装入常规内存和 CMB 的各文件的长度，同时也显示内存空间的使用状况和最大的可用空间。

② 选用/f 参数分别列出当前常规内存剩余的字节大小和 UMB 可用的区域及大小。

③ 选用/m 参数显示该模块使用内存地址、大小及模块性质。

④ 选用/p 参数指定当输出超过一屏时，暂停供用户查看。

2）attrib

（1）功能：修改指定文件的属性。

（2）类型：外部命令。

（3）格式：

```
attrib [文件名] [+r|-r] [+a|-a] [+s|-s] [+h|-h] [+i|-i] [/格式参数]
```

（4）使用说明。

① 选用+r 参数，将指定文件设为只读属性，使得该文件只能读取，无法写入数据或删除；选用-r 参数，清除只读属性。

② 选用+a 参数，将文件设置为存档属性；选用-a 参数，清除存档属性。

③ 选用+s 参数，将文件设置为系统属性；选用-s 参数，清除系统属性。

④ 选用+h 参数，将文件设置为隐藏属性；选用-h 参数，清除隐藏属性。

⑤ 选用+i 参数，将文件设置为无内容索引属性；选用-i 参数，清除无内容索引属性。

3）undelete

（1）功能：恢复被误删除命令。

（2）类型：外部命令。

（3）格式：

```
undelete [盘符:] [路径名] <文件名> [/dos][/list][/all]
```

（4）使用说明。

① undelete 命令可以使用"＊"和"?"通配符。

② 选用/dos 参数根据目录里残留的记录来恢复文件。

③ 选用/list 参数只"列出"符合指定条件的文件而不做恢复，所以对磁盘内容完全不会有影响。

④ 选用/all 参数自动将可完全恢复的文件完全恢复，而不询问用户。使用此参数时，若 undelete 利用目录里残留的记录恢复文件，则会自动选一个字符将文件名补齐，并且使其不与现存文件名相同。

4）deltree

（1）功能：将整个目录及其下属子目录和文件删除。

（2）类型：外部命令。

（3）格式：

```
deltree [盘符:] <路径名>
```

（4）使用说明：该命令将目录及其下的所有文件、子目录、更下层的子目录一并删除，而且不管文件的属性为隐藏、系统或只读，只要该文件位于删除的目录之下，deltree 都照删不误。使用此命令时请务必小心。

5）chkdsk

（1）功能：检查磁盘并显示状态报告。

（2）类型：外部命令。

（3）格式：

```
chkdsk [盘符:] [路径] [文件名] [/参数]
```

（4）使用说明。

① 选用文件名参数，则显示该文件占用磁盘的情况。

② 选用/f 参数，纠正在指定磁盘上发现的逻辑错误。

③ 选用/v 参数，在 FAT/FAT32 上显示磁盘上的所有文件和路径。

6）scandisk

（1）功能：检测磁盘的 FAT 表、目录结构、文件系统等是否有问题，并可将检测出的问题加以修复。

（2）类型：外部命令。

（3）格式：

```
scandisk [盘符 1:] {[盘符 2:]…} [/all]
```

（4）使用说明。

① scandisk 可以一次指定多个磁盘或选用/all 参数指定所有的磁盘。

② 可自动检测出磁盘中所发生的交叉连接、丢失簇和目录结构等逻辑上的错误，并加以修复。

7）defrag

（1）功能：磁盘碎片整理程序。

（2）类型：外部命令。

（3）格式：

```
defrag [盘符:] [/参数]
```

（4）使用说明：使用 defrag/? 查看使用说明。

8）xcopy

（1）功能：复制文件和目录树。

（2）类型：外部命令。

（3）格式：

```
xcopy [源盘符:] <源路径名> [目标盘符:] [目标路径名] [/参数]
```

（4）使用说明：使用 xcopy/? 命令查看使用说明。

习题

一、选择题

1. 当进行文本文件传输时，可能需要进行数据压缩。在 OSI 参考模型中完成这一工作的是（　　）。

    A. 应用层　　　　　　B. 表示层　　　　　　C. 会话层　　　　　　D. 传输层

2. 当数据由端系统 A 传至端系统 B 时，不参与数据封装工作的是（　　）。

    A. 物理层　　　　　　B. 数据链路层　　　　C. 网络层　　　　　　D. 传输层

3. 在 OSI 参考模型中，自下而上第一个提供端到端服务的层次是(　　)。

　　A. 应用层　　　　　　B. 传输层　　　　　　C. 会话层　　　　　　D. 数据链路层

4. TCP/IP 参考模型的传输层中 TCP 协议提供的是(　　)。

　　A. 无连接不可靠的服务　　　　　　　　B. 无连接可靠的数据报服务

　　C. 有连接可靠的服务　　　　　　　　　D. 有连接不可靠的数据报服务

5. 当 A 类网络地址 20.0.0.0 使用 8 个二进制位作为子网地址时，它的子网掩码为(　　)。

　　A. 255.0.0.0　　　B. 255.255.0.0　　　C. 255.255.255.0　　　D. 255.255.255.255

6. 以下 IP 地址中，属于 C 类地址的是(　　)。

　　A. 10.10.5.8　　　B. 192.1.1.5　　　C. 131.105.10.99　　　D. 190.1.1.4

7. IP 地址 125.1.3.56 的(　　)表示网络号。

　　A. 125.1　　　B. 125　　　C. 125.1.3　　　D. 56

8. IP 地址为 172.16.109.33，子网掩码为 255.255.255.0，则该 IP 地址中，网络地址占前(　　)位。

　　A. 19　　　　　B. 21　　　　　C. 20　　　　　D. 24

9. 以下地址中，不是子网掩码的是(　　)。

　　A. 255.255.0.0　　　B. 255.255.255.0　　　C. 255.241.0.0　　　D. 255.255.254.0

10. 假设一个主机的 IP 地址为 192.168.5.130，而子网掩码为 255.255.255.128，那么该主机的网络号是(　　)。

　　A. 192.168.5.130　　B. 192.168.5.0　　　C. 192.168.5.128　　　D. 192.168.5.2

二、IP 地址规划

根据 IP 地址的分配，对某学院办公网络拓扑结构(图 0-1)进行 IP 地址的规划，完成表 1-4。

表　1-4

序号	部门	地址段	掩　码	设备名称	管　理　IP
1	图书馆	172.16.0.0	255.255.0.0		
2	实验楼	172.17.0.0	255.255.0.0		
3	教学主楼	172.18.0.0	255.255.0.0		
4	一教学楼	172.19.0.0	255.255.0.0		
5	二教学楼	172.20.0.0	255.255.0.0		
6	二校区	172.21.0.0	255.255.0.0		
7	网络中心	172.30.0.0	255.255.0.0		

第 2 章　交换式局域网

2.1　以太网技术

2.1.1　以太网与局域网

1. DIX 标准

1972 年，美国施乐（Xerox）公司的帕罗奥托研究中心（Palo Alto Research Center，PARC）的罗伯特·梅特卡夫博士（DR.Robert Metcalfe）设计了一套网络，将公司内部数百台计算机互连。在一份备忘录中，他将这个网络命名为以太网（Ethernet），Ethernet 取意于 Ether 和 Network 两个单词的结合，灵感来源于"电磁波可以通过光的物质以太（Ether）进行传播"这一以太理论。

1979 年，DEC、Intel 及 Xerox 三个公司共同进行了此网络的标准化工作，在 1980 年发布了最早的以太网规范，命名为 DIX 以太网。这一版本的以太网在粗同轴电缆上以 10Mb/s 的速率传输数据，之后又在 1982 年发布了该规范的第 2 版。因此，人们通常所提到的以太网 DIX 帧格式也称为 Ethernet II 帧。

2. IEEE 802.3 标准

在网络分类中，局域网（Local Area Network，LAN）是基于短距离范围的连接。为了使不同厂家的局域网能够通信，IEEE（Institute of Electrical and Electronics Engineers，电气和电子工程师协会）在 1980 年 2 月成立了 802 委员会，负责局域网标准的制定，形成的一系列局域网标准统称为 IEEE 802 标准。

虽然 DIX 早在 1980 年就发布了以太网规范，但这一规范并不是国际标准。在 DIX 开展以太网标准化的同时，IEEE 802 委员会在 1981 年成立 802.3 分委员会，基于 DIX 的规范制定了一个以太网的国际标准，并在 1983 年以 DIX 以太网第 2 版本为原型，制定了 IEEE 802.3（10Base-5）标准。遵循 IEEE 802.3 标准的以太网帧格式也称为 802.3 帧。

3. 以太网

最初的以太网仅指采用 CSMA/CD 技术规范，通信速率为 10Mb/s 的网络。随着技术的发展，采用 CSMA/CD 技术规范的 100Mb/s 快速以太网、1000Mb/s 千兆以太网，不采用 CSMA/CD 技术规范的万兆以太网及速率为 40/100Gb/s 的更高速以太网的应用，以太网通指使用以太网帧格式进行数据传输的网络。

4. 局域网

局域网运行的协议主要有以太网、令牌环、令牌总线等。但目前局域网应用最多、最广泛的技术就是以太网技术，并且在城域网或广域网的互联中，以太网也逐渐成为主流。

因此，在没有特别说明的情况下，局域网通常指以太网。

2.1.2　以太网帧结构

1. 以太网的几种不同的帧

（1）1980 年，DEC、Intel 及 Xerox 制定了 Ethernet Ⅰ帧。

（2）1982 年，DEC、Intel 及 Xerox 制定了 Ethernet Ⅱ帧。

（3）1983 年，IEEE 制定的 IEEE 802.3 帧，又称为 IEEE 802.3 SAP 帧。

（4）1983 年，Novell 基于 IEEE 802.3 的原始版制定了 Ethernet 帧。

（5）为解决 Ethernet Ⅱ帧与 IEEE 802.3 帧格式的兼容问题推出折中的 Ethernet SNAP 帧。

早期的 Ethernet Ⅰ帧已经被其他帧取代，现在以太网中常见的帧格式是 Ethernet Ⅱ帧、IEEE 802.3 帧和 IEEE 802.3 SNAP 帧。

2. 帧格式

1）Ethernet Ⅱ

如图 2-1 所示，6B 目的 MAC 地址，6B 源 MAC 地址，2B 类型，共 14B 是 Frame Header，然后是 46～1500B 的数据以及 4B 帧校验。

图 2-1　Ethernet Ⅱ帧格式

2）IEEE 802.3（IEEE 802.3 SAP）

如图 2-2 所示，IEEE 802.3 的 Frame Header 和 Ethernet Ⅱ的不同，Ethernet Ⅱ帧的类型域变成长度域，又在 802.3 帧头后面添加了一个 3B 的 LLC 首部。LLC 首部由 1B 的 DSAP（Destination Service Access Point）、1B 的 SSAP（Source SAP）、1B 的控制域组成。因此，IEEE 802.3 帧也称为 IEEE 802.3 SAP 帧。

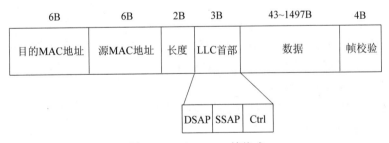

图 2-2　IEEE 802.3 帧格式

3）Ethernet SNAP

如图 2-3 所示，Ethernet SNAP 帧与 802.3 SAP 帧的区别是增加了 5B 的 SNAP ID，其中前 3B 通常与源 MAC 地址的前 3B 相同，为厂商代码，有时也设为 0，后 2B 与 Ethernet Ⅱ帧的类型域相同。

实际应用中，大多数应用程序的以太网数据帧都是 Ethernet Ⅱ帧（如 HTTP/FTP/

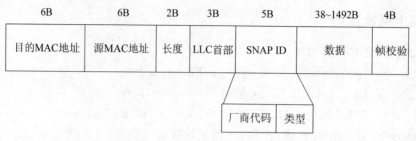

6B	6B	2B	3B	5B	38~1492B	4B
目的MAC地址	源MAC地址	长度	LLC首部	SNAP ID	数据	帧校验

厂商代码	类型

图 2-3　Ethernet SNAP 帧格式

SMTP 等应用),运行了 STP 的交换机之间交换的 BPDU 是 IEEE 802.3 SAP 帧,VLAN Trunk 协议 IEEE 802.1q 和 Cisco CDP 是 IEEE 802.3 SNAP 帧。

2.1.3　局域网体系结构

1. 局域网模型

IEEE 802 标准模型与 OSI 参考模型的对应关系如图 2-4 所示。IEEE 802 模型对应着 OSI 参考模型的最低两层,即物理层和数据链路层。OSI 参考模型的数据链路层在 IEEE 802 模型中被分成了逻辑链路控制(Logical Link Control,LLC)和介质访问控制(Media Access Control,MAC)两个子层,数据链路层的功能被进行了细分。

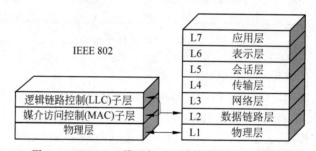

图 2-4　IEEE 802 模型与 OSI 参考模型的对应关系

功能分解的目的如下。

(1) 将功能中与硬件相关的部分和与硬件无关的部分分开,降低功能实现的复杂度。

(2) 通过 LLC 子层屏蔽 MAC 子层的差异性。

(3) 实现 LLC 子层的透明性。

(4) 将网络层以上的功能交给网络操作系统完成。

2. 局域网各层功能

IEEE 制定的 802 标准,主要包括 CSMA/CD、令牌总线和令牌环等,这些标准在物理层和介质访问控制(MAC)子层上有所不同,但在逻辑链路控制(LLC)子层上是兼容的。其中,MAC 子层负责解决设备使用共享信道的问题;LLC 子层负责完成差错控制、流量控制等功能;物理层负责体现机械、电气、功能和规程方面的特性,以建立、维护和拆除物理链路。

IEEE 802 各标准对应的层次结构如图 2-5 所示。

3. IEEE 802 系列标准

IEEE 802 标准是一个成体系的局域网标准集合,为了适应不同网络,根据局域网的多

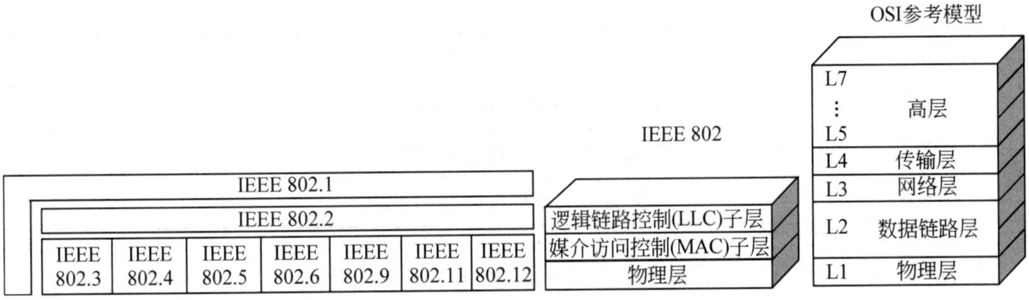

图 2-5 IEEE 802 标准各层功能

样性,制定了一系列的标准。目前,IEEE 802 主要标准如表 2-1 所示。

表 2-1 IEEE 802 系列标准

标　　准	功　　能
IEEE 802.1A	概述和系统结构
IEEE 802.1B	寻址、网络管理和网络互连
IEEE 802.2	定义了逻辑链路控制(LLC)子层的功能
IEEE 802.3	CSMA/CD 总线(10Base-5)访问控制方法及物理层技术规范
IEEE 802.3a	10Base-2 访问控制方法及物理层技术规范
IEEE 802.3i	10Base-T 访问控制方法及物理层技术规范
IEEE 802.3j	10Base-F 访问控制方法及物理层技术规范
IEEE 802.3u	100Base-T 访问控制方法及物理层技术规范
IEEE 802.3ab	1000Base-T 访问控制方法及物理层技术规范(铜缆)
IEEE 802.3z	1000Base-X 访问控制方法及物理层技术规范(光纤)
IEEE 802.3ae	10G 以太网访问控制方法及物理层技术规范(光纤)
IEEE 802.3an	10G 以太网访问控制方法及物理层技术规范(铜缆)
IEEE 802.3ba	40G/100G 以太网访问控制方法及物理层技术规范
IEEE 802.4	令牌总线访问控制方法及物理层技术规范
IEEE 802.5	令牌环网访问控制方法及物理层技术规范
IEEE 802.6	城域网访问控制方法及物理层技术规范
IEEE 802.7	宽带技术
IEEE 802.8	光纤技术
IEEE 802.9	综合业务数字网(ISDN)技术
IEEE 802.10	局域网安全技术
IEEE 802.11	无线局域网
IEEE 802.12	相关 100VG-AnyLAN 局域网标准的制定

续表

标　　准	功　　能
IEEE 802.14	相关缆线、调制解调器标准的制定
IEEE 802.15	相关个人局域网标准的制定
IEEE 802.16	相关宽带无线标准的制定

随着技术的不断发展，IEEE 802 标准的内容也在不断增加。

2.1.4　以太网的介质访问控制方法

在以太网通信中，为了解决节点争用共享信道的问题，采用了带冲突检测的载波监听多路访问（Carrier Sense Multiple Access/Collision Detection，CSMA/CD）技术作为介质访问控制方式。CSMA/CD 的工作流程如下。

（1）许多计算机站点以多点接入的方式连在一条总线信道上。

（2）当一个站点要发送数据帧时，首先侦听共享信道是否有其他用户在发送数据帧。

（3）如果信道忙，则采用某种监听策略等待一段时间后重试。

（4）如果信道空闲，则发送数据帧。

（5）在发送数据帧的同时，继续监听信道。

（6）如果监听到发生了冲突，立即停止发送数据帧，同时向信道发送一串阻塞信号，以强化冲突。

（7）利用退避算法等待一段时间后，再重试。

（8）如果重发次数超过 16 次，则放弃发送此数据帧，并发送错误报告。

2.1.5　以太网分类

1. 共享式以太网

最初的以太网是建立在粗同轴电缆上的总线型连接方式，因此，基于 CSMA/CD 这种介质访问控制方式的总线型以太网本质上是信道共享，带宽共享，信道争用，带宽竞争，这种组网方式称为共享式以太网。共享式以太网基于拓扑结构的不同，可以分为总线结构的共享式以太网和星状结构的共享式以太网。

1）总线结构的共享式以太网

这种组网方式构建在总线型拓扑结构上，使用细同轴电缆或粗同轴电缆作为共享总线连接各工作站点，遵循 10Base-2 或 10Base-5 局域网标准。总线结构的共享式以太网采用广播方式进行数据传输，拓扑结构如图 2-6 所示。

2）星状结构的共享式以太网

星状结构的共享式以太网拓扑结构采用星状方式连接，中央连接设备为集线器（Hub），传输介质用双绞线代替了同轴电缆。虽然物理形式上是星状结构，但逻辑上仍然是总线型连接结构，它遵循

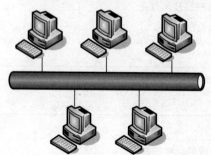

图 2-6　总线型拓扑

10Base-T 局域网标准,数据传输方式是广播式通信方式。

Hub 是工作在物理层的设备,起到连接端口扩充、信号的中继与放大的作用,拓扑结构如图 2-7 所示。

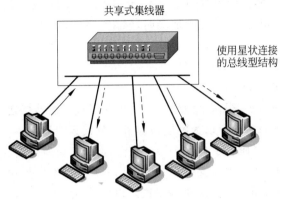

图 2-7　星状拓扑

2. 交换式以太网

共享式以太网的本质决定了信道上数据传输的冲突不可避免,接入站点越多,冲突发生的概率越大,数据传输的效率越低。为了提高传输效率,降低冲突发生的概率,需要尽可能地缩小冲突域的范围,最初的解决方案是采用网桥(Bridge)来连接多个集线器(Hub)。

1) 用网桥隔离冲突域

一个集线器的所有端口形成一个冲突域,当需要将两个以上的集线器连接在一起时,所有端口构成了一个大的冲突域,增加了冲突的概率。如图 2-8 所示,采用网桥作为集线器间的连接设备,可以将冲突域控制在一个集线器的端口范围内,形成两个互不干扰的冲突域。

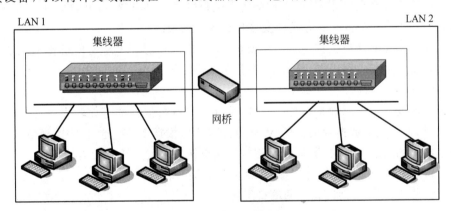

图 2-8　网桥隔离冲突域

Bridge 工作在数据链路层,将两个以上的局域网连接,实现局域网互联,这种连接方式叫作桥接。

Bridge 工作原理如下。

(1) 网桥接收与之相连的所有局域网的数据帧。

(2) 数据帧到达网桥后,被转发还是丢弃,由网桥决定。

（3）通过判断帧的源地址和目的地址是否在同一局域网内，决定转发或丢弃该帧。如果在同一局域网内，则帧被丢弃；如果不是，则查看 MAC 地址表，确定转发路径，如果路径表中没有，则广播该数据帧。

（4）MAC 地址表：网桥中保存的路径表，有目的地址和转发路径的对应关系。

（5）网桥具有学习功能，当网桥刚加电时，MAC 地址表是空的，通过学习功能，逐步添加 MAC 地址表项。

（6）网桥容易形成广播风暴。

2）用交换机连接以太网

随着集线器应用的增多，很多企业感觉到使用共享式集线器搭建的局域网性能很差，设想使用能够分割冲突域的多端口以太网网桥设备来替代集线器。

1990 年，Kalpana 公司研发了首台 7 端口网桥，由于该设备没有实现 IEEE 规定的相关标准，不能称为网桥，所以采用了交换机（Switch）一词，此为世界第一台二层以太网交换机[①]。使用以太网交换机组建的网络称为交换式以太网，如图 2-9 所示。

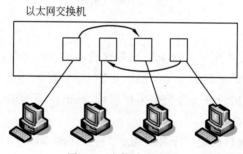

图 2-9　交换式以太网

交换机工作在数据链路层，可以理解为多端口网桥，连接在端口上的主机或网段独占端口带宽，交换机以存储-转发的方式转发接收到的数据帧。

具有路由功能的交换机称为三层交换机，工作在网络层。三层交换机作为三层设备使用时可以理解为多端口路由器，具备 IP 数据包的路由能力。

3）交换机工作原理

交换机的基本工作原理是，根据 MAC 地址表进行数据帧的存储转发。当交换机接收到数据帧时，首先获取数据帧的目的 MAC 地址，然后根据 MAC 地址表中 MAC 地址和交换机物理端口的对应关系，把数据帧从相应的端口转发出去。转发策略如下。

（1）如果接收到的数据帧是广播帧，则向所有端口转发。

（2）如果是组播帧，则向相应的端口组转发。

（3）如果是单播帧，交换机将数据帧中的目的 MAC 地址同已建立的 MAC 地址表进行比较，以决定由哪个端口进行转发。

（4）如数据帧中的目的 MAC 地址不在 MAC 地址表中，则向所有端口转发，这一过程称为泛洪（Flood）。

---

① 本书描述中，如果没有特别指明，交换机均指二层以太网交换机。

4）MAC 地址表

交换机的 MAC 地址表是一张关于交换机各物理端口与所连接终端设备的物理（MAC)地址的对应关系表。

（1）MAC 地址。

交换机在转发数据时,需要一个用来识别主机的介质访问控制（MAC）地址,通常称为物理地址或硬件地址。MAC 地址具有全球唯一性。

MAC 地址是长度为 6B 的二进制编码,前 24 位由 IEEE 分配给生产厂商,后 24 位是生产厂商给设备的编号。MAC 地址在不同的系统下显示的格式会有所不同,但都用十六进制数表示。MAC 地址被记录在网卡的 ROM 中。

（2）MAC 地址表工作过程。

MAC 地址表是交换机通过自学构建的。交换机刚加电启动时,MAC 地址表是空白的,当交换机从一个端口接收到一个数据帧时,首先在 MAC 地址表中检查该数据帧的源MAC 地址是否存在,如果没有,则把源 MAC 地址与此端口的对应关系记录在 MAC 地址表中;然后检查目的 MAC 地址是否存在,如果有,则转发或丢弃,如果没有,则广播到所有端口。

因此,只要交换机连接的终端设备发送过数据,端口和 MAC 地址的对应关系就会存储在交换机中。MAC 地址表是动态的,通过自动更新进行维护,最终形成的 MAC 地址表如图 2-10 所示。

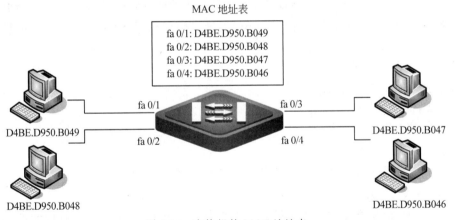

图 2-10　交换机的 MAC 地址表

5）MAC 地址表中的地址类型

（1）动态地址。

动态地址是交换机通过接收到的数据帧自动学习到的 MAC 地址,学习的是源 MAC地址。交换机通过学习新的地址和老化掉不使用的地址来不断更新动态地址表。对于地址表中的一个地址,如果较长时间(由地址老化时间决定)设备都没有收到以这个地址为源地址的数据,则这个地址将被老化掉。可以根据实际情况改变动态地址的老化时间。如果地址老化时间设置得太短,会造成地址表中的地址过早被老化而重新成为设备未知的地址,而设备再接收到以这些地址为目的地址的数据时,会向其他端口发广播,造成不必要的广播数据。如果老化时间设置太长,则地址老化太慢,地址表容易被占满。当地址表占满后,新的地址将不能被学习,在地址表有空间来学习这个地址之前,这个地址就会一直被当作未知地址,当设备收到以这些地址为目的地址的数据时,同样向其他端口发广播,这样也会造成不必要的广播数据。

当交换机复位后,其学习到的所有动态地址都将丢失,需要重新学习这些地址。

(2) 静态地址。

静态地址是手工添加的 MAC 地址,只能通过手工进行配置和删除,不能学习和老化。静态地址的功能和动态地址相同。

(3) 过滤地址。

过滤地址也是手工添加的一种 MAC 地址。当交换机接收到以过滤地址为源地址的数据时会直接丢弃。过滤地址不会被老化,只能手工添加和删除。

6) 交换机对数据帧的转发方式

交换机转发数据帧的方式目前主要有以下三种。

(1) 直通式(Cut Through)。

当交换机的输入端口接收到一个数据帧后,只检查其帧头,取出目的地址,通过 MAC 地址表确定相应的输出端口,然后把数据帧转发到输出端口。

优点:速度快,延迟小。

缺点:不检错,不能匹配不同速率接口,接口多时电路复杂。

(2) 存储转发式(Store and Forward)。

交换机的控制器先缓存输入到端口的数据帧,然后进行 CRC 校验,滤掉不正确的帧,确认数据帧正确后,取出目的地址,通过 MAC 地址表确定相应的输出端口,然后把数据帧转发到输出端口。

优点:检错,支持速度不同的接口通信。

缺点:延时大,需要较大的缓存。

(3) 无碎片直通式(Fragment Free Through)。

只读取数据帧的前 64B,然后根据 MAC 地址表转发。如果数据帧小于 64B,说明是碎片,不转发,提高了网络性能。

该方式的数据处理速度比存储转发方式快,但比直通式慢。

7) 冲突域与广播域

冲突域和广播域都是数据传送过程中所能到达的一个范围。冲突域,是一个支持共享介质的网段或者共享式集线器形成的网段所在的区域。广播域,是一份广播报文能够到达的范围。

(1) 集线器(Hub)。

Hub 连接的设备共享一个冲突域,如图 2-11 所示;Hub 连接的设备共享一个广播域。

(2) 网桥(Bridge)。

网桥的每一个端口是一个独立的冲突域,网桥的所有端口是一个广播域。

(3) 交换机(Switch)。

交换机的每一个端口是一个独立的冲突域,交换机的所有端口是一个广播域。

(4) 路由器(Router)。

路由器的每一个端口是一个独立的冲突域,路由器的每一个端口是一个独立的广播域。

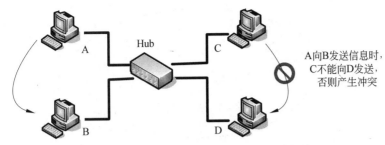

图 2-11　一台 Hub 的所有端口是一个冲突域

2.2　交换式局域网的设计

2.2.1　网络建设步骤

在建设一个网络时,一般遵循如下步骤。

(1) 用户需求分析:了解用户的需求,确定数据流走向及数据模型,弄清用户对网络环境的要求及建设目标,明确网络建设的条件。

(2) 要求用户提供园区平面图及各楼宇平面图:根据平面图了解楼宇分布与间距,确定传输介质,从而确定网络设备连接接口类型。

(3) 设计网络拓扑结构:根据用户需求及网络服务类型,规划网络拓扑结构。

(4) 综合布线系统设计:根据网络拓扑设计综合布线系统。

(5) 设备选型:根据网络拓扑配置设备清单,确定设备型号及数量。

(6) 安装、调试:按照设计规范,对设备进行安装、调试。

(7) 测试、验收:按照验收规范,对系统进行测试、验收。

(8) 运行、维护:系统进入正常的运行、维护阶段。

2.2.2　分层结构设计

对于大规模网络规划而言,实行层次化的网络拓扑结构设计是最有效的。所谓"层次化",就是把复杂的网络分成几个层次,每个层次解决某些特定的功能。层次化设计既可应用于局域网的设计,也可应用在广域网的设计上。

一个层次化设计的网络包含三个层次:核心层、汇聚层和接入层,如图 2-12 所示。在实际应用中,大量使用二层、三层交换机和少量的路由器来构建交换式以太网。

接入层位于整个网络结构的最底层,为用户终端设备提供接入服务,并且实现网络访问控制。接入层交换机一般采用二层交换机,位于楼层配线间。

汇聚层位于核心层和接入层之间,下连各楼层的接入交换机,用于汇聚和交换接入层交换机的流量,并提供 VLAN 间的路由,上连至核心交换机。汇聚层位于楼宇配线间,一般采用三层交换机,规模越大的网络,汇聚层交换机的档次越高,以胜任高负荷的流量转发。在交换式以太网中,汇聚层具有很多功能。

(1) 布线间连接的汇聚。

(2) 定义广播域或组播域。

图 2-12　三层结构模型

（3）VLAN 间的路由选择。

（4）网络安全性。

核心层是交换式以太网的中心，用于汇聚和交换来自各楼宇汇聚交换机的流量，连接各应用服务器，以及连接出口路由器或防火墙。核心层交换机是整个网络的中心交换机，一般使用中、高端交换机，位于整个网络的中心机房。

2.2.3　交换式网络设计案例

基于三层结构的交换式局域网拓扑图如图 2-13 所示。

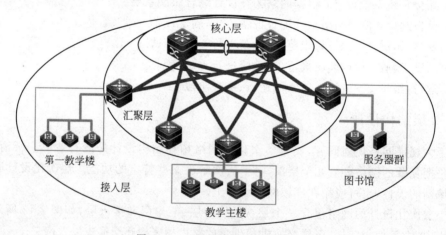

图 2-13　三层结构的交换式局域网

接入层交换机一般放置在楼层配线间。通过传输介质（一般采用多模光纤）上连到汇聚交换机。接入交换机的数量由本楼层需要接入的终端数量确定。对于终端的访问控制及 VLAN 的划分在接入交换机上配置。

汇聚层交换机放置在每个楼宇的配线间，通过传输介质（一般采用单模光纤）分别连接到双核心上，每个楼宇汇聚层交换机的数量由本楼宇的接入层交换机的数量确定。确定的原则是汇聚层交换机总接口数量大于需连接的接入层交换机数量即可。VLAN 间的路由在汇聚交换机配置。

核心层设备与服务器群及安全设备均放置在中心机房。由于核心层的重要性,采用双交换机作双核心,避免单点故障,核心交换机间用双链路连接提高带宽。服务器群及出口路由均连接到核心交换机上。

在实际应用中,由于不同单位网络的复杂性不同,简单的架构可以采用二层结构,省略中间的汇聚层,接入层直接连到核心层。

2.3　交换机的主要参数

了解交换机的主要参数,有助于设备选型。

1. 背板带宽

交换机的背板带宽,是交换机接口处理器或接口卡和数据总线间所能吞吐的最大数据量。背板带宽描述了交换机的处理能力,单位为 b/s,该值越大,表明交换机在单位时间内处理数据的能力越强。

交换机上所有端口能提供的总带宽,计算公式为:总带宽＝∑(端口速率×2(全双工模式))。如果总带宽≤标称背板带宽,那么该交换机的背板带宽是非阻塞交换结构的。

2. Mpps

交换机每秒能够转发的分组数,称为包转发率,一般以 Mpps(Million Packet Per Second,百万包/每秒)为单位。

计算交换机所有端口能提供的包转发率的和,公式为:包转发率＝∑(线速端口的包转发率)。如果包转发率的和≤标称包转发速率,那么交换机能达到线速[①]交换。

万兆以太网,一个线速端口的包转发率为 14.88Mpps;千兆以太网,一个线速端口的包转发率为 1.488Mpps;百兆以太网,一个线速端口的包转发率为 148.8Kpps;10 兆以太网,一个线速端口的包转发率为 14.88Kpps。

线速端口的包转发率是以单位时间发送 64B 数据包(最小包)的个数作为计算基准。例如,千兆以太网线速端口计算方法为:1 000 000 000b/s/8b/(64＋8＋12)B＝1 488 095pps≈1.488Mpps。其中,以太网帧为 64B 时,有 8B 帧头和 12B 帧间隙开销。

3. 接口类型

(1) 控制端口,简称 Console 口,通过该端口对交换机进行配置。

(2) 光纤接口,简称光口,即连接光纤的接口。

(3) RJ-45 接口,简称电口,即连接双绞线的接口(同轴电缆传送的也是电信号,但同轴电缆在目前的网络建设中不再使用,所以一般对连接双绞线的接口简称电口)。

(4) 上行链路端口,一般称为 Uplink,是连接上行链路的接口。

4. 端口密度

端口密度是指单台设备能够提供的最大端口数量,模块化交换机的端口密度取决于可配置的模块。

5. 端口速率

端口速率是指设备端口能够达到的数据交换速度,单位是 b/s,如 10Mb/s、100Mb/s、

---

① 理论上的最大线路速度,简称线速。

1000Mb/s、10Gb/s 等,一般端口速率是 10/100/1000Mb/s 自适应的。

6. 堆叠能力

堆叠能力指交换机在单台情况下端口密度不足时,能否提供背板级的多台设备连接功能。

7. 冗余模块

设备的关键模块能够提供冗余能力,如电源模块、引擎板、交换矩阵等,以保证设备在这些关键板卡出现故障时能够正常工作。

更多的功能性参数,结合网络功能及性能综合考虑。

实验 2-1　DOS 环境下常用命令二

1. ipconfig /all

(1) 功能:显示主机配置信息,包括 IP 地址、子网掩码和默认网关。

(2) 格式:

```
ipconfig [/all]
```

(3) 使用说明:当使用 ipconfig 时不带任何参数选项,那么它为每个已经配置了的接口显示 IP 地址、子网掩码和默认网关值;当使用 all 选项时,ipconfig 能为 DNS 和 Windows 服务器显示它已配置且所要使用的附加信息(如 IP 地址等),并且显示内置于本地网卡中的物理地址(MAC)。

【实验要求】

(1) 用 ipconfig 查看本机 IP 地址、网关地址。

(2) 用 ipconfig /all 查看本机 DNS 地址、MAC 地址。

2. ping

(1) 功能:用于确定本地主机能否与另一台主机连通。

(2) 格式:

```
ping [-t] [-a] [-n count] [-l size] [-f] [-i ttl] [-v tos] [-r count] [-s count]
[[-j computer-list]|[-k computer-list]] [-w timeout] target_name
```

(3) 使用说明。

① 按照默认设置,Windows 上运行的 ping 命令发送 4 个 ICMP(网际控制报文协议)回送请求,每个 32 字节数据,如果一切正常,应得到 4 个回送应答。ping 能够以毫秒为单位显示发送回送请求到返回回送应答之间的时间量。

② 通过 ping 检测网络故障的典型次序。

使用 ping 命令来查找问题所在或检验网络运行情况,下面给出一个典型的检测次序及对应的可能故障。

· ping 127.0.0.1

表示 ping 本机的 IP 软件。如果没有正确应答,表示 TCP/IP 的安装或运行存在问题。

· ping 本机 IP

表示 ping 本机配置的 IP 地址,如果没有正确应答,表示网卡没有接传输介质、本地配置或安装存在问题。

- ping 局域网内其他 IP

如果正确应答表明到对方设备能够连通。

- ping 网关 IP

如果应答正确,表示局域网中的网关路由器正在运行并能够做出应答。

- ping 远程 IP

如果收到 4 个应答,表示成功地使用了默认网关。

- ping localhost

localhost 是系统的网络保留名,是 127.0.0.1 的别名,每个计算机都应该能将该名字转换成该地址。如果没有做到,则表示主机文件(/Windows/host)中存在问题。

【实验要求】

(1) ping 127.0.0.1。

(2) ping 本机 IP 地址。

(3) ping 网关地址。

(4) ping 同组其他同学的 IP 地址。

(5) ping 同组其他同学的 IP 地址－l 3000 查看并说明结果。

(6) ping 同组其他同学的 IP 地址 -t 查看并说明结果。

(7) ping localhost。

(8) ping www.tom.com 查看并记录远程主机的 IP 地址。

(9) 使用 ping /? 查看各参数含义并测试。

3. ARP

"地址解析协议"是一个重要的 TCP/IP 协议,用于确定对应 IP 地址的网卡物理地址。使用 ARP 命令可以查看和修改本地计算机上的 ARP 表项。ARP 命令对于查看 ARP 缓存和解决地址解析问题非常有用。需要通过 ARP 命令查看高速缓存中的内容时,最好先 ping 此台计算机(不能是本机发送 ping 命令)。

ARP 常用命令选项如下。

1) arp -a 或 arp -g

用于查看高速缓存中的所有项目。-a 和-g 参数的结果是一样的,多年来,-g 一直是 UNIX 平台上用来显示 ARP 高速缓存中所有项目的选项,而 Windows 用的是 arp -a(-a 可被视为 All,即全部的意思),但它也可以接受比较传统的-g 选项。

2) arp -a IP

如果有多个网卡,那么使用 arp -a 加上接口的 IP 地址,就可以只显示与该接口相关的 ARP 缓存项目。

3) arp -s IP 物理地址

可以向 ARP 高速缓存中人工输入一个静态项目。该项目在计算机引导过程中将保持有效状态,或者在出现错误时,人工配置的物理地址将自动更新该项目。

4) arp -d IP

使用本命令能够人工删除一个静态项目。

例如,在命令提示符下,输入 arp -a;如果使用过 ping 命令测试并验证从这台计算机到

IP 地址为 172.16.0.1 的主机的连通性,则 ARP 缓存显示以下条目。

```
Interface:10.0.0.1 on interface 0x1
Internet Address      Physical Address      Type
172.16.0.1            00-0f-e2-14-28-f8     dynamic
```

在此例中,缓存项指出位于 172.16.0.1 的远程主机解析成 00-0f-e2-14-28-f8 的介质访问控制地址,它是在远程计算机的网卡硬件中分配的。介质访问控制地址是计算机用于与网络上远程 TCP/IP 主机物理通信的地址。

【实验要求】

(1) 熟练使用上述命令及参数。

(2) 运行 arp -a。

(3) 运行 ping 网关地址、ping 同组其他同学的 IP 地址后再运行 arp -a 查看结果并说明。

4. netstat

netstat 用于显示与 IP、TCP、UDP 和 ICMP 相关的统计数据,一般用于检验本机各端口的网络连接情况。

netstat 的一些常用选项如下。

1) netstat -s

本选项能够按照各个协议分别显示其统计数据。如果应用程序(如 Web 浏览器)运行速度比较慢,或者不能显示 Web 页之类的数据,那么就可以用本选项来查看一下所显示的信息。需要仔细查看统计数据的各行,找到出错的关键字,进而确定问题所在。

2) netstat -e

本选项用于显示关于以太网的统计数据。它列出的项目包括传送的数据报的总字节数、错误数、删除数、数据报的数量和广播的数量。这些统计数据既有发送的数据报数量,也有接收的数据报数量。这个选项可以用来统计一些基本的网络流量。

3) netstat -r

本选项可以显示关于路由表的信息,类似于后面所讲使用 route print 命令时看到的信息。除了显示有效路由外,还显示当前有效的连接。

4) netstat -a

本选项显示一个所有的有效连接信息列表,包括已建立的连接,也包括监听连接请求的那些连接。

5) netstat -n

显示所有已建立的有效连接。

【实验要求】

(1) 熟练使用上述命令及参数。

(2) netstat -s 查看并说明结果。

(3) netstat -e 查看并说明结果。

(4) netstat -r 查看并说明结果。

(5) netstat -a 查看并说明结果。

（6）netstat -n 查看并说明结果。

5. tracert

tracert（跟踪路由）是路由跟踪实用程序，用于确定 IP 数据报访问目标所采取的路径。tracert 命令用 IP 生存时间（TTL）字段和 ICMP 错误消息来确定从一个主机到网络上其他主机的路由。tracert 是一个运行得比较慢的命令（如果指定的目标地址比较远），每个路由器大约需要给它 15s。

tracert 的使用很简单，只需要在 tracert 后面跟一个 IP 地址或 URL，tracert 便会进行相应的域名转换。tracert 一般用来检测故障的位置，可以用 tracert IP 检查在哪个环节上出了问题。

在下例中，数据包必须通过两个路由器（10.0.0.1 和 192.168.0.1）才能到达主机 172.16.0.99。主机的默认网关是 10.0.0.1，192.168.0.0 网络上的路由器的 IP 地址是 192.168.0.1。

```
C:\>tracert 172.16.0.99 -d
tracing route to 172.16.0.99 over a maximum of 30 hops
1   2s     3s     2s     10.0.0.1
2   75 ms  83 ms  88 ms  192.168.0.1
3   73 ms  79 ms  93 ms  172.16.0.99
trace complete.
```

tracert 命令行选项：

```
tracert [-d] [-h maximum_hops] [-j host-list] [-w timeout] target_name
```

tracert 命令支持多种选项，如表 3-2 所示。

表 3-2　tracert 命令行选项

选　　项	描　　　　述
-d	指定不将 IP 地址解析到主机名称
-h maximum_hops	指定跃点数以跟踪到称为 target_name 的主机的路由
-j host-list	指定 tracert 实用程序数据包所采用路径中的路由器接口列表
-w timeout	等待 timeout 为每次回复所指定的毫秒数
target_name	目标主机的名称或 IP 地址

【实验要求】

（1）熟练使用上述命令及参数。

（2）tracert www.tom.com 查看并说明结果。

（3）tracert www.tom.com -d 查看并说明结果。

（4）tracert www.tom.com -h 5 查看并说明结果。

6. pathping 命令

pathping 命令是一个路由跟踪工具，它将 ping 和 tracert 命令的功能和这两个工具所不提供的其他信息结合起来。pathping 命令选项如表 3-3 所示。

表 3-3　pathping 命令行选项

选项	名　称	功　能
-n	Hostnames	不将地址解析成主机名
-h	Maximum hops	搜索目标的最大跃点数
-g	Host-list	沿着路由列表释放源路由
-p	Period	在 ping 之间等待的毫秒数
-q	Num_queries	每个跃点的查询数
-w	Time-out	为每次回复所等待的毫秒数
-T	Layer 2 tag	将第 2 层优先级标记(例如,对于 IEEE 802.1p)连接到数据包并将它发送到路径中的每个网络设备。这有助于标识没有正确配置第 2 层优先级的网络设备。-T 开关用于测试服务质量(QoS)连通性
-R	RSVP test	检查以确定路径中的每个路由器是否支持"资源保留协议(RSVP)",此协议允许主机为数据流保留一定量的带宽。-R 开关用于测试服务质量(QoS)连通性

　　默认的跃点数是 30,并且超时前的默认等待时间是 3s。默认时间是 250ms,并且沿着路径对每个路由器进行查询的次数是 100。

【实验要求】

(1) pathping www.tom.com 查看并说明结果。

(2) pathping www.tom.com -h 5 查看并说明结果。

习题

1. 局域网使用最广泛的协议是(　　)。
   A. IEEE 802.11　　　B. IEEE 802.3　　　C. IEEE 802.4　　　D. IEEE 802.5
2. 在 TCP/IP 协议族中解决计算机间通信问题的是(　　)。
   A. 网络接口层　　　B. 传输层　　　C. 网络层　　　D. 应用层
3. 属于物理层的设备是(　　)。
   A. 路由器　　　B. 集线器　　　C. 网桥　　　D. 二层交换机
4. 以太网定义的最大帧长度为(　　)。
   A. 128B　　　B. 4096B　　　C. 512B　　　D. 1518B
5. 网络交换机可以(　　),从而提高了网络的整体性能。
   A. 对广播域进行分割　　　　　　　B. 对冲突域进行分割
   C. 提高服务器的传输速率　　　　　D. 过滤掉所有的广播帧
6. 完成路由选择功能的是(　　)。
   A. 物理层　　　B. 数据链路层　　　C. 网络层　　　D. 传输层

第3章 交换机基本配置

在交换式局域网中,交换机是最主要、最基础的设备。熟练对交换机进行配置是网络工程师的基本技能。本章以锐捷交换机为例,介绍交换机的基本配置。

3.1 交换机的组成

交换机[①]可以看作具备特殊功能的计算机,本质上也遵从计算机的体系结构,外观可参考图 3-1。因此,交换机也同样由软件和硬件两部分组成。

图 3-1 交换机外观

软件部分主要包括操作系统(如锐捷的 RGOS)和配置文件等。硬件主要由 CPU、存储、接口等部分组成。存储主要包括只读存储器(Read-Only Memory,ROM)、随机存取存储器(Random Access Memory,RAM)、非易失性随机存取存储器(Non-Volatile Random Access Memory,NVRAM)、快闪存储器(Flash Memory)。接口主要有控制台(Console)端口、快速以太网(Fast Ethernet)端口、千兆以太网(Gigabit Ethernet)端口、万兆以太网(10Gb Ethernet)端口等。

其中,ROM 是只读存储器,只能读不能写数据,具备断电后信息不丢失的特性,但存取速度较 RAM 低。相当于计算机启动用的 BIOS 芯片。

RAM 是随机存取存储器,对存储器中的信息能读能写,存取速度快,读写时间相等,计算机关闭电源后,信息丢失,再次开机信息可以重新装入。通常用来保存当前运行的配置文件、输入和输出数据等,人们常说的内存主要是指 RAM。

Flash 全称为 Flash Eeprom Memory,是存储芯片的一种,通过特定的程序可以修改信息,结合了 ROM 和 RAM 的长处,具备电子可擦除可编程(Eeprom)的性能,可以快速读取数据,信息不因断电而丢失。提供永久存储功能,主要保存系统文件和配置文件,通过重新写入新版本的 RGNOS 实现交换机系统的升级,相当于 PC 的硬盘。

---

① 交换机按是否可网管分为可网管和不可网管交换机两大类,本书所指交换机均为可网管交换机。可网管交换机的显著特征是有控制端口,可对交换机进行配置。

3.2　交换机配置环境

目前,对交换机的管理方式有带内管理和带外管理两种方式。

带内管理,是指管理控制信息与承载业务信息通过同一个信道传送,而带外管理中网络的管理控制信息与承载业务信息在不同的信道传送。带内管理和带外管理最大的区别是:带内管理的管理控制信息占用业务带宽,其管理方式是通过网络实施的,当网络出现故障时,带内管理无法正常工作,而带外管理是设备为管理控制信息提供了专门的带宽,不占用设备的原有网络资源,不依托于设备自身的网络接口。

1. 带外管理

计算机通过控制端口(Console 口)及配置线缆直接连接交换机进行管理。

2. 带内管理

通过 Telnet 对交换机进行管理。

通过 Web 对交换机进行管理。

通过 SNMP 工作站对交换机进行管理。

注意:实现带内管理必须先对交换机设置管理 IP,即先通过带外管理设置交换机的管理 IP 地址。

3.2.1　带外交换机配置

带外管理通过 Console 口连接交换机实现,初次配置交换机,必须通过这种方式。交换机的 Console 口有两种形式: DB9 类型和 RJ-45 类型。Console 线缆一端连接交换机的 Console 口,另一端连接计算机的 COM 口,因此,不管什么接口类型的 Console 线缆,只要接口转换成可以连接的类型即可。

各种连接线缆及 Console 口如图 3-2 所示。

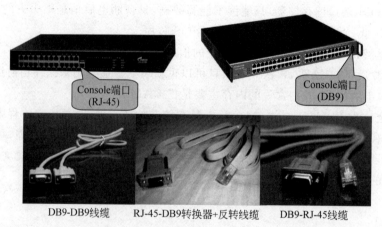

图 3-2　Console 口及线缆

1. 连线

利用 Console 线缆将主机的 COM 口和交换机的 Console 口相连。

2. 打开超级终端

出于安全的原因,微软已经在 Windows XP 以后的版本中把超级终端作为一个独立的程序了,有需要的读者可以自行下载、安装,本书仍然以 Windows XP 系统为例。

从"开始"→"程序"→"附件"→"通信"→"超级终端"菜单项打开超级终端程序。

3. 配置超级终端

为连接命名,在图 3-3 的"名称"文本框中输入名称(任意)后,单击"确定"按钮。

图 3-3 超级终端创建连接对话框

选择合适的 COM 口,随后弹出如图 3-4 所示的对话框。要求选择连接使用的 COM 口,根据实际连接情况选择即可。

图 3-4 选择连接的 COM 口

配置正确的参数,按如图 3-5 所示配置正确的连接参数,单击"确定"按钮。

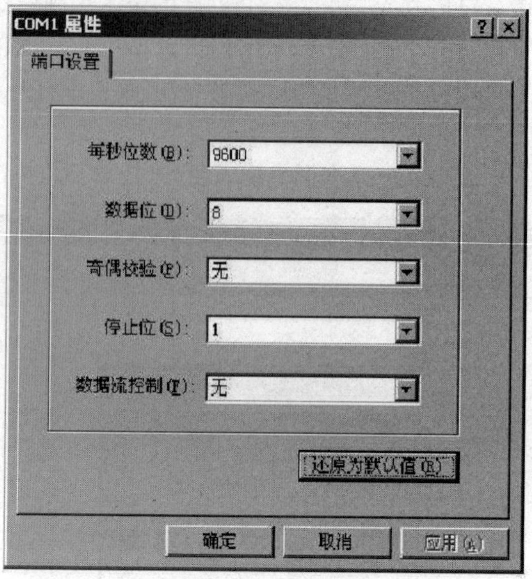

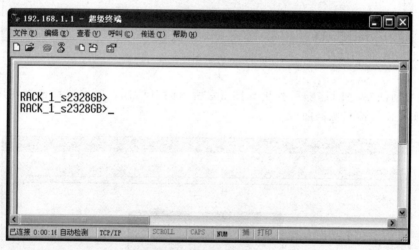

图 3-5　COM 端口参数设置

配置成功就会弹出"超级终端"窗口,如图 3-6 所示。

图 3-6　"超级终端"窗口

这个界面就是交换机的命令行配置状态,此时就可以通过命令来配置和管理交换机了。

3.2.2　带内交换机配置

在首次通过 Console 口完成对交换机的连接,并设置交换机的管理 IP 地址和登录密码后就可以通过带内管理方式配置交换机了。

1. Telnet 方式配置交换机

在主机 DOS 命令行下输入 telnet ip address(交换机管理 IP),如图 3-7 所示。

图 3-7　DOS 模式下执行 telnet 命令

命令执行成功后要求输入登录密码,校验成功后出现交换机的命令行配置状态,显示的界面和通过 Console 口连接的界面类似。

2. Web 方式配置交换机

在浏览器的地址栏中输入交换机的管理 IP 地址,如图 3-8 所示。

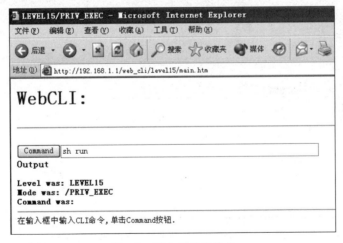

图 3-8　Web 登录交换机

3. SNMP 工作站方式配置交换机

在安装 SNMP 网管软件的工作站对交换机进行管理,如图 3-9 和图 3-10 所示。

3.2.3　交换机启动步骤

交换机加电后启动步骤如图 3-11 所示,具体描述如下。

(1) 交换机加电后,首先运行 ROM 中的程序,实现硬件自检及引导启动 Mini NOS (ROM 相当于 PC 中的 BIOS)。硬件自检的过程如下。

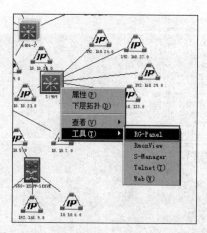

图 3-9　SNMP工作站生成的网络拓扑结构

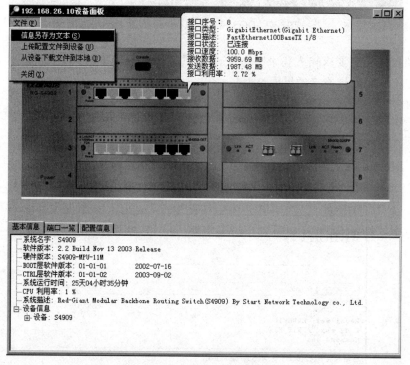

图 3-10　SNMP工作站选择交换机进行管理

① 启动时所有端口的发光二极管变绿。

② 每个端口自检完毕，1min 左右二极管灯熄灭。

③ 如果端口自检完毕后失败，它所对应的 LED 灯呈现黄色。

④ 如果有任何自检失败情况，相应系统指示灯呈现黄色。

⑤ 如果没有自检失败情况，自检过程完成。

⑥ 随着自检过程的完成，系统指示灯和端口指示灯闪亮后熄灭。

（2）将 Flash 中的 NOS 加载到 RAM 中。

（3）从 Flash 加载系统配置文件（startup-config）到 RAM（running-config）中。

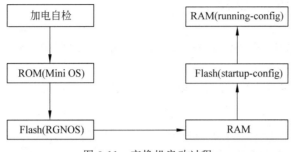

图 3-11　交换机启动过程

关于交换机的存储介质 Flash 与 NVRAM：

NVRAM 是非易失性随机访问存储器，断电后仍能保存数据。NVRAM 速度较快，成本较高，在网络设备中通常用来保存启动配置文件（startup-config），一般配置 KB 级别的容量。

低端交换机中普遍没有配置独立的 NVRAM 器件，一般会用 Flash 的部分空间仿真而成。例如，Cisco WS-C3750G-12S 交换机的部分启动过程如下（文字加黑部分）。

```
BOOTLDR: C3750 Boot Loader (C3750-HBOOT-M) Version 12.2(44)SE5, RELEASE SOFTWARE (fc1)
System returned to ROM by power-on
System image file is "flash:c3750-ipbase-mz.122-35.SE5.bin"
cisco WS-C3750G-12S (PowerPC405) processor (revision AB0) with 118784K/12280K
bytes of mem
```
512K bytes of flash-simulated non-volatile configuration memory.

存储在 NVRAM 上的配置文件即 startup-config 是默认情况下设备启动时执行的配置，startup-config 指的是保存于设备内置 Flash 中的默认配置文件"flash：/config.text"中的配置。

综上所述，startup-config 保存在 NVRAM 中的本质就是物理存在的 Flash 上的 config.text 文件的具体配置内容。

交换机的启动进程会在终端屏幕上显示。新出厂的交换机没有配置文件，或者用户删除了配置文件。在启动过程中，会进入 setup 配置模式：

```
    --- System Configuration Dialog ---
At any point you may enter a question mark '?' for help.
Use ctrl-c to abort configuration dialog at any prompt.
Default settings are in square brackets '[]'.
Continue with configuration dialog? [yes/no]:
```

此处会询问是否进入交互式（Setup）配置模式。如果输入 yes，系统进入交互式配置方式。交互式配置可以设置一些基本参数，但不如命令行配置方式直观，一般不采用此种方式，因此输入 no 退出 Setup 模式，进入命令行配置方式。也可以在输入 yes 进入交互式配置模式后随时按 Ctrl＋C 组合键，终止配置，进入命令行模式。

3.3　交换机配置命令模式

对于交换机的配置既可以通过命令行方式,也可以通过图像化界面配置,本书主要介绍命令行模式下的配置方式。

在使用命令行配置时,以下几点适用于锐捷公司的所有设备。

(1) 命令不区分大小写。

(2) 支持命令简写,但要保证简写命令的唯一性。

(3) 可使用 Tab 键对命令自动补齐。

(4) 可随时使用"?"获得帮助。

(5) 支持命令行编辑功能,可将执行过的命令保存,供运行历史命令查询。

(6) 错误信息提示。

3.3.1　使用交换机的命令行界面

交换机的命令行工作模式,主要包括以下 3 种。

1. 用户模式

新建一个会话连接时,首先进入的就是用户模式(User EXEC)。用户模式的提示符[①]为:"主机名>",如主机名为 switch,则提示符为:switch>。

在用户模式下,只有少量 EXEC(可执行命令)命令能用,例如,查看交换机的软、硬件版本信息,进行简单的测试等,命令功能受限,命令的操作结果也不被保存。

要查看用户模式下可用命令列表,在提示符下输入"?",如:switch>?。

在提示符下输入 exit 命令离开用户模式。要使用所有 EXEC 命令,必须进入特权模式。

2. 特权模式

特权模式(Privileged EXEC)是由用户模式进入的下一级工作模式,在用户模式提示符下输入 enable 命令进入特权模式,特权模式的提示符为"主机名♯",如 switch♯。

在特权模式下可以使用全部 EXEC 命令,能够管理交换机的配置文件,查看交换机的配置信息,进行网络连通性测试和调试等。

因为特权模式能够使用全部 EXEC 命令,管理设备的运行参数,安全起见,从用户模式进入特权模式必须设置口令,以阻止非授权用户访问。

要查看特权模式下可用命令列表,在提示符下输入"?",如:switch♯?。

在提示符下输入 disable 命令回到用户模式。

从特权模式进入的下一级工作模式是全局配置模式。

3. 全局配置模式

在特权模式下,输入 config terminal 命令进入全局配置模式下,该模式的提示符为"主机名(config)♯",如 switch(config)♯。要返回特权模式,输入 exit 或 end 命令,或按 Ctrl

---

① 　如果没有为 CLI 配置命令提示符,则主机名称(如果主机名称超过 32 个字符则取其前 32 个字符)作为默认的命令提示符,提示符将随着系统名称的变化而变化。

＋Z组合键。

在全局配置模式以及其下的各种子配置模式下,可以对交换机进行各种参数的配置,这些配置会对当前运行的参数产生影响。进入各种子配置模式,首先必须进入全局配置模式。子配置模式包括以下几种。

接口配置模式,提示符为:switch(config-if)♯,在该模式下配置具体接口的参数,所以该模式只影响具体接口。

VLAN配置模式,提示符为:switch(config-vlan)♯,使用该模式配置具体的VLAN参数。

线程配置模式,提示符为:switch(config-line)♯,该模式主要用于对虚拟终端(vty)和控制台端口进行配置,其配置主要是设置虚拟终端和控制台的用户级登录密码,配置vty的目的是可以实现对交换机的Telnet登录。

图3-12表示了以上几种工作模式的关联关系。

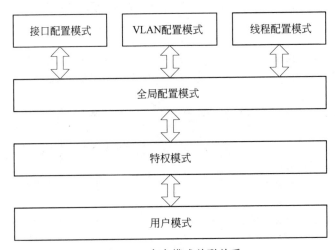

图 3-12　命令模式关联关系

表3-1列出了命令模式、提示符、模式进入方式及模式退出方式。交换机的主机名为switch。

表 3-1　命令工作模式

命令模式		提 示 符	进 入 方 式	退 出 方 式
用户模式		switch＞	新建连接自动进入	输入Exit退出该模式
特权模式		switch♯	switch＞enable	输入Disable返回到用户模式
配置模式	全局模式	switch(config)♯	switch♯config terminal	输入Exit或End,或按Ctrl＋Z组合键,返回到特权模式
	VLAN模式	switch(config-vlan)♯	switch(config)♯vlan id	输入Exit,返回到全局模式;输入End,或按Ctrl＋Z组合键,返回到特权模式

续表

命令模式		提 示 符	进 入 方 式	退 出 方 式
配置模式	接口模式	switch(config-if)#	switch(config)# interface fa 0/5	输入 Exit,返回到全局模式;输入 End,或按 Ctrl+Z 组合键,返回到特权模式
	线程模式	switch(config-line)#	switch(config)# line console 0	输入 Exit,返回到全局模式;输入 End,或按 Ctrl+Z 组合键,返回到特权模式

3.3.2 命令行界面的基本操作

1. 不同工作模式的进入及退出

```
switch>enable                              !从用户模式进入特权模式
password:
switch#
switch#configure terminal                  !从特权模式进入全局配置模式
switch(config)#exit                        !从全局配置模式返回到特权模式
switch#
switch(config)#interface fastethernet 0/1  !从全局模式进入交换机 fa 0/1 接口模式
switch(config-if)#
switch(config)#vlan 100                     !从全局模式建立一个 VLAN,并进入 VLAN 配置模式
switch(config-vlan)#
switch(config-if)#exit                      !退回到上一级操作模式
switch(config)#
switch(config-if)#end                       !从子模式下直接返回特权模式
switch(config-if)#^Z                        !按 Ctrl+Z 组合键退回到特权模式
switch#
```

2. 获得帮助

用户在配置设备过程中,实际上并不需要非常熟悉地记住所有命令,对于不熟悉的命令,可以通过输入"?"来获得帮助。

```
switch>?                                    !显示用户模式下所有命令
switch#?                                    !显示特权模式下所有命令
switch#show  ?                              !显示特权模式下 show 命令后附带的参数
switch#co?                                  !显示当前模式下所有以 co 开头的命令
```

3. 命令自动补齐

```
switch(config)#host<Tab>                    !按 Tab 键自动补齐 host 后的命令 hostname
switch(config)#hostname
```

4. 命令简写

RGNOS 支持命令简写,简写的原则是唯一性,即简写部分能唯一地标示一个命令。

```
switch#configure terminal                   !完整命令
```

```
switch#conf t                                     !简写命令
```

5. 使用快捷键

（1）Ctrl+P 或向上键：查询历史命令表中的前一条命令。

（2）Ctrl+N 或向下键：使用查询前一条命令后，回到更近一条命令。

（3）Ctrl+Z：退回到特权模式。

（4）Ctrl+C：终止正在运行的某些命令。

6. 配置文件的保存

交换机有两个配置文件：运行配置文件和启动配置文件。

运行配置文件：这个文件位于 RAM 中，名为 running-config，它是设备在工作时使用的配置文件。

启动配置文件：这个文件位于 NVRAM 中，名为 startup-config，当设备启动时，它被装入 RAM，成为运行配置文件。

新出厂的交换机是没有配置文件的，第一次对其配置时，这些配置信息就生成了 running-config，以后所做的配置信息都会添加到 running-config 中。running-config 运行在 RAM 中，由于 RAM 中的信息在设备断电或重启时就会丢失，所以在对设备的参数进行任何修改后，都应该把当前运行的配置文件保存到 NVRAM 里。保存配置文件就是把 running-config 保存为 startup-config。

在特权模式下配置，以下三种命令方式的功能相同。

```
switch_jiaoxue#copy running-config startup-config   !将配置信息从 RAM 保存到 NVRAM
switch_jiaoxue#write memory
switch_jiaoxue#write
```

7. 使用 No 命令

使用 No 命令来删除某个配置、禁止某个功能或执行与命令本身相反的操作。例如，shutdown 命令关闭端口，no shutdown 激活端口，是 shutdown 的反向操作。

```
switch(config-if)#ip add 192.168.1.1 255.255.255.0   !配置 IP 地址
switch(config-if)#no ip address                      !删除已配置的 IP 地址
switch(config-if)#shutdown                           !端口关闭
switch(config-if)#no shutdown                        !端口激活
```

8. 命令行的出错提示

命令行出错信息如表 3-2 所示。

表 3-2　命令行出错信息解释

错 误 信 息	含　　义	解 决 方 式
% Ambiguous command："v"	以"v"开头的命令不唯一，交换机无法识别	重新输入命令，或者"v"后输入"?"
% Incomplete command.	命令参数不全	重新输入命令，输入空格再输入"?"
% Invalid input detected at '^' marker.	输入命令错误，符号"^"指明错误的位置	重新正确输入，或者当前提示符下输入"?"

3.4 交换机的基本配置

在交换机的全局模式下,可以对交换机进行一些基本的配置,如设置主机名、管理 IP 地址、系统日期和时间、创建标题、配置远程登录密码和特权密码等。

3.4.1 设置主机名

为了管理方便,唯一地标示一台设备,可以为交换机设置主机名。在全局配置模式下,使用 hostname 命令实现。命令格式为:

```
hostname  hostname
```

其中,**hostname** 表示交换机的主机名。主机名应符合设备命名规则,一般根据场地位置、属性、楼层等唯一标示。

配置举例:主机名设置为 switch_jiaoxue。

```
switch>en                              !从用户模式进入特权模式,命令简写
switch#conf t                          !从特权模式进入全局配置模式,命令简写
switch(config)#
switch(config)#hostname switch_jiaoxue !设置主机名为 switch_jiaoxue
switch_jiaoxue(config)#                !提示符中主机名变为 switch_jiaoxue
```

3.4.2 配置管理 IP 地址

交换机通过带外方式进行管理时,需要对交换机配置管理 IP 地址。交换机工作在数据链路层,它的端口是不能配置 IP 地址的。怎么解决 IP 地址的配置问题呢? 在交换机上存在一个 VLAN 1,这个 VLAN 1 是交换机自动创建和管理的,用户不能建立和删除。默认情况下,交换机的所有端口都属于 VLAN 1。把管理 IP 设置在 VLAN 1 上,可以通过任意一个属于 VLAN 1 的接口来管理交换机。

设置步骤是:首先在全局配置模式下进入 VLAN 1 接口,然后用 ip address 命令配置地址,最后激活该端口。命令格式为:

```
interface vlan vlan_id
ip address ip_address subnet_mask
```

其中,vlan_id 表示要配置的 VLAN 号;ip_address 表示分配给这个交换机的管理 IP 地址;subnet_mask 表示 IP 地址的子网掩码。

配置举例:管理 IP 地址为 192.168.1.1,子网掩码为 255.255.255.0。

```
switch_jiaoxue>enable
switch_jiaoxue#config t
switch_jiaoxue(config)#interface vlan 1      !把管理 IP 指定给 VLAN 1
switch_jiaoxue(config-if)#ip address 192.168.1.1 255.255.255.0
                                             !配置 IP 地址和子网掩码
```

```
switch_jiaoxue(config-if)#no shutdown
```
　　　　　　　　　　　　　　　!激活该端口,端口配置 IP 地址后都要立即进行激活操作
```
switch_jiaoxue(config-if)#end
switch#
```

默认情况下,端口处于 shutdown 状态。为一个端口配置了 IP 地址后,需要用 no shutdown 命令激活该端口,以使端口工作。

若要删除已配置的 IP 地址,进入 VLAN 1 接口后,执行 no ip address 命令即可。

```
switch_jiaoxue(config)#interface vlan 1
switch_jiaoxue(config-if)#no ip address
```

3.4.3　配置特权密码和远程登录密码

密码可用于防范非授权人员登录到交换机上修改设备的配置参数。

计算机通过 Telnet 命令登录交换机时,需要输入远程登录密码。远程登录是一种远程配置方式,安全起见,这个密码应该设置。在锐捷设备中,没有设置远程登录密码的设备是不能用 Telnet 命令登录的。

登录设备后,从用户模式进入特权模式,需要输入特权密码。由于特权模式是进入各种配置模式的必经之路,在这里设置密码可有效防范非授权人员对设备配置的修改。在锐捷设备中,特权模式可设置多个级别,每个级别可设置不同的密码和操作权限,可以根据实际情况让不同人员使用不同的级别。

在锐捷设备中,没有设置特权密码的设备也不能用 Telnet 命令登录。

1. 配置远程登录(Telnet)密码

远程登录密码在线路配置模式下设置。命令格式为:

```
line vty 0 4
password [0|7] password
longin
```

其中,line vty 0 4 命令表示配置远程登录线路,0~4 是远程登录的线路编号,表示同时支持 5 个用户 telnet;login 命令用于打开登录认证功能,如果没有设置 login,登录时密码认证不会启用;[0|7]中 0 表示明文方式设置密码,7 表示密文方式设置密码,**password** 为远程登录线路设置的密码,密码长度最大为 25 个字符。口令中不能有问号和其他不可显示的字符。如果口令中有空格,则空格不能位于最前面,只有中间和末尾的空格可作为口令的一部分。在 running-config 中可以查看口令设置,但锐捷设备的口令都是以密文存放的,所以看到的是乱码。

删除配置的远程登录密码:

```
switch_jiaoxue(config)#line vty 0 4
switch_jiaoxue(config-line)#no password
```

配置举例:为交换机设置远程登录密码为 jiaoxue。

```
switch_jiaoxue>enable
```

```
switch_jiaoxue#configure terminal
switch_jiaoxue(config)#line vty 0 4
                              !进入远程登录线路配置模式,同时支持 5 个 Telnet 用户
switch_jiaoxue(config-line)#password 0 jiaoxue    !配置远程登录密码为 jiaoxue
switch_jiaoxue(config-line)#login               !打开登录认证功能
switch_jiaoxue(config-line)#end
switch_jiaoxue#
```

2. 配置特权密码

在全局配置模式下设置。命令格式为:

```
enable password password
enable secret password
```

其中,enable password **password** 命令配置的密码在配置文件中是用简单加密方式存放的(有些种类的设备是用明文存放的),**password** 是要设置的密码;enable secret **password** 命令配置的密码在配置文件中是用安全加密方式存放的,**password** 是要设置的密码。以上两种密码只需要配置一种,如果两种都配置了,用 secret 定义的密码优先。

删除配置的特权密码:

```
no enable password
no enable secret
```

配置举例:设置密码为 jiaoxue,使用安全加密的密文存放。

```
switch_jiaoxue>enable
switch_jiaoxue#configure terminal
switch_jiaoxue(config)#enable secret jiaoxue
switch_jiaoxue(config)#end
switch_jiaoxue#
```

3. 特殊配置

锐捷交换机 RGOS 9.10 之前的版本以及该公司的一些二层交换机,设置远程登录密码和特权密码方式有所不同。密码的设置是在全局配置模式下进行的,命令格式为:

```
enable secret level level encryption-type password
```

其中,**level** 表示用户级别,范围为 0~15,默认情况下,系统只有两个受密码保护的授权级别:普通用户级别(Level 1)和特权用户级别(Level 15);encryption-type 表示加密类型,一般为 0,表示不加密;password 表示要设置的密码。

配置举例:设置密码为 jiaoxue。

```
switch_jiaoxue>en
switch_jiaoxue#conf t
switch_jiaoxue(config)#enable secret level 15 0 jiaoxue
                                          !配置 enable 的密码为 jiaoxue
switch_jiaoxue(config)#enable secret level 1 0 jiaoxue
                                          !配置 telnet 的密码为 jiaoxue
```

```
switch_jiaoxue(config)#end
switch_jiaoxue#wr
```

说明：本部分配置的特权密码是为最高的 15 级设置的密码,如果想要使用多级别的特权模式,需要先用 privilege 命令为相应级别授权,再用 enable secret 命令配置该级别的密码。

3.4.4　配置交换机标题

当用户登录交换机时,可以通过创建标题来告诉用户一些信息。可以创建两种类型标题(Banner)：每日通知和登录标题。默认情况下,每日通知和登录标题均未设置。

1. 每日通知

每日通知针对所有连接到网络设备的用户,当用户登录网络设备时,通知消息将首先显示在终端上。利用每日通知,可以发送一些较为紧迫的消息(如系统即将关闭等)给用户。

在全局配置模式下设置每日通知信息,命令格式为：

banner motd c message c

其中,c 表示分界符,这个分界符可以是任何字符(如"♯"等字符)。输入分界符后,按回车键,可以开始输入文本,再次输入分界符并按回车键表示文本输入结束。通知信息的文本中不能出现作为分界符的字母,文本的长度不能超过 255B。

配置举例：使用"♯"作为分界符,每日通知的文本信息为"Notice!! Save changes and Exit."。

```
switch_jiaoxue(config)#banner motd #
Enter TEXT message.  End with the character '#'.
Notice!!Save changes and Exit.#
switch_jiaoxue(config)#
```

2. 登录标题

登录标题显示在每日通知之后,它的主要作用是提供一些常规的登录提示信息。在全局配置模式下设置登录标题信息,命令格式为：

banner login c message c

配置举例：使用"♯"作为分界符,文本信息为"Please enter your password."。

```
switch_jiaoxue(config)#banner login #
Enter TEXT message.  End with the character '#'.
Please enter your password.#
switch_jiaoxue(config)#
```

3.4.5　管理 MAC 地址表

通过对 MAC 地址表的参数进行设置达到管理 MAC 地址表的目的。

1. MAC 地址表的默认配置

表 3-3 显示了地址表的默认配置。

表 3-3　MAC 地址表的默认配置

内　容	默 认 设 置
老化时间	300s
动态地址表	自动学习
静态地址表	没有配置静态地址
过滤地址表	没有配置过滤地址

2. 设置地址老化时间

设置一个动态地址保留在地址表中的时间长度,默认是 300s。在全局模式下配置,命令格式为:

```
mac-address-table aging-time seconds
```

其中,seconds 为动态地址老化时间,以 s 为单位。取值范围由设备决定,该值为 0 时,地址老化功能将被关闭,学习到的地址将不会被老化。

no mac-address-table aging-time 恢复地址老化时间为默认值。

配置举例: 将动态地址老化时间设置为 150s。

```
switch_jiaoxue(config)#mac-address-table aging-time 150
```

3. 删除动态地址表项

在全局配置模式下设置,命令格式为:

```
clear mac-address-table dynamic [address mac-addr] [interface interface-id]
[vlan vlan-id]
```

其中,mac-addr 为删除一个指定的 MAC 地址;interface-id 为删除指定物理端口的动态地址;vlan-id 为删除一个指定 VLAN 的动态地址;不加任何参数表示删除交换机上的所有动态地址。

配置举例: 删除 0080.ad00.073c 的动态地址表项;删除 fa 0/1 端口的所有动态地址;删除 VLAN 10 上的所有动态地址。

```
switch_jiaoxue(config)#clear mac-address-table dynamic    !删除所有动态地址
switch_jiaoxue(config)#clear mac-address-table dynamic address 0080.ad00.073c
                                    !删除 MAC 地址为 0080.ad00.073c 的表项
switch_jiaoxue(config)#clear mac-address-table dynamic interface fa 0/1
                                    !删除端口 fa 0/1 的所有动态地址
switch_jiaoxue(config)#clear mac-address-table dynamic vlan 10
                                    !删除 VLAN 10 上的所有动态地址
```

4. 增加和删除静态地址表项

增加静态地址,需要指定 MAC 地址(数据帧的目的地址)、VLAN(这个静态地址将加入哪个 VLAN 的地址表中)、接口(目的地址为指定 MAC 地址的数据帧将被转发到的接口)。

在全局模式下配置,命令格式为:

```
mac-address-table static mac-addr vlan vlan-id interface interface-id
```

其中,mac-addr 指目的 MAC 地址;vlan-id 指该地址所属的 VLAN;interface-id 指数据将转发到的接口(可以是物理端口或 Aggregate Port);当设备在 vlan-id 指定的 VLAN 上接收到以 mac-addr 指定的地址为目的地址的数据帧时,将被转发到 interface-id 指定的接口上。

删除一个静态地址表项:

```
no mac-address-table static mac-addr vlan vlan-id interface interface-id
```

配置举例:配置一个静态地址 0080.ad00.073c,当在 VLAN 10 中接收到目的地址为这个地址的数据帧时,将被转发到指定的接口 fa 0/3 上。

```
switch_jiaoxue(config) # mac - address - table  static  0080.ad00.073c vlan 10
interface fa 0/3
```

5. 增加和删除过滤地址表项

要增加一个过滤地址,需要指定希望设备过滤掉哪个 VLAN 内的哪个 MAC 地址,当设备在该 VLAN 内收到以这个 MAC 地址为源地址的数据时,数据将被直接丢弃。在全局模式下设置,命令格式为:

```
mac-address-table filtering mac-addr vlan vlan-id
```

其中,mac-addr 指定设备需要过滤的 MAC 地址;vlan-id 指定该地址所属的 VLAN。

删除一个过滤地址表项命令:

```
no mac-address-table filtering mac-addr vlan vlan-id
```

配置举例:过滤 VLAN 10 内源 MAC 地址为 0080.ad00.073c 的数据帧。

```
switch_jiaoxue(config)#mac-address-table filtering 0080.ad00.073c vlan 10
```

3.4.6　设置系统日期和时间

可以通过手工的方式来设置设备的时间。当设置了时钟后,时钟将以用户设置的时间为准一直运行下去,即使设备下电,时钟仍然继续运行。所以时钟设置一次后,原则上不需要再进行设置,除非用户需要修正设备上的时间。但是对于没有提供硬件时钟的设备,手工设置设备上的时间实际上只是设置了软件时钟,它仅对本次运行有效,当设备下电后,手工设置的时间将失去。

在特权模式下设置,命令格式为:

```
clock set hh:mm:ss month day year
```

其中,hh:mm:ss 表示小时(24 小时制)、分、秒;month 表示月;day 表示日;year 表示年,不能缩写。

配置举例:设置系统时间为 2021 年 1 月 26 日 19 时 30 分 10 秒。

```
switch#clock set 19:30:10 1 26 2021
```

3.4.7 show 命令的使用

用户可以通过命令行中的显示(show)命令在特权模式下查看系统信息和配置信息。

1. 查看系统、版本信息

系统信息主要包括系统描述、系统上电时间、系统的硬件版本、系统的软件版本、系统的
Ctrl 层软件版本、系统的 Boot 层软件版本、产品序列号(仅对于有烧写过序列号的设备)等,
通过这些信息来了解网络设备系统的概况。命令格式为:

```
show version [devices|slots]
```

配置举例:

```
switch_jiaoxue#show version              !显示系统、版本信息
switch_jiaoxue#show version devices      !显示设备当前的物理设备信息
switch_jiaoxue#show version slots        !显示设备当前的插槽和模块信息
```

2. 查看配置信息

```
switch_jiaoxue#show running-config       !显示当前正在运行的配置信息
switch_jiaoxue#show startup-config       !显示启动配置信息
```

3. 查看端口信息

显示某一端口的工作状态和配置信息,命令格式为:

```
show interface type port-id
```

其中,type 为端口类型;port-id 表示端口所在的模块和在该模块中的编号。

配置举例:显示 S3750 交换机 0 号模块 5 号端口的信息。

```
switch_jiaoxue#show interface fa 0/5
```

4. 查看 MAC 地址表

查看 MAC 地址表的信息,命令格式为:

```
show mac-address-table [dynamic|static|filtering] [interface type mod/port]
[vlan vlan-id]
```

其中,不带参数表示查看所有 MAC 地址;dynamic 表示查看动态 MAC 地址;static 表示查
看静态 MAC 地址;filtering 表示查看过滤地址;type 表示要查看指定端口的类型;mod/
port 表示要查看端口的端口号;vlan-id 表示要查看 VLAN 的 VLAN 号。

5. 查看 MAC 地址表的老化时间

命令格式为:

```
show mac-address-table aging-time
```

3.5　交换机的端口配置

3.5.1　交换机端口类型

交换机的每个物理端口[①]可处于表 3-4 中的任一种类型。

表 3-4　交换机端口类型

端口类型	交换机层次[②]	简单描述
Access 端口	二层	实现二层交换功能,只转发来自同一个 VLAN 的数据帧
Trunk 端口	二层	实现二层交换功能,可转发来自多个 VLAN 的数据帧
L2 Aggregate 端口	二层	由多个二层物理接口组成的一个高速传输通道
Routed 端口	三层	一个物理接口作三层路由接口
SVI	三层	虚拟接口构成三层路由接口
L3 Aggregate 端口	三层	由多个物理接口构成一个高速三层路由接口

3.5.2　配置端口的基本参数

在配置端口参数时,应先选择需要配置的端口。

1. 选择端口

1) 端口编号规则

交换机的端口编号由两部分组成:插槽号和端口在插槽上的编号。

例如,端口所在的插槽编号为 1,端口在插槽上的编号为 24,则端口对应的编号为 1/24。插槽的编号是从 0 到插槽的个数－1。插槽的编号规则是:面对设备的面板,插槽按照从前至后、从左至右、从上至下的顺序依次排列,对应的插槽号从 0 开始依次增加。插槽上的端口编号是从 1 到插槽上的端口数,编号顺序是从左到右。对于可以选择介质类型的设备,端口包括两种介质(光口和电口),无论使用哪种介质,都使用相同的端口编号。

对于框式交换机,端口编号由三部分组成:线卡(Line Card)号、线卡上的模块号、模块上的端口号,即线卡号/模块号/端口号。

对于 Aggregate 端口,编号的范围为 1 到设备支持的 Aggregate 端口个数。

对于 SVI(Switch Virtual Interface),编号就是这个 SVI 对应的 VLAN 的 VID。

设备上的静态插槽的编号固定为 0,动态插槽(可插拔模块或线卡)的编号从 1 开始。

具体设备可以通过 show 命令查看端口信息。

2) 选择一个端口

在全局配置模式下,命令格式为:

---

① 默认情况下,交换机的所有接口都是二层的 Access 端口模式,一台没有配置的三层交换机可以直接作为二层交换机使用。

② 根据交换机工作协议的层次不同,主要划分为二层交换机和三层交换机。

```
interface type port-id
```

interface 命令用于指定一个端口,之后的命令都是针对该端口的。其中,type 为要配置端口的类型,可以是一个物理端口,也可以是 VLAN(此时把 VLAN 理解为一个端口),或者是一个 Aggregate 端口;port-id 是具体的端口编号、VLAN ID 或者端口汇聚组。

配置举例:分别选择 S3750 交换机 0 号模块 5 号端口,VLAN 10 及 Aggregate 端口 5。

```
switch_jiaoxue#conf t                              !进入全局配置模式
switch_jiaoxue(config)#interface fastethernet 0/5  !选择端口 fa 0/5
switch_jiaoxue(config-if)#exit                      !退回全局配置模式
switch_jiaoxue(config)#interface vlan 10            !选择 VLAN 10,对 VLAN 10 配置
switch_jiaoxue(config-if)#exit                      !退回全局配置模式
switch_jiaoxue(config)#interface aggregateport 5    !进入端口汇聚组 5 配置参数
```

3) 选择多个端口

如果有多个端口需要配置相同的参数且端口类型相同时,可以同时配置这些端口。

在全局配置模式下,命令格式为:

```
interface range type port-range
```

其中,type 为要配置端口的类型,可以是物理端口,也可以是 VLAN(此时把 VLAN 理解为一个端口);port-range 是端口范围,可以是物理端口范围,也可以是一个 VLAN 范围。

配置举例:分别选择交换机 0 号模块 5~10 号、24 号端口,以及 VLAN 2~VLAN 4。

```
switch_jiaoxue#conf t                              !进入全局配置模式
switch_jiaoxue(config)#int rang fa 0/5 - 10,fa 0/24
```

! 选择 5~10 及 24 号端口,5~10 属于同一模块,结束端口号前省略"0/",开始端口号 5 和结束端口号 10 之间的连接符"-"前后均有空格,如果端口号是几个范围段,范围段之间用逗号分隔

```
switch_jiaoxue(config-rang-if)#                    !进入端口组配置模式
switch_jiaoxue(config-rang-if)#exit                !退回全局配置模式
switch_jiaoxue(config)#interface vlan 2 - 4        !选择 VLAN 2~VLAN4 配置
```

2. 端口描述

端口描述常用于标注一个端口的功能、用途,起到备注的作用。

在接口配置模式下,命令格式为:

```
description string
```

其中,string 为端口的描述文字,最多不超过 32 个字符。如果描述文字中有空格,要用双引号将描述文字引起来。

配置举例:对 S3750 交换机 0 号模块 5 号端口描述"It is a trunk port"。

```
switch_jiaoxue#conf t                              !进入全局配置模式
switch_jiaoxue(config)#interface fa 0/5            !选择端口 fa 0/5
switch_jiaoxue(config-if)#description "It is a trunk port"  !描述端口
```

3. 端口的管理状态

端口的管理状态有两种：启用（Up）和禁用（Down）。当端口被禁用时，端口的管理状态为 Down，否则为 Up。没有连接传输介质的端口，其管理状态是 Down。已连接传输介质的端口，可以根据需要对端口的管理状态进行启用（Up）或禁用（Down）。如果禁用一个端口，则这个端口将不会接收和发送任何帧。如果对一个端口配置了 IP 地址，则需要启用该端口。

端口可以是物理接口、VLAN 或者 Aggregate 端口。

在接口模式下，禁用和启用的命令格式分别为：

```
shutdown
no shutdown
```

配置举例：对 S3750 交换机 0 号模块 5 号端口分别进行禁用和启用操作。

```
switch_jiaoxue#conf t                      !进入全局配置模式
switch_jiaoxue(config)#interface fa 0/5    !选择端口 fa 0/5
switch_jiaoxue(config-if)#shutdown         !禁用该端口
switch_jiaoxue(config-if)#no shutdown      !启用(激活)该端口
```

4. 端口的速率

接口模式下，命令格式为：

```
speed [10|100|1000|auto]
```

其中，根据端口的最大速率可分别设置为 10、100、1000，或者设置为自适应模式（auto）。该命令只对 Switch 端口和 Aggregate 端口有效。

5. 端口的双工

接口模式下，命令格式为：

```
duplex [auto|full|half]
```

其中，auto 为自适应模式，full 为全双工模式，half 为半双工模式。该命令只对 Switch 端口和 Aggregate 端口有效。

6. 端口流控

接口模式下，命令格式为：

```
flowcontrol [auto|on|off]
```

其中，on 表示打开流控功能，off 表示关闭流控功能，auto 表示自协商模式。当 speed、duplex、flowcontrol 都设为非 auto 模式时，该端口关闭自协商过程。该命令只对 Switch 端口和 Aggregate 端口有效。

配置举例：对 S3750 交换机 0/5 号端口分别设置 100M、全双工、流控关闭。

```
switch_jiaoxue#conf t                      !进入全局配置模式
switch_jiaoxue(config)#interface fa 0/5    !选择端口 fa 0/5
switch_jiaoxue(config-if)#speed 100        !端口速率 100M
switch_jiaoxue(config-if)#duplex full      !全双工
```

```
switch_jiaoxue(config-if)#flowcontrol off          !流控关闭
switch_jiaoxue(config-if)#end
```

3.5.3 配置二层交换机端口

交换机工作在数据链路层,是二层设备。交换机端口指交换机上能够连接传输介质的物理接口。二层交换机端口被用于管理物理接口和与之相关的第二层协议,不处理路由,只有二层交换功能,所以称为 Switch 端口。Switch 端口分为 Access 端口和 Trunk 端口两种模式,这两种模式都需要手动配置。

1. Access 端口

Switch 端口默认模式为 Access。如果一个 Switch 端口的模式是 Access,则该端口只能是一个 VLAN 的成员,只传输属于这个 VLAN 的数据帧,这种模式的端口主要连接的是终端设备。Access 端口能够接收三种类型的数据帧:Untagged 帧、VID 为 0 的 Tagged 帧和 VID 为 Access 端口所属 VLAN 的帧。只发送 Untagged 帧。

默认 VLAN:每个 Access 端口只属于一个 VLAN,所以它的默认 VLAN 就是它所在的 VLAN,可以不用设置。

在接口配置模式下,命令格式为:

```
switchport mode access
```

配置举例:将 S3750 的 fa 0/5 端口设置为 Access 模式。

```
switch_jiaoxue#conf t                              !进入全局配置模式
switch_jiaoxue(config)#interface fa 0/5            !进入端口号为 fa 0/5 的接口配置模式
switch_jiaoxue(config-if)#switchport mode access !将 Switch 端口模式设为 Access
```

2. Trunk 端口

将 Switch 端口的模式设置成 Trunk,则该接口可以传输属于多个 VLAN 的数据帧。通常把交换机和交换机、交换机和路由器连接的端口设置为 Trunk 端口。Trunk 端口可接收 Untagged 帧以及端口允许 VLAN 范围内的 Tagged 帧。Trunk 端口发送的非 Native VLAN 的帧都是带 Tag 的,而发送的 Native VLAN 的帧都不带 Tag。默认情况下,Trunk 端口将传输所有 VLAN 的帧,为了减轻设备的负载,减少对带宽的浪费,可通过设置 VLAN 许可列表来限制 Trunk 端口传输哪些 VLAN 的帧。

默认 VLAN:因为 Trunk 端口可以属于多个 VLAN,所以需要设置一个 Native VLAN 作为默认 VLAN。Native VLAN 指在这个端口上收发的 Untagged 帧,都被认为是属于这个 VLAN 的。

在接口配置模式下,命令格式为:

```
switch_jiaoxue(config-if)#switchport mode trunk
```

可以使用 no switchport mode 命令把端口模式恢复成默认值,即 Access 端口。

配置举例:将 S3750 的 fa 0/5 端口设置为 Trunk 端口模式。

```
switch_jiaoxue#conf t                              !进入全局配置模式
switch_jiaoxue(config)#interface fa 0/5            !进入端口号为 fa 0/5 的接口配置模式
```

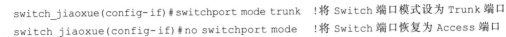

```
switch_jiaoxue(config-if)#switchport mode trunk    !将 Switch 端口模式设为 Trunk 端口
switch_jiaoxue(config-if)#no switchport mode       !将 Switch 端口恢复为 Access 端口
```

3.5.4　配置三层交换机端口

三层交换机就是具备部分路由器功能的交换机。二层交换技术工作在 OSI 参考模型的第二层数据链路层,三层交换技术是在 OSI 参考模型中的第三层网络层实现数据包的转发,三层交换技术实质上是二层交换技术＋三层转发技术的结合,能够做到一次路由,多次转发。

三层交换机的每个三层端口都是一个单独的广播域,每个端口都可以配置 IP 地址,配置 IP 地址的端口就成为连接该端口的同一个广播域内其他主机的网关,该 IP 地址就是网关地址,通过网关地址实现基于三层寻址的分组路由功能。

1. 启动路由功能协议

为了使交换机进行三层路由,需要启动要使用的协议的路由功能。在全局配置模式下,命令格式为:

```
protocol routing
```

其中,protocol 是要启动路由功能的协议,可以是 IP、IPX、Appletalk 等。对于采用 TCP/IP 的网络,启用 IP 的路由选择功能。默认情况下,已启动 IP,即 ip routing 命令已启用。

2. 二层或三层端口选择

三层交换机的端口即可用作二层交换(Switch)端口,也可当作三层路由(Route)端口,默认作为二层交换端口使用。

配置三层路由端口,在接口配置模式下,命令格式为:

```
no switchport
```

其中,该命令先将端口二层模式禁用(shut down),然后重新启用三层模式。该命令只适用于 Switch 端口和二层 Aggregate 端口,但一个二层 Aggregate 端口的成员口,不能进行 no switchport/switchport 的层次切换。

将路由端口恢复为二层端口,接口配置模式下,命令格式为:

```
switchport
```

以上两个命令的作用顺序,都是先禁用,再重新启用。

配置举例:将 S3750 的 fa 0/5 端口配置成三层模式。

```
switch_jiaoxue#conf t                            !进入全局配置模式
switch_jiaoxue(config)#interface fa 0/5          !进入端口号为 fa 0/5 的接口配置模式
switch_jiaoxue(config-if)#no switchport          !将端口设为路由端口
```

3. 配置端口 IP 地址

接口配置模式下,命令格式为:

```
ip address ip_address subnet_mask
```

其中,ip_address 是要配置的 IP 地址,subnet_mask 是该 IP 地址对应的掩码。三层端口默认情况下是 shutdown 的,所以配置 IP 地址后应进行端口激活操作(no shutdown)。删除端口 IP 地址的命令不带任何参数:no ip address。

配置举例:将 S3750 的 fa 0/5 端口配置成三层模式并设置 IP 地址为 192.168.0.1/24。

```
switch_jiaoxue#conf t                               !进入全局配置模式
switch_jiaoxue(config)#interface fa 0/5             !进入端口号为 fa 0/5 的接口配置模式
switch_jiaoxue(config-if)#no switchport             !将端口设为路由端口
switch_jiaoxue(config-if)#ip address 192.168.0.1 255.255.255.0  !设置 IP 地址及掩码
switch_jiaoxue(config-if)#no shutdown               !激活端口
switch_jiaoxue(config-if)#no ip address             !如果需要,使用此命令删除 IP 地址
```

4. 显示接口信息

可在特权模式下通过 show 命令查看接口状态。

```
switch_jiaoxue#show interface fa 0/10               !显示指定端口 10 的全部状态和配置信息
switch_jiaoxue#show interface fa 0/10 status        !显示指定端口 10 的状态
```

在特权模式下,显示三层接口的简要信息。

```
switch_jiaoxue#show ip interface brief
```

3.5.5 交换机端口安全

端口安全是指通过启用交换机的端口安全功能,实现对非法设备的接入控制,从而提高网络安全性。

端口安全主要是通过对交换机 MAC 地址表的配置实现的。利用端口安全这个特性,管理员可以通过限制允许访问交换机上某个端口的 MAC 地址及 IP 地址来实现严格控制对该端口的输入。当为安全端口配置了某些地址后,则除了源地址为这些地址的数据包以外,该端口将不转发来自其他任何地址的数据包。另外,还可以限制一个端口上能包含的安全地址最大个数,如果将最大个数设置为1,并且为该端口设置一个安全地址,则连接到这个端口的工作站(其地址为配置的安全地址)将独享该端口的全部带宽。为了增强安全性,可以将 MAC 地址和 IP 地址绑定起来作为安全地址,或者只指定 MAC 地址而不绑定 IP 地址。

当设置了安全端口上安全地址的最大个数后,可以使用如下 3 种方式加满端口上的安全地址。

(1) 使用接口配置模式下的命令手工配置端口的所有安全地址。

(2) 端口自动学习地址,自动学习到的地址将变成该端口上的安全地址,直到达到最大个数。自动学习的安全地址不会绑定 IP 地址,如果在一个端口上已经配置了绑定 IP 地址的安全地址,将不能再通过自动学习来增加安全地址。

(3) 手工配置一部分安全地址,剩下的部分让交换机自己学习。

如果一个端口被配置为安全端口,当其安全地址的数目已经达到允许的最大个数后,如果该端口收到一个源地址不属于端口上的安全地址时,将产生一个安全违例。安全违例可以选择多种方式来处理,如丢弃接收到的数据包、发送违例通知或关闭端口等。安全违例处

理模式如表 3-5 所示。

表 3-5　安全违例处理模式

模　式	描　述
Protect	当安全地址个数满后,安全端口将丢弃未知地址(不是该端口安全地址中的任何一个)的数据包
Restrict	当违例产生时,将发送一个 SNMP Trap 通知
Shutdown	当违例产生时,将关闭该端口并发送一个 Trap 通知

1. 端口安全的默认配置

端口安全默认配置如表 3-6 所示。

表 3-6　端口安全默认配置

内　容	默 认 配 置
端口安全开关	所有端口均关闭端口安全功能
最大安全地址个数	128
安全地址	无
违例处理模式	protect

2. 端口安全的配置限制

配置端口安全时,有如下限制。

(1) 一个安全端口不能是一个 Aggregate 端口。

(2) 一个安全端口不能是 SPAN 的目的端口。

(3) 一个安全端口只能是一个 Access 端口。

(4) 一个安全端口上的安全地址的格式应保持一致。要么都是绑定 IP 地址的安全地址,要么都是不绑定 IP 地址的安全地址。如果一个安全端口同时包含这两种格式的安全地址,则不绑定 IP 地址的安全地址将失效(绑定 IP 地址的安全地址具有高优先级)。

(5) 802.1x 认证功能和端口安全功能互斥。802.1x 认证功能和端口安全功能都能保证网络接入者的合法性,启用其一就可以达到控制端口接入的目的。同时,IP 地址＋MAC 地址绑定和仅 IP 地址绑定的安全地址与 ACL 共享系统的硬件资源,因此当某一个安全端口上应用了 ACL,则该端口上所能设置的 IP 地址＋MAC 地址绑定和仅 IP 地址绑定的安全地址个数将会减少。

3. 配置安全端口及违例处理模式

安全端口必须是 Access 端口,在接口配置模式下,命令格式为:

```
switchport port-security                              !打开该端口的安全功能,使其成为安全端口
switchport port-security maximum value
```

其中,value 是可以设置的安全地址的最大值,范围是 1～1000,默认为 128。

```
switchport port-security violation {protect|restrict|shutdown}   !违例处理模式
show port-security interface port-id
```

其中,port-id 是端口号,用 show 命令显示 port-id 端口的安全配置参数时,若不带 port-id,则显示全部端口的安全配置信息。

在接口配置模式下,使用如下命令恢复端口安全配置到默认状态。

```
no switchport port-security              !关闭该端口的安全功能
no switchport port-security maximum      !恢复为默认个数 128
no switchport port-security violation    !恢复默认违例处理模式
```

配置举例:在 S3750 fa 0/5 应用端口安全功能,并设置最大地址数为 10,违例处理模式为 shutdown。

```
switch_jiaoxue#conf t                            !进入全局配置模式
switch_jiaoxue(config)#interface fa 0/5          !进入端口号为 fa 0/5 的接口配置模式
switch_jiaoxue(config-if)#switchport mode access          !设为接入端口
switch_jiaoxue(config-if)#switchport port-security        !打开该端口的安全功能
switch_jiaoxue(config-if)#switchport port-security maximum 10   !最大地址数 10
switch_jiaoxue(config-if)#switchport port-security violation shutdown
        !当违例产生后,将关闭 fa 0/5 端口。端口因为违例而被关闭,可以在全局配置模式下使用命
        !令 errdisable recovery 将端口从错误状态中恢复
```

4. 配置安全端口的安全地址

启用了端口的安全功能后,需要在该端口上配置安全地址。在接口配置模式下,手工配置安全地址的命令格式为:

```
switchport port-security mac-address mac-address [ip-address ip-address]
```

其中,**mac-address** 为可以接入这个端口的设备的 MAC 地址;如果选择了关键字 ip-address,则 **ip-address** 为这个 MAC 地址绑定的 IP 地址。

在接口配置模式下,使用命令 no switchport port-security mac-address mac-address 删除该接口的安全地址。

配置举例:为 S3750 接口 fastethernet 0/5 配置一个安全地址 00d0.0800.075d,并为其绑定一个 IP 地址 192.168.0.1。

```
switch_jiaoxue#conf t                            !进入全局配置模式
switch_jiaoxue(config)#interface fa 0/5          !进入端口号为 fa 0/5 的接口配置模式
switch_jiaoxue(config-if)#switchport mode access          !设为接入端口
switch_jiaoxue(config-if)#switchport port-security        !打开该端口的安全功能
switch_jiaoxue(config-if)#switchport port-security mac-address 00d0.0800.075d
ip-address 192.168.0.1                           !IP 地址+MAC 地址绑定端口 fa 0/5
switch_jiaoxue(config-if)#end                    !退回到特权模式
```

5. 配置安全地址的老化时间

为了动态地管理安全地址,使其在一定时间后可以更新,可以为一个接口上的所有安全地址配置老化时间。启用这个功能,设置安全地址的最大个数,就可以让设备自动地增加和删除接口上的安全地址。

在接口配置模式下,命令格式为:

```
switchport port-security aging {static|time time}
```

其中,static 关键字表示老化时间将同时应用于手工配置的安全地址和自动学习的地址,否则只应用于自动学习的地址;如果选择了关键字 time,则 **time** 表示这个端口上安全地址的老化时间,范围是 0~1440,单位是 min。如果设置为 0,则老化功能实际上被关闭。老化时间按照绝对的方式计时,也就是一个地址成为一个端口的安全地址后,经过 time 指定的时间后,这个地址就将被自动删除。time 的默认值为 0。

在接口配置模式下,使用命令 no switchport port-security aging time 关闭接口安全地址的老化功能;使用命令 no switchport port-security aging static 可使老化时间仅应用于动态学习的安全地址。

配置举例:设置安全端口 fa 0/5 的老化时间为 5min,老化时间同时应用于静态配置的安全地址。

```
switch_jiaoxue#conf t                                !进入全局配置模式
switch_jiaoxue(config)#interface fa 0/5              !进入安全端口 fa 0/5 的接口配置模式
switch_jiaoxue(config-if)#switchport port-security aging time 5
                                                     !设置老化时间为 5min
switch_jiaoxue(config-if)#switchport port-security aging static
                                                     !老化时间用于静态
switch_jiaoxue(config-if)#end                        !退回到特权模式
```

6. 查看端口安全信息

特权模式下,可以使用 show 命令查看端口安全信息。

```
switch_jiaoxue#show port-security interface [port-id]  !查看指定端口安全配置信息
switch_jiaoxue#show port-security address               !查看安全地址信息
switch_jiaoxue#show port-security address [port-id]     !查看指定端口的安全地址信息
switch_jiaoxue#show port-security
     !查看所有安全端口的统计信息,包括最大安全地址数、当前安全地址数以及违例处理模式等
```

3.5.6　交换机端口镜像

SPAN(Switched Port Analyzer)是一种交换机的端口镜像技术,可以用来监听交换机所有发送和接收的数据帧,大体分为两种类型:本地 SPAN(Local SPAN,LSPAN)和远程 SPAN(Remote SPAN,RSPAN)[①]。利用 SPAN 技术可以把交换机上某些想要被监听端口(以下简称受控端口)的数据复制一份,发送给连接在监听端口上的网络分析设备分析受控端口上的通信,比如安装了 Sniffer(嗅探器)软件的主机。受控端口和监听端口可以在同一台交换机上(LSPAN),也可以在不同的交换机上(RSPAN)。

SPAN 技术并不影响源端口到目的端口的数据交换,只是将源端口发送或接收的数据副本发送到监听端口。例如,图 3-13 中,端口 3 上的所有数据都将被复制一份发送到端口 7 上,连接在端口 7 上的网络分析设备虽然没有和端口 3 直接相连,但仍可接收通过端口 3 上的所有数据。

---

① LSPAN 和 RSPAN 在实现方法上稍有不同,本书主要介绍 LSPAN,简称 SPAN。

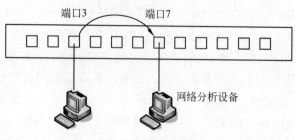

图 3-13 端口镜像

1. SPAN 会话

一个 SPAN 会话是一个目的端口（监听端口）和源端口（受控端口）的组合，可以监听单个或多个接口的输入、输出和双向帧。

一次只能配置一个 SPAN 会话，Switch 端口和 Route 端口都可以配置为源端口和目的端口，SPAN 会话并不影响交换机的正常操作。可以将 SPAN 会话配置在一个 Disabled 端口上，但是，SPAN 并不马上发生作用直到目的和源端口被使用。show monitor session session_number 命令用来显示 SPAN 会话的操作状态。一个 SPAN 会话在上电后并不马上生效，直到目的端口处于可操作状态。

2. 源端口

源端口（受控端口）可以是一个 Switch 端口、Route 端口或聚合端口（Aggregate Port，AP），该端口被监听用作网络分析。在单个 SPAN 会话中，可以监听输入、输出和双向帧，对于源端口的最大个数不做限制。

源端口有以下特性。

（1）可以是 Switch 端口、Route 端口或 AP。

（2）不可以同时为目的端口。

（3）可以指定被监控帧的输入或输出方向。

（4）源端口和目的端口可以处于一个 VLAN 或不处于一个 VLAN 中。

3. 目的端口

SPAN 会话有一个目的端口（监听端口），用于接收源端口的帧拷贝，可以是 Switch 端口也可以是 Route 端口。

4. 帧类型

SPAN 会话包含以下帧类型。

接收帧：所有源端口上接收到的帧叫接收帧，接收帧都将被复制一份到目的端口。在一个 SPAN 会话中，可以监控一个或几个源端口的接收帧。由于端口安全等原因，会使某些从源端口输入的帧被丢弃，但这不会影响 SPAN 的功能，这些帧仍然会被发送到目的端口。

发送帧：所有从源端口发送的帧叫发送帧，发送帧都将被复制一份发送到目的端口。在一个 SPAN 会话中，可以监控一个或几个源端口的发送帧。从其他端口发送到源端口的可能被丢弃的帧，同样不会发送到目的端口。由于某些原因会使发送到源端口的帧格式发生改变，例如，源端口输出经过路由之后的帧，帧的源 MAC、目的 MAC、VLAN ID 以及 TTL 会发生变化，那么复制到目的端口的帧格式也会变化。

双向帧：包括上面所说的两种帧。在一个 SPAN 会话中，可以监控一个或几个源端口的接收和发送帧。

5. 配置 SPAN

创建一个 SPAN 会话并指定目的端口（监听端口）和源端口（受控端口）时，应注意：

（1）将网络分析设备连接到监听端口（在 SPAN 会话中是目的端口）。

（2）目的端口不能为源端口，源端口不能为目的端口。

（3）可以配置一个 Disabled 端口为目的端口或源端口，但此时 SPAN 功能并不起作用，直到目的端口和源端口被重新启用。

1）在全局配置模式下，指定源端口

```
monitor session session_number source interface interface-id [,|-] {both|rx|tx}
```

其中，session_number 为 SPAN 会话号，目前只能是 1；interface-id 为相应的接口号；","当接口为离散的集合时使用，如 1,3,5,7；"-"当接口为一个范围的集合时使用，如 1～7；both 表示同时监听接收和发送帧；rx 表示监听受控端口的接收帧；tx 表示监听受控端口的发送帧。

2）在全局配置模式下，指定目的端口

```
monitor session session_number destination interface interface-id
{encapsulation |switch}
```

其中，session_number 为 SPAN 会话号，目前只能是 1；interface-id 为相应的接口号；encapsulation 参数支持镜像口封装功能；switch 参数支持镜像目的端口交换功能。

配置举例：创建一个 SPAN 会话"会话 1"。首先，将当前会话 1 的配置清除掉，然后设置端口 1 的帧镜像到端口 10。最后，用 show monitor session 命令确认配置。

```
switch_jiaoxue#conf t                              !进入全局配置模式
switch_jiaoxue(config)#no monitor session 1   !删除当前会话 1 的配置
switch_jiaoxue(config)# monitor session 1 source interface gigabitethernet 3/
1 both
                                    !创建会话 1,指定端口 1 作为源端口,包含收、发数据
switch_jiaoxue(config)#monitor session 1 destination interface gi 3/10
                        !指定端口 10 作为目的端口,获取端口 1 的收、发数据,实现端口镜像功能
switch_jiaoxue(config)#end
switch_jiaoxue#show monitor session 1          !显示会话 1 的配置信息
```

3）删除源端口

```
no monitor session session_number source interface interface-id [,|-][both|rx|tx]
```

其中，session_number 为 SPAN 会话号，目前只能是 1；interface-id 为相应的接口号；","当接口为离散的集合时使用，如 1,3,5,7；"-"当接口为一个范围的集合时使用，如 1～7；both 表示同时删除监听的输入和输出帧；rx 表示监听受控端口的接收帧；tx 表示监听受控端口的发送帧。

配置举例：将端口 1 从会话 1 中删除并确认配置。

```
switch_jiaoxue#conf t                              !进入全局配置模式
switch_jiaoxue(config)#no monitor session 1 source interface gi 3/1 both
                                                   !删除会话 1 中源端口 3/1
switch_jiaoxue(config)#end                         !退回到特权模式
switch_jiaoxue#show monitor session 1              !显示当前配置信息
```

4）删除目的端口

```
no monitor session session_number destination interface interface-id
```

5）删除 SPAN 会话

```
no monitor session session_number
```

6）删除所有 SPAN 会话

```
no monitor session all
```

3.6 交换机的堆叠管理

3.6.1 堆叠概述

接入层交换机的端口通常是固定数量的，随着网络规模的扩大，当端口出现不足的情况时，无法像箱式或框式交换机通过添加扩展卡的方式增加端口容量。

通过堆叠（Stack）技术可以将多台独立的交换机进行外部连接，使多台交换机成为一台逻辑交换机使用，达到在不降低性能的情况下扩充端口。堆叠技术是一种集中管理和端口扩展技术，使用堆叠端口和堆叠线缆将多台独立的交换机连接在一起构成堆叠系统。通过交换机的堆叠，可以灵活扩展接入层交换机的端口密度。堆叠系统的端口数是由堆叠中所有成员设备的端口相加得到的，用户可以根据网络规模灵活地增加或减少设备数量，从而改变端口数量。堆叠系统在逻辑上是一台设备，在网络中是一个节点，通过一个 IP 地址就可管理一组堆叠设备，减少 IP 地址的占用并方便用户管理操作。

3.6.2 堆叠连接

组成堆叠系统一般需要特殊的堆叠端口和堆叠线缆，大致上有以下几种方式。

（1）堆叠模块：专用的堆叠模块可提供高带宽、低成本的堆叠方案。这种连接方案需要专用的堆叠线缆，堆叠成员设备互连的距离受到堆叠线缆长度的约束。堆叠模块如图 3-14 所示。

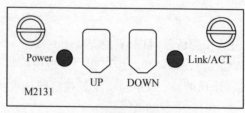

图 3-14 锐捷堆叠模块 M2131

（2）普通模块：普通模块可提供高带宽、长距离的堆叠方案。这种连接方案不需要专用的堆叠线缆。

（3）固定端口：固定端口可提供成本低、长距离的堆叠方案。这种连接方案不需要专用的堆叠线缆，但带宽低。

3.6.3　堆叠的启动和停止

在启动阶段如果交换机的插槽内未插堆叠模块，则工作在单机模式下；如果交换机的插槽内插有堆叠模块，它将会检测堆叠链路是否连通，若堆叠链路能够正常连通，则工作在堆叠模式下，若交换机在经过一段时间的检测后发现堆叠链路仍无法正常连通，则工作在单机模式下。

在堆叠环境中，若堆叠电缆连接中断，对堆叠的管理操作将会失败，堆叠无法正常工作，堆叠系统会重新启动，重新建立堆叠。

堆叠不支持热插拔，即不能在堆叠运行过程中插入、移出、更换成员设备。如果这么做，则堆叠系统会重新启动，重新建立堆叠。在稳定工作的堆叠环境中，如果任何一台交换机下电并重新上电，堆叠中的所有其他交换机将自动复位并重新竞选，构建新的堆叠。

3.6.4　配置堆叠

一套堆叠系统相当于一台增加了端口数、扩展了端口密度的交换机，配置方法和单台设备基本相同。

1. 默认配置

设备的堆叠属性默认配置如表 3-7 所示。

表 3-7　堆叠属性的默认配置

序　号	属　性	默　认　值
1	堆叠口	堆叠模块
2	设备优先级	1
3	设备描述	switch

2. 根据设备号确认堆叠成员

堆叠系统中的主机是根据堆叠成员的优先级属性在堆叠系统启动过程中选举出来的，优先级值最大的作为主机，当成员的优先级一样时，比较 MAC 地址，MAC 地址最小的作为主机。

堆叠系统建立后，只有通过主机的串口才能执行带外管理，其他堆叠成员不能管理。因此，建立堆叠系统之前应先确定一台主机，方法是在单机模式下将其优先级修改为高优先级，保证其在堆叠系统启动过程中被选举为主机。设备优先级共 10 级，从低到高为 1～10，默认优先级为 1。

对于优先级相同的设备，可以在堆叠启动后，用 show member 命令显示堆叠成员信息，根据堆叠成员 MAC 地址确定堆叠中的设备以及排列顺序。

建议将需要堆叠的设备从设备 1 到设备 N 依序放好后，根据上述规则连接堆叠线，以方便管理。

3. 配置设备优先级

在全局配置模式下,命令格式为:

```
device-priority [member] priority
```

其中,member 为配置的成员设备,范围为 1~MAX,MAX 为堆叠系统可以支持的最大设备数量;priority 指定设备的优先级,范围为 1~10,默认情况下为 1。

配置优先级后需要重启才能生效。所以,配置完成后,需要先保存配置,再对堆叠系统重启。

配置举例:在堆叠情况下指定堆叠成员 3 的优先级为 5。

```
switch_jiaoxue(config)#device-priority 3 5
```

在单机情况下指定设备的优先级为 5。

```
switch_jiaoxue(config)#device-priority 5
```

4. 配置设备别名

为了便于管理,可以对堆叠成员配置别名。

在全局配置模式下,命令格式为:

```
device-description [member member] description
```

其中,**member** 为配置的成员设备,范围为 1~MAX,MAX 为堆叠系统可以支持的最大设备数量;description 为设备的别名,字符长度为 31。默认情况下配置的堆叠成员为 1。

配置举例: 指定堆叠成员 3 的别名为 computer_lab。

```
switch_jiaoxue(config)#device-description member 3 computer_lab
```

5. 配置堆叠端口

要使设备的堆叠口生效,在接口配置模式下,命令格式为:

```
stack on
```

用 no 命令使之失效。

配置举例:使交换机的 gi 0/28 端口的堆叠功能生效。

```
switch_jiaoxue(config)#int gigabitethernet 0/28
switch_jiaoxue(config-if)#stack on
```

6. 接口配置

堆叠系统中包含多台设备,因此对物理端口进行相关配置时,例如,划分 VLAN、Trunk 端口、MAC 地址与端口绑定等,需要指明物理端口所属设备的设备号以便唯一确定该物理端口。端口所属的设备号可以用 show version devices 命令查看。端口的插槽号和端口在插槽上的编号与单机模式下相同。

配置举例:在堆叠系统中把一个物理端口设为 Trunk 端口。

```
switch_jiaoxue#configure t                          !进入全局配置模式
```

```
switch_jiaoxue(config)#interface fa 1/0/10        !对设备 1 的端口 fa 0/10 进行配置
switch_jiaoxue(config-if)#switchport mode trunk   !设为 Trunk 端口
```

配置举例：在堆叠系统中把多个物理端口设为 Trunk 端口。

```
switch_jiaoxue#configure t                        !进入全局配置模式
switch_jiaoxue(config)#interface range fa 1/0/1 - 2, fa 2/0/10
                        !对设备 1 的端口 fa 0/1,fa 0/2 以及设备 2 的端口 fa 0/10 进行配置
switch_jiaoxue(config-if-range)#switchport mode trunk
                                                  !把这些端口设为 Trunk
```

配置举例：在堆叠系统中对一个物理端口配置相关信息。

```
switch_jiaoxue#configure t                        !进入全局配置模式
switch_jiaoxue(config)#mac-address-table static 00d0.f000.00db vlan 10 int fa 2/0/5
                                      !对设备 2 的端口 fa 0/5 配置静态 MAC 地址
```

对堆叠系统的某个设备进行配置，过程如下。

（1）进入全局配置模式。

（2）进入指定设备，命名格式为：

member **member**

其中，**member** 为要配置设备的设备号，范围为 1～最大设备号。

（3）对指定设备进行相关参数的配置，配置完毕使用 end 命令返回特权模式。

配置举例：配置设备 2 的端口 fa 0/10 为 Trunk 端口。

```
switch_jiaoxue#configure                          !进入全局配置模式
switch_jiaoxue(config)#member 2                   !进入设备 2 进行配置
switch_jiaoxue@2(config)#interface fa 0/10        !配置设备 2 的端口 fa 0/10
switch_jiaoxue@2(config-if)#switchport mode trunk !端口设为 Trunk 端口
switch_jiaoxue@2(config-if)#exit                  ! 在设备 2 下回退到全局配置模式
switch_jiaoxue@2(config)#exit                     !退出指定设备
switch_jiaoxue(config)#exit                       !回退到特权模式
```

配置举例：配置设备 2 中的多个物理端口并将多个物理端口转换为 Trunk 端口。

```
switch_jiaoxue#configure                          !进入全局配置模式
switch_jiaoxue(config)#member 2                   !进入设备 2 进行配置
switch_jiaoxue@2(config)#device-description computer_lab   !配置设备 2 的别名
switch_jiaoxue@2(config)#device-priority 3        !配置设备 2 的优先级
switch_jiaoxue@2(config)#interface range fa 0/1 - 4
                        !进入设备 2 的端口 fa 0/1,fa 0/2,fa 0/3,fa 0/4 进行配置
switch_jiaoxue@2(config-if-range)#switchport mode trunk
                                                  !4 个端口共同设为 Trunk 端口
switch_jiaoxue@2(config-if)#exit                  !在设备 2 下回退到全局配置模式
switch_jiaoxue@2(config)#exit                     !退出指定设备
switch_jiaoxue(config)#exit                       !回退到特权模式
```

7. 配置保存

对堆叠系统配置完成后，使用 copy running-config startup-config 或者 write 命令保存配置。通过以下配置命令配置的堆叠信息将被保存在所配置的成员设备中。

```
device-priority [member] priority
device-description [member member] description
stack on
```

这些配置信息随堆叠成员移动而移动，其余的配置信息只保存在主机中，随主机移动而移动。

8. 显示堆叠信息

在特权模式下，命令格式为：

```
show version devices                              !显示系统设备信息
show version slots                                !显示插槽信息
show version                                      !显示堆叠系统版本信息
show member [member]            !显示堆叠成员的堆叠信息，member 为 1~MAX，指定的成员设备
```

实验 3-1　交换机的基本配置

【实验要求】

分组配置图 0-1 中所有交换机的基本信息，包含主机名、管理 IP、每日通知、登录标题。以教学主楼为例，如图 3-15 所示。接入交换机从左至右依次放置在 1# ~4# 楼的弱电井中，汇聚交换机放置在 1 楼弱电井中。

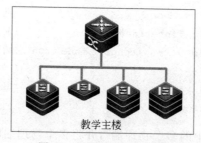

图 3-15　教学主楼拓扑图

【实验步骤】

1. 交换机命令行操作模式的进入

```
switch>en                                         !从用户模式进入特权模式
switch#                                           !进入特权模式
switch#configure terminal                         !进入全局配置模式
switch(config)#                                   !全局配置模式提示符
switch(config)#interface fastethernet 0/5         !进入交换机 fa 0/5 的端口模式
switch(config-if)#
switch(config-if)#exit                            !退回到上一级操作模式
```

```
switch(config)#
switch(config-if)#end                       !直接退回到特权模式
switch#
```

2. 交换机命令行的基本功能

```
switch>?                                     !显示当前模式下所有可执行的命令
switch#co?                                   !显示当前模式下所有以 co 开头的命令
switch#show ?                                !显示 show 命令后可执行的参数
switch#conf t                    !交换机命令行支持命令的简写,该命令代表 configure terminal
switch#con                   !(按 Tab 键自动补齐 configure)交换机支持命令的自动补齐
switch(config-if)#^Z                         !按 Ctrl+Z 组合键退回到特权模式
```

3. 交换机主机名称的配置

```
switch>en                                    !进入特权模式
switch#configure terminal
switch(config)#hostname dswitch_1jiaoxue
                      !配置交换机的主机名称为主校区教学主楼 1 楼汇聚交换机
switch(config)#hostname aswitch_1jiaoxue04
                         !配置交换机的主机名称为主校区教学主楼 4 楼接入交换机

aswitch_1jiaoxue04(config)#
```

4. 交换机每日通知的配置

```
aswitch_1jiaoxue04(config)#banner motd &       !配置每日提示信息 & 为终止符
Enter TEXT message.  End with the character '&'.
Welcome to aswitch_1jiaoxue04,if you are admin,you can config it.
If you are not admin,please Exit!
&
aswitch_1jiaoxue04(config)#exit
aswitch_1jiaoxue04#exit                         !可看到每日通知的内容
```

5. 交换机登录标题的配置

```
aswitch_1jiaoxue04(config)#banner login #
Enter TEXT message.  End with the character '#'.
Access for authorized users only.Please enter your password.
#
aswitch_1jiaoxue04(config)#
```

6. 配置交换机的管理 IP

```
aswitch_1jiaoxue04(config)#interface vlan 1 !进入 VLAN 1
aswitch_1jiaoxue04(config-if)#ip address 192.168.1.1   255.255.255.0
                                                !配置 IP 地址
aswitch_1jiaoxue04(config-if)#no shutdown   !激活 VLAN 1
aswitch_1jiaoxue04(config-if)#exit
aswitch_1jiaoxue04(config)#exit
```

```
aswitch_1jiaoxue04#show running-config      !在特权模式下查看交换机的配置信息
aswitch_1jiaoxue04#wr                       !保存配置信息
```

实验 3-2　交换机的端口配置

【实验要求】

分组配置交换机的端口速率、双工模式、端口镜像、三层端口,并查看交换机系统、配置信息和端口信息,以图 3-15 为例。

【实验步骤】

选择一台二层交换机,输入以下命令。

1. 配置交换机的端口

```
switch>en                                   !进入特权模式
switch#
switch#configure terminal                   !进入全局配置模式
switch(config)#
switch(config)#interface fastethernet 0/3   !进入交换机 fa 0/3 的端口模式
switch(config-if)#speed 100                 !配置端口速率为 100Mb/s,默认是 Auto(自适应)
switch(config-if)#duplex full               !配置端口的双工模式为全双工,默认是 Auto(自适应)
switch(config-if)#no shutdown               !开启该端口
switch(config-if)exit
switch(config)#monitor session 1 source interface fastethernet 0/3 both
                                            !将 3 号端口指定为源端口,包含收、发数据
switch(config)#monitor session 1 destination interface fastethernet 0/1
    !将 1 号端口指定为目的端口,获取 3 号端口的收、发数据,实现端口镜像功能
```

2. 配置交换机的三层端口

选择一台三层交换机,配置交换机的 5 号端口为三层端口,IP 地址为 192.168.1.10,然后将 PC2 的主机 IP 设置为 192.168.1.20,网关设为 192.168.1.10。

```
switch>en                                   !进入特权模式
switch#
switch#configure terminal                   !进入全局配置模式
switch(config)#
switch(config)#interface fastethernet 0/5   !进入交换机 fa 0/5 的端口模式
switch(config-if)#no switchport             !配置三层端口
switch(config-if)#ip add 192.168.1.10       !配置端口的 IP
switch(config-if)#no shutdown               !开启该端口
```

3. 查看交换机的各项信息

```
switch#show version                         !查看交换机的版本信息
switch#show mac-address-table               !查看交换机的 MAC 地址表
switch#show running-config                  !查看交换机当前生效的配置信息
```

【注意事项】

show mac-address-table、show running-config 查看的是当前生效的配置信息,该信息存储在 RAM(随机存储器)里,交换机重启会生成新的 MAC 地址表和配置信息。

实验 3-3 交换机端口最大连接数的配置

【实验要求】

掌握交换机端口最大连接数配置。

【实验步骤】

1. 端口安全及最大地址和违例方式的设置

```
switchA(config)#interface fastethernet 0/5
switchA(config-if)#switchport mode access                          !端口模式为 access
switchA(config-if)#switchport port-security                        !定义端口安全
switchA(config-if)#switchport port-security maximum 8              !最大接入数量为 8
switchA(config-if)#switchport port-security violation protect      !违例方式为 protect
```

2. 查看端口状态

```
switchA#show runn                                                  !查看端口状态
```

实验 3-4 绑定交换机端口地址

【实验要求】

掌握在交换机端口配置安全地址的方法。

【拓扑结构】

拓扑如图 3-16 所示。

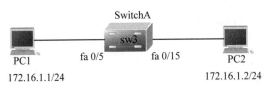

图 3-16 交换机端口绑定拓扑

【实验步骤】

(1) 配置 PC1 和 PC2 的 IP 地址,测试网络连通性。

(2) 为 fa 0/5 端口绑定 IP 地址。

```
SwitchA(config)#interface fastethernet 0/5
SwitchA(config-if)#switchport mode access                          !端口模式为 access
SwitchA(config-if)#switchport port-security                        !定义端口安全
SwitchA(config-if)#switchport port-security mac-address 00d0.f800.075c ip-
address 172.16.1.1                                                 !绑定 IP 地址和 MAC 地址
SwitchA(config-if)#end
```

```
SwitchA#show run
```

（3）测试 PC1 和 PC2 的连通性。

（4）将 PC1 接在交换机的 fa 0/6 端口。

（5）测试 PC1 和 PC2 的连通性。

习题

1. 交换机属于 OSI 参考模型（   ）的设备。

   A. 数据链路层　　　　B. 物理层　　　　　　C. 网络层　　　　　　D. 传输层

2. 利用 Console 中配置交换机时，以下选项中不需要的是（   ）。

   A. 控制线　　　　　　　　　　　　　B. 超级终端程序

   C. T568 标准的网线　　　　　　　　D. RJ-45 到 DB9 的转接头

3. 对交换机进行第一次配置必须使用以下（   ）的配置方式。

   A. 通过带外对交换机进行管理（PC 与交换机通过 Console 口直接相连）

   B. 通过 Telnet 对交换机进行远程管理

   C. 通过 Web 对交换机进行远程管理

   D. 通过 SNMP 管理工作站对交换机进行远程管理

4. 交换机当前正在运行生效的配置文件保存在（   ）中。

   A. ROM　　　　　　　B. Flash　　　　　　C. DRAM　　　　　　D. NVRAM

5. 将快速以太网交换机 3、4 号口配置成传输速率为 100Mb/s 的命令为（   ）。

   A. S3550＃config t

   　　S3550(config)＃interface f 0/3-4

   　　S3500(config-if-range)＃speed 100

   B. S3500＃config t

   　　S3500(config)＃interface range f 0/3-4

   　　S3500(config-if-range)＃speed 100

   C. S3500＃interface range f 0/3-4

   　　S3500(config-if-range)＃speed 100

   D. S3500＃config t

   　　S3500(config)＃interface f 0/3-4

   　　S3500(config-if)＃speed 100

第4章 虚拟局域网

虚拟局域网(Virtual Local Area Network, VLAN)是在一个物理网络上划分出来的逻辑网络,由一组逻辑上的用户和设备组成,不受物理位置的限制,可以根据安全、管理、部门、功能及应用等因素将它们组织起来,这些设备及用户之间的通信好像在同一个网段里,因此得名虚拟局域网。

4.1 VLAN 概述

局域网(Local Area Network, LAN)的快速发展是 VLAN 产生的基础。传统的共享型以太网和交换型以太网中,连接终端等设备的一台或多台 Hub、网桥或交换机的所有端口都处于一个广播域中,广播型数据能够到达所有端口,即一台主机发出的广播,其余所有主机都能够收到。随着连接设备数量的增加,局域网中的广播数量随之增加,广播帧的普遍存在,将占用大量的网络带宽,导致网络性能严重下降。

这种情况下就需要采取某种技术方案,将局域网进行逻辑分段,每个逻辑网段是一个广播域,以此控制广播帧的规模。通过 VLAN 技术可以分割广播域,VLAN 对应 OSI 参考模型的第二层,VLAN 的划分不受网络端口的实际物理位置的限制,有着和普通物理网络同样的属性,除了没有物理位置的限制,它和普通局域网一样,第二层的单播、广播和组播帧在一个 VLAN 内转发、扩散,不会直接进入其他 VLAN 中。

一个 VLAN 就是一个广播域,VLAN 之间的通信是通过第三层的路由来完成的。LAN 和 VLAN 的关系如图 4-1 所示。

在计算机网络中,一个二层网络可以被划分为多个不同的广播域,一个广播域对应了一组特定的用户和设备,这些用户和设备的物理位置可以不同。不同的广播域是相互隔离的,不同的广播域之间想要通信,需要通过一个或多个三层设备。这样的一个广播域就是一个 VLAN。

4.1.1 VLAN 的分类

根据定义 VLAN 成员的方法,进行 VLAN 类型的划分。

1. 基于端口的 VLAN

基于端口的 VLAN 也叫静态 VLAN。就是明确指定各端口属于哪个 VLAN 的设置方法,由于端口需要逐个指定,当计算机多时工作量巨大,并且用户每次变更所连端口,都必须同时更改该端口所属 VLAN 的设定。在网络结构频繁变化的情况下显然不太合适。基于端口的 VLAN 划分如图 4-2 所示。

基于端口的同一个 VLAN 可以划分在同一台交换机上,也可以跨越多个交换机划分在不同的交换机上。

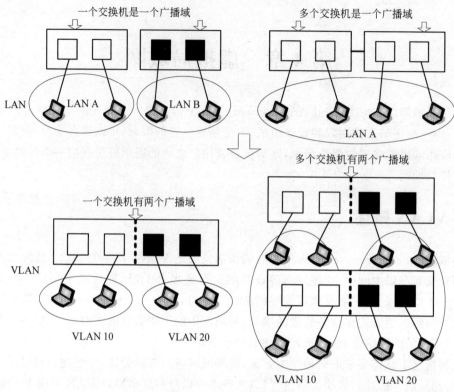

图 4-1　LAN 与 VLAN

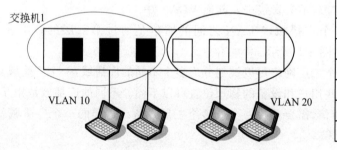

端口	VLAN
1	VLAN 10
2	VLAN 10
3	VLAN 10
4	VLAN 20
5	VLAN 20
6	VLAN 20

图 4-2　基于端口的 VLAN

2. 基于 MAC 地址的 VLAN

基于 MAC 地址的 VLAN 是动态 VLAN 的一种。动态 VLAN 就是根据每个端口所连的计算机，随时改变端口所属的 VLAN。基于 MAC 地址的 VLAN 是通过查询并记录端口所连计算机上网卡的 MAC 地址，来决定端口所属的 VLAN。因为是基于 MAC 地址决定所属 VLAN 的，因此这是一种在 OSI 的第二层——数据链路层设定访问链接的办法。

3. 基于网络层协议的 VLAN

基于网络层协议的 VLAN 也是动态 VLAN 的一种。可以依据每个主机使用的网络层地址或者协议类型划分 VLAN。这种划分方法依据的是网络地址（如 IP 地址），因此需要查看每个数据包的 IP 地址。

这种划分 VLAN 的优点是即使用户的物理位置发生变化,也不需要重新配置所属 VLAN。缺点是效率低,检查每个数据包的 IP 地址需要消耗时间。

4.1.2　VLAN 的优点

与传统的局域网技术相比较,VLAN 技术更加灵活,它具有以下优点。

1. 简化管理,增加网络架构灵活性

VLAN 是逻辑网络的划分,不拘泥于物理位置。因此,不同网络、不同地点、不同用户设备的移动、添加和修改的管理开销减少。

2. 控制广播风暴

通过对网络划分 VLAN,可以将端口划分到特定的 VLAN 中,一个 VLAN 是一个广播域,VLAN 之间是分隔的,所以缩小了广播风暴的范围,提高了网络整体性能。

3. 提高网络的安全性

一个 VLAN 就是一个广播域,VLAN 之间是分隔的,确保了网络的安全保密性。VLAN 能限制个别用户的访问,控制广播帧的范围,因此确保网络安全性。

4.2　VLAN 的汇聚链接与封装协议

4.2.1　VLAN 的汇聚链接

在实际应用中,VLAN 中的端口有可能在同一个交换机上,也有可能跨越多台交换机。例如,在图 0-1 的网络拓扑结构中,如果同一个部门的办公地点分布在不同的楼宇或者同一楼宇的不同楼层,按照部门划分 VLAN,同一 VLAN 的端口就将跨越多台交换机。

同一交换机同一 VLAN 的设备彼此间可以自由地通信。如图 4-2 所示,VLAN 10 的几个主机之间,或者 VLAN 20 的主机之间可以自由通信。VLAN 10 和 VLAN 20 各自所属的端口间的通信原理和交换机相同。没有建立完整的 MAC 地址表之前,将发送的数据帧以广播的方式发送到本 VLAN 的所有端口上,只有目的端口接收数据帧并以单播的形式回复,其他端口都丢弃该广播帧。同时,交换机更新 MAC 地址表。等交换机内部建立了完整的 MAC 地址表后,相同 VLAN 的端口间将根据 MAC 地址表的对应关系直接转发数据帧。

当同一 VLAN 的成员处于不同交换机时,如何实现相互间的通信呢? 如图 4-3 所示,VLAN 10 分别在交换机 1 的 1～3 端口和交换机 2 的 4～6 端口,VLAN 20 分别在交换机 1 的 4～6 端口和交换机 2 的 1～3 端口。那么,如何连接两个交换机,以实现 A 和 E 之间及 B 和 C 之间的信息传递?

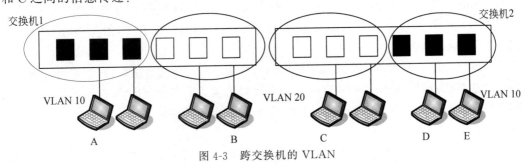

图 4-3　跨交换机的 VLAN

最原始的解决方法是每个交换机的每个 VLAN 占用一个端口和其他交换机的同一 VLAN 直连,连接方式如图 4-4 所示。这种连接方式从逻辑上将处于不同交换机的同一 VLAN 连接在一起,形成一个广播域,相当于多个交换机的级联。这种方法虽然解决了跨交换机间的 VLAN 通信,但随着 VLAN 数量的增加,额外占用的端口数相应地增加,浪费资源并且扩展性差。

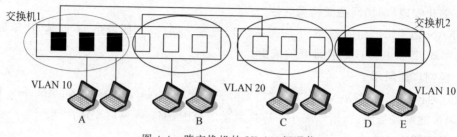

图 4-4 跨交换机的 VLAN 间通信

为了解决跨交换机 VLAN 间通信,将交换机间的连接汇聚到一条链路上,在该汇聚链路上可以支持不同 VLAN 的数据帧传输,这条链路称为交换机的汇聚链路或中继链路 (Trunk Link),如图 4-5 所示。用于提供汇聚链路的端口,称为汇聚(Trunk)端口。

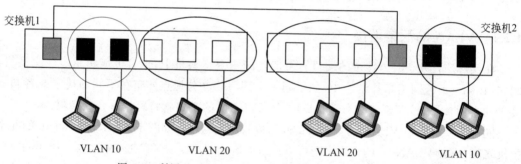

图 4-5 利用 Trunk Link 实现跨交换机的 VLAN 间通信

二层交换机的端口分为接入(Access)端口和汇聚(Trunk)端口两种。Access 端口连接终端设备,用于提供网络接入服务。Trunk 端口用于交换机之间及交换机和路由器等设备的互连,提供汇聚链路(Trunk Link),承载多个 VLAN 的数据传输。

一个 Trunk 端口能够收发 Tag 或者 Untag 的 802.1q 数据帧。其中,Untag 帧用来传输 Native VLAN 的数据。默认的 Native VLAN 是 VLAN 1。如果一个数据帧带有 Native VLAN 的 VLAN ID,在通过这个 Trunk 端口转发时,会自动被去掉 Tag 标识。当把一个端口的 Native VLAN 设置为一个不存在的 VLAN 时,设备不会自动创建此 VLAN。此外,一个端口的 Native VLAN 可以不在该端口的许可 VLAN 列表中,但是 Native VLAN 的数据不能通过该端口。

一个 Trunk Link 是将一个或多个以太网交换接口和其他的网络设备(如路由器或交换机)进行连接的点对点链路,一条 Trunk Link 可以传输属于多个 VLAN 的流量。Trunk 采用 802.1q 标准封装。图 4-6 显示了一个用 Trunk Link 连接的网络。

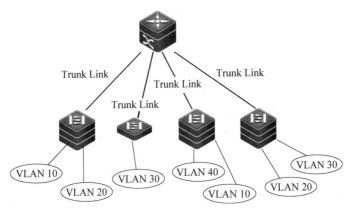

图 4-6　Trunk Link 连接的网络

4.2.2　IEEE 802.1q

　　由于汇聚链路承载了所有 VLAN 的数据,为了识别不同 VLAN 的不同数据帧,需要对汇聚链路上的数据帧进行标识处理,采用的方式是 Tag 封装,以附加 VLAN 信息。

　　IEEE 802.1 委员会制定了 802.1q 标准。IEEE 802.1q 的数据帧在原来的以太网数据帧上添加了 4B 的 Tag 信息,包括 2B 的 TPID(Tag Protocol Identifier)和 2B 的 TCI(Tag Control Information),当 Tag 完成后,以太网数据帧的最大长度从 1518B 变成了 1522B。在以太网中,TPID 是一个固定值 0x8100。TCI 分为 3 个子域:3 位 PCP(Priority Code Point),1 位 DEI(Drop Eligible Indicator),12 位 VID(VLAN Identifier)。802.1q 的帧格式如图 4-7 所示。

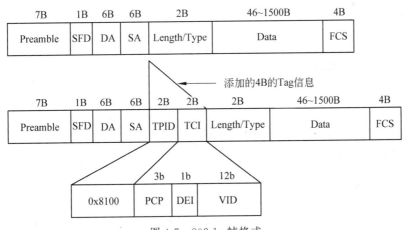

图 4-7　802.1q 帧格式

802.1q 帧格式说明如下。

　　Preamble(Pre):前同步码,7B。Pre 字段中 1 和 0 交互使用,用来迅速实现 MAC 帧的比特同步。

　　SFD(Start-of-Frame Delimiter):帧开始定界符,1B。字段中 1 和 0 交互使用,结尾是两个连续的 1,表示后面的信息就是 MAC 帧。

DA(Destination Address)：目的 MAC 地址字段，6B。DA 字段用于识别需要接收帧的站点。

SA(Source Addresses)：源地址 MAC 字段，6B。SA 字段用于标识发送帧的站点。

TPID：标记协议标识字段，2B，在以太网中，该值固定为 0x8100。

TCI：标签控制信息字段，包括 3 位 PCP(Priority Code Point，数据帧优先级)，1 位 DEI(Drop Eligible Indicator，丢弃优先级标识)，12 位 VID(VLAN Identifier，VLAN 标识)。

其中，PCP 定义优先级，包括 8 个(2^3)优先级别。最低级别为 0，最高级别为 7；DEI 原称 CFI，在某些情况下用来标识数据帧的丢弃优先级；VID 是对 VLAN 的识别字段，表示数据帧所属的 VLAN 编号，该字段为 12b，支持 4096(2^{12})个 VLAN 的定义。在 4096 个 VID 中，VID=0 仅用于 PCP 中表示的帧优先级。4095(0xFFF)作为预留值，因此，用户可用的 VLAN 标识为 1～4094，共 4094 个。

Length/Type：长度/类型字段，2B。当该值小于 0x05DC(十进制数为 1500)时，表示数据帧的长度，该值在 0x0600 以上时，表示数据帧的类型，如 0x0806 表示 ARP 帧，0x0800 表示 IPv4 帧等。

Data：数据字段，范围为 46～1500B。

FCS(Frame Check Sequence)：帧校验序列字段，4B。该字段存放的是 32b 的循环冗余校验(CRC)码。

4.3　VLAN 通信

VLAN 通信按照主机是否处于同一 VLAN 分别考虑。同一 VLAN 的主机间通信是由二层交换机处理的。不同的 VLAN 属于不同的广播域，相当于设备处于不同的网段，不同的网段之间的数据通信是由第三层设备来实现的，在 OSI 的分层体系中，第三层是网络层，典型的网络层设备有路由器和三层交换机。

4.3.1　同一 VLAN 主机间通信

主机处于同一交换机同一 VLAN 内，如图 4-8(a)所示，主机 A 向主机 B 发送信息。

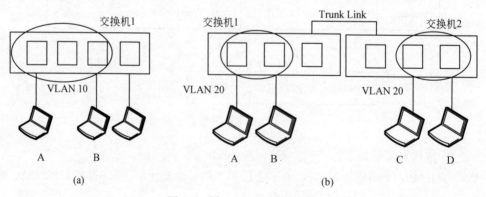

图 4-8　同一 VLAN 主机通信

主机 A 根据目的 IP 地址，判断主机 B 和自己在同一个网段(同一个广播域)。主机 A

为了获得主机 B 的 MAC 地址，发送了一个 ARP 请求。交换机 1 接收到 ARP 请求后，根据 MAC 地址表学习源 MAC 地址的规则，在 MAC 地址表中记录下主机 A 的 MAC 地址及对应的端口号 1。

由于 ARP 请求的目的 MAC 地址是广播地址，即 FF-FF-FF-FF-FF-FF，交换机 1 将向除端口 1（主机 A 的连接口）以外的所有同一 VLAN（同一广播域）的端口发送该数据帧。收到广播帧的主机会比较数据帧中的目的 IP 地址是否为自身 IP 地址，如果不是，则丢弃数据。

主机 B 收到该广播帧后，回复一个响应帧，该响应帧的源 MAC 地址和源 IP 地址都是主机 B 的地址，目的 IP 地址和目的 MAC 地址都是主机 A 的地址。交换机 1 收到响应帧后，在 MAC 地址表中记录下主机 B 的 MAC 地址和对应的端口号 3，并根据 MAC 地址表中主机 A 的 MAC 地址和端口的对应关系，将响应帧转发到端口 1，送往主机 A 接收。

至此，交换机 1 中已保存了主机 A 和主机 B 的 MAC 地址表的信息，可以通信了。

在整个数据流向过程中，由于交换机端口配置了 VLAN，进入交换机 Access 端口方向的数据帧将进行 Tag 操作，即封装 VLAN 标识等信息，离开交换机 Access 端口方向的数据帧将进行 Untag 操作，即去掉 VLAN 标识信息。

主机处于不同交换机同一 VLAN 内，如图 4-8(b)所示，主机 A 向主机 C 发送信息。

主机 A 根据目的 IP 地址，判断主机 C 和自己在同一个网段（同一个广播域）。主机 A 为了获得主机 C 的 MAC 地址，发送了一个 ARP 请求。交换机 1 接收到 ARP 请求后，根据 MAC 地址表学习源 MAC 地址的规则，在 MAC 地址表中记录下主机 A 的 MAC 地址及对应的端口号 1，并向除端口 1（主机 A 的连接口）以外的所有同一 VLAN（同一广播域）的端口发送该数据帧。

交换机 2 收到该 ARP 请求后，在交换机 2 的 MAC 地址表中记录下主机 A 的 MAC 地址和对应的端口号（此时，端口号是 1，即所有发送主机 A 的数据由交换机 2 的端口 1 转发）。然后，交换机 2 向除端口 1（交换机 2 的 Trunk 口）以外的所有同一 VLAN（同一广播域）的端口发送该数据帧。

主机 C 收到该广播帧后，回复一个响应帧，该响应帧的源 MAC 地址和源 IP 地址都是主机 C 的地址，目的 IP 地址和目的 MAC 地址都是主机 A 的地址。交换机 2 收到响应帧后，在 MAC 地址表中记录下主机 C 的 MAC 地址和对应的端口号 2，并根据 MAC 地址表中主机 A 的 MAC 地址和端口的对应关系，将响应帧转发到交换机 2 的端口 1，送往交换机 1 的端口 3 接收。

交换机 1 收到响应帧后，由于 MAC 地址表中已保存了主机 A 的 MAC 地址和端口号的对应关系，直接将响应帧转发到端口 1，送往主机 A 接收。

至此，交换机 1 和交换机 2 中均保存了主机 A 和主机 B 的 MAC 地址表的信息，可以通信了。

交换机 1 的端口 3 和交换机 2 的端口 1 被设置成 Trunk 端口。在这里，可以表述成两个端口都属于 VLAN 20。

4.3.2　利用路由器实现 VLAN 间通信

利用路由器实现 VLAN 间通信时，最基本的解决思路是每个 VLAN 预留一个交换机端口,用以连接路由器的一个以太网端口。这种解决方法,有多少个 VLAN,就需要多少个路由器以太网端口,并且每个 VLAN 都需要一个连接路由器的端口,如图 4-9 所示。当有多个 VLAN 被划分时,这种连接方式既浪费了多个交换机端口,又需要路由器能提供更多的以太网端口,因此,这种解决方案并不具有现实意义。

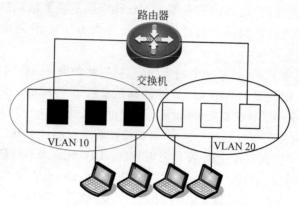

图 4-9　路由器实现 VLAN 通信

　　在一个交换机上,不论划分了多少个 VLAN,路由器与交换机的连接都只占用一个端口,用一条线路连接,如图 4-10 所示。在这种连接方式中,交换机的端口设置为 Trunk 端口,在路由器端的以太网端口上,要为每一个 VLAN 创建一个对应的虚拟接口(Switch Virtual Interface,SVI),每个虚拟接口都是建立在所连接的物理接口之下的子接口,并且为虚拟子接口配置 IP 地址,该 IP 地址与对应的 VLAN 应在一个网段内,该 IP 地址是该 VLAN 的默认网关地址。

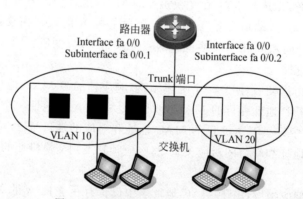

图 4-10　单臂路由器实现 VLAN 通信

　　图 4-11 中,主机 A 与主机 C 之间通信,根据目的 IP 地址,判断目的主机与本机不在同一网段中。因此,主机 A 向本机的默认网关地址发送数据帧,在发送之前,先通过 ARP 广播信息,获得默认网关的 MAC 地址(图 4-11 中,两个 VLAN 的默认网关是路由器以太网端口 fa 0/0 的虚拟子接口地址,两个子接口属于同一个物理接口,因此,两个子接口的 MAC 相同,都是端口 fa 0/0 的 MAC 地址)。然后根据交换机中的 MAC 表,得到此 MAC 地址在交换机上的对应端口是端口 4,然后向端口 4 发送数据帧。该数据帧的源 MAC 地址是主机

A 的 MAC 地址,目的 MAC 地址是路由器端口 fa 0/0 的 MAC 地址,源 IP 地址是主机 A 的地址,目的 IP 是主机 C 的地址。

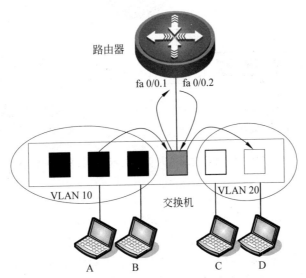

图 4-11　单臂路由实现 VLAN 通信数据流向

端口 4 是 Trunk 端口,根据 IEEE 802.1q 协议,将对接收到的数据帧进行 Tag 封装,即在原始以太网数据帧基础上增加 4B 的 Tag 信息,以标识 VLAN 10 信息,然后通过汇聚链路发送信息到路由器的端口,路由器端口接收到数据帧后,根据 Tag 信息,识别为 VLAN 10 的数据,将此数据帧转交处理 VLAN 10 数据的虚拟子接口 fa 0/0.1。

路由器是三层设备,接收数据帧后,在网络层解析数据包,获取目的 IP 地址,根据目的 IP 地址及路由器内的路由表信息(端口直连路由,不需另外配置),将数据包转发到 VLAN 20 的子接口。然后通过 ARP,发送广播信息,根据目的 IP 地址,获取目的 MAC 地址,得到目的主机 C 的 MAC 地址。此时,数据包的源 IP 地址为主机 A 的 IP 地址,目的 IP 地址为主机 C 的 IP 地址,目的 MAC 地址为主机 C 的 MAC 地址,源 MAC 地址为路由器端口 fa 0/0 的 MAC 地址,通过汇聚链路从路由器端口传送到交换机的 Trunk 端口。

交换机的 Trunk 端口接收数据帧后,根据交换机的 MAC 地址表,找到目的 MAC 地址与端口的对应关系,去掉数据帧内的 Tag 信息(即 Untag),将数据帧转发到端口 5,传送到主机 C,完成了 VLAN 10 到 VLAN 20 之间的信息传送,实现了不同 VLAN 间的数据通信。

处于不同交换机的不同 VLAN,如果用路由器实现通信,连接方式如图 4-12 所示。与图 4-10 不同的是,交换机与路由器的连接端口设置成 Access 端口,并且和终端设备属于同一个 VLAN,路由器侧的端口是物理端口,直接设置 IP 地址。当然,这种连接方式没有现实意义。

4.3.3　利用三层交换机实现 VLAN 间通信

路由器的功能是在三层处理数据包的转发,如果用来处理 VLAN 间的大量数据通信,将会形成网络瓶颈。因此,在局域网内部,通常用具有三层功能的交换机,即三层交换机来

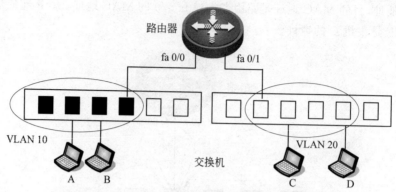

图 4-12　路由器实现不同交换机不同 VLAN 间通信

实现 VLAN 间通信。

　　同一交换机不同 VLAN 间通信,用三层交换机实现的连接方式如图 4-13 所示。这种方式与单臂路由器实现 VLAN 间通信类似。不同的是,三层交换机的连接端口也要设置成 Trunk 端口,在三层交换机端,为每一个 VLAN 创建对应的虚拟接口,并不是配置在某一个物理接口上,而是以 VLAN 接口方式配置的,即交换虚拟接口(Switch Virtual Interface, SVI)。

　　SVI 是用来实现三层交换的逻辑接口。创建 SVI 为一个网关接口,就相当于对应各个 VLAN 的虚拟的子接口,用于三层设备中跨 VLAN 之间的路由。可通过 Interface Vlan 接口配置命令来创建 SVI,然后给 SVI 分配 IP 地址来建立 VLAN 之间的路由。如图 4-13 所示,VLAN 10 的主机可直接互相通信,无须通过三层设备的路由,若 VLAN 10 的主机 A 想和 VLAN 20 内的主机 C 通信,必须通过 VLAN 10 对应的 SVI 10 和 VLAN 20 对应的 SVI 20 才能实现。

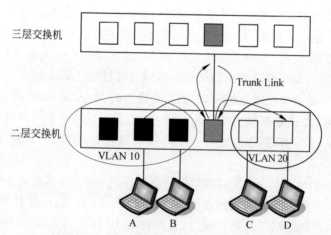

图 4-13　三层交换机实现 VLAN 通信(一)

　　用三层交换机实现不同交换机不同 VLAN 间通信的连接方式如图 4-14 所示。交换机间的连接端口均设置成 Trunk 端口,在三层交换机上创建各个 VLAN 的虚拟接口(SVI),并为各个 SVI 配置 IP 地址,此 IP 地址是每个 VLAN 内主机的默认网关地址。

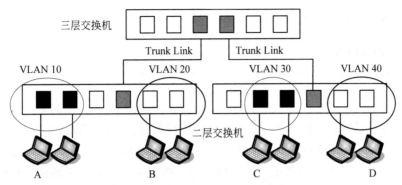

图 4-14　三层交换机实现 VLAN 通信(二)

4.4　VLAN 的配置

　　一个 VLAN 是以 VLAN ID 来标识的,遵循 IEEE 802.1q 规范,最多支持 4094 个 VLAN(VLAN 1～VLAN 4094),其中,VLAN 1 是由设备自动创建,不可删除的默认 VLAN。在设备中,可以添加、删除、修改 VLAN 2～VLAN 4094,可以在接口配置模式下配置一个端口的 VLAN 成员类型或加入、移出一个 VLAN。

4.4.1　VLAN 成员类型

　　可以通过配置一个端口的 VLAN 成员类型,来确定这个端口通过帧的类型,以及这个端口可以属于多少个 VLAN。VLAN 成员类型见表 4-1。

表 4-1　VLAN 成员类型

VLAN 成员类型	VLAN 端口特征
Access	一个 Access 端口,只能属于一个 VLAN,并且是通过手工设置指定 VLAN 的
Trunk(802.1q)	一个 Trunk 端口,在默认情况下是属于本设备所有 VLAN 的,它能够转发所有 VLAN 的帧。也可以通过设置许可 VLAN 列表(Allowed-VLANs)来加以限制

4.4.2　VLAN 的默认配置

　　VLAN 的默认配置见表 4-2。

表 4-2　VLAN 的默认配置

参　　数	默　认　值	范　　围
VLAN ID	1	1～4094
VLAN Name	VLAN xxxx,xxxx 是 VLAN ID 数	无
VLAN State	Active	Active,Inactive

4.4.3 VLAN 的基本配置

1. 创建、修改 VLAN

在全局配置模式下,命令格式为:

```
vlan vlan-id
```

其中,vlan-id 为 1～4094 中的任意一个数值,代表要创建或修改的 VLAN 号。由于 VLAN 1 是设备自动创建并且不可删除的,因此创建 VLAN,vlan-id 为 2～4094 中的任意值。

该命令是进入 VLAN 配置模式的导航命令。如果输入的是一个新的 VLAN ID,则设备会创建一个 VLAN,如果输入的是已经存在的 VLAN ID,则修改相应的 VLAN。

配置举例:在交换机上创建 VLAN 10 和 VLAN 20。

```
switch_jiaoxue#configure terminal
switch_jiaoxue(config)#vlan 10                  !创建 ID 为 10 的 VLAN
switch_jiaoxue(config-vlan)#                     !进入 VLAN 配置模式
switch_jiaoxue(config-vlan)#exit                 !回退到全局配置模式
switch_jiaoxue(config)#vlan 20                   !创建 VLAN 20
switch_jiaoxue(config-vlan)#end                  !回退到特权模式
switch_jiaoxue#
```

2. 命名 VLAN

在 VLAN 模式下,命令格式为:

```
name vlan-name
```

其中,vlan-name 为 VLAN 的名字。

如果没有这一步配置,则设备会自动为 VLAN 起一个名字 VLANxxxx,其中,xxxx 是用 0 开头的四位 VLAN ID。例如,VLAN0010 就是 VLAN 10 的默认名字。

如果想把 VLAN 的名字改回默认名字,在 VLAN 模式下,输入 no name 命令。

配置举例:为 VLAN 10 命名 lib。

```
switch_jiaoxue#configure terminal
switch_jiaoxue(config)#vlan 10                   !进入 VLAN 10
switch_jiaoxue(config-vlan)#                     !进入 VLAN 配置模式
switch_jiaoxue(config-vlan)#name lib             !命名
switch_jiaoxue(config-vlan)#end                  !回退到特权模式
switch_jiaoxue#
```

3. 删除 VLAN

默认 VLAN(VLAN 1)不可删除。

在全局配置模式下,命令格式为:

```
no vlan vlan-id
```

其中,vlan-id 为要删除的 VLAN 的 ID。

VLAN 删除后,原属于该 VLAN 的端口不能自动划回到 VLAN 1,仍属于该 VLAN。

因为所属 VLAN 已被删除,这些端口将由 Active 状态变为 Inactive 状态,用 show vlan 命令时不能看到这些端口。因此,删除 VLAN 前,要把该 VLAN 内的端口划回到 VLAN 1。

配置举例: 在交换机上删除 VLAN 20。

```
switch_jiaoxue#configure terminal
switch_jiaoxue(config)#no vlan 20            !删除 VLAN 20
switch_jiaoxue(config)#end                   !回退到特权模式
switch_jiaoxue#
```

4. Switch 端口模式

交换机的一个二层交换接口,可以指定为 Access 端口模式或者 Trunk 端口模式。

在接口配置模式下,命令格式为:

```
switchport mode {access|trunk}
```

其中,access 表示设置一个 Switch 端口为 Access 端口;trunk 表示设置一个 Switch 端口为 Trunk 端口。

如果一个 Switch 端口的模式是 Access,则该端口只能是一个 VLAN 的成员。可以使用 switchport access vlan vlan-id 命令指定该端口属于哪一个 VLAN;如果一个 Switch 端口的模式是 Trunk,则该端口可以是多个 VLAN 的成员。一个端口属于哪些 VLAN,由该端口的许可 VLAN 列表决定,Trunk 端口默认情况下许可 VLAN 列表中的所有 VLAN 成员。可以使用 switchport mode trunk 命令定义端口的许可 VLAN 列表。

可以把一个普通的以太网端口,或者一个 Aggregate 端口设为一个 Trunk 端口。如果要把一个端口在 Access 模式和 Trunk 模式之间切换,用此命令。

使用 no switchport mode 命令,可将该端口的模式恢复为默认值,Switch 端口默认模式为 Access。

配置举例: 将交换机的 fa 0/10 端口设置为 Access 端口,fa 0/20 端口设置为 Trunk 端口。

```
switch_jiaoxue#configure terminal
switch_jiaoxue(config)#int fa 0/10               !进入 fa 0/10 端口
switch_jiaoxue(config-if)#switchport mode access   !fa 0/10 端口设为 Access 模式
switch_jiaoxue(config-if)#int fa 0/20             !在 fa 0/10 端口下直接进入 fa 0/20
switch_jiaoxue(config-if)#switchport mode trunk   !fa 0/20 端口设为 Trunk 模式
switch_jiaoxue(config-if)#end                      !回退到特权模式
switch_jiaoxue#
```

5. 向 VLAN 分配 Access 口

在接口配置模式下,命令格式为:

```
switchport access vlan vlan-id
```

其中,vlan-id 是 VLAN 号。

使用该命令可以把选中的端口划分到一个已经创建的 VLAN 中,如果把该端口分配给一个不存在的 VLAN,那么这个 VLAN 将自动被创建。如果选定的端口是一个 Trunk 端口,该操作没有任何作用。

使用 no switchport access vlan 命令将该端口指派到默认的 VLAN 中。

配置举例:在单台交换机中,把 fa 0/15 作为 Access 口加入到 VLAN 10。

```
switch_jiaoxue#configure terminal
switch_jiaoxue(config)#interface fa 0/15            !进入 fa 0/15 端口
switch_jiaoxue(config-if)#switchport mode access    !设置为 Access 模式
switch_jiaoxue(config-if)#switchport access vlan 10 !把 fa 0/15 端口划分到 VLAN 10
switch_jiaoxue(config-if)#end
```

配置举例:在堆叠系统中,把多个物理端口划分到 VLAN 10。

```
switch_jiaoxue#configure t                          !进入全局配置模式
switch_jiaoxue(config)#vlan 10                       !创建 VLAN 10
switch_jiaoxue(config-vlan)#exit                     !回退到全局配置模式
switch_jiaoxue(config)#interface range fa 1/0/1 - 2, fa 2/0/10
                          !对设备 1 的端口 fa 0/1,fa0/2 以及设备 2 的端口 fa 0/10 进行配置
switch_jiaoxue(config-if-range)#switchport mode access !把这些端口设为 Access 端口
switch_jiaoxue(config-if-range)#switchport access vlan 10
                                               !把这些端口划分到 VLAN 10
```

6. 配置 Native VLAN

必须为 Trunk 端口定义一个 Native VLAN。Native VLAN 是指在这个端口上收发的 Untag 报文,都被认为是属于这个 VLAN 的。因此,这个端口的默认 VLAN ID(即 IEEE 802.1q 中的 PVID)就是 Native VLAN 的 VLAN ID,在 Trunk 上发送属于 Native VLAN 的数据帧,也必然采用 Untag 的方式。每个 Trunk 端口的默认 Native VLAN 是 VLAN 1。在配置 Trunk 链路时,要求连接链路两端的 Trunk 端口属于相同的 Native VLAN。

在接口配置模式下,命令格式为:

```
switchport trunk native vlan vlan-id
```

其中,vlan-id 为要指定的 VLAN 的 ID。

使用 no switchport trunk native vlan 命令把一个 Trunk 端口的所有 Trunk 相关属性都恢复成默认值。

7. 定义 Trunk 端口的许可 VLAN 列表

默认情况下,一个 Trunk 端口可以传输本设备支持的所有 VLAN(1~4094)的数据。如果基于某种需要,也可以通过设置 Trunk 端口的许可 VLAN 列表来限制某些 VLAN 的数据不能通过这个端口。

在接口配置模式下,命令格式为:

```
switchport trunk allowed vlan {all| [add|remove|except] } vlan-list
```

其中,vlan-list 可以是一个 VLAN ID,也可以是一系列 VLAN ID,以小的 VLAN ID 开头,以大的 VLAN ID 结尾,中间用“-”连接,如 2-10,段之间可以用“,”符号隔开,如 2-10,15-20,21,24;all 的意思是许可 VLAN 列表包含所有支持的 VLAN;add 表示将 vlan list 中指定的 VLAN ID 加入许可 VLAN 列表;remove 表示从许可 VLAN 列表中删除;except 表示将除

vlan list 列出的 VLAN ID 外的所有 VLAN 加入许可 VLAN 列表。

使用 no switchport trunk allowed vlan 命令把 Trunk 端口的许可 VLAN 列表改为默认的许可所有 VLAN 的状态。

配置举例：把端口 fa 0/15 从 VLAN 20 中移出。

```
switch_jiaoxue(config)#interface fastethernet 0/15
switch_jiaoxue(config-if)#switchport trunk allowed vlan remove 20
switch_jiaoxue(config-if)#end
```

8. 显示 VLAN 信息

可以查看 VLAN 的相关信息。显示的信息包括 VLAN ID、VLAN 状态、VLAN 成员端口以及 VLAN 配置信息。

在特权模式下，命令格式为：

```
show vlan [id vlan-id]
```

其中，vlan-id 为指定显示具体的 VLAN 的 ID。

9. 显示端口状态信息

可以查看与 VLAN 配置相关的端口信息。

在特权模式下，命令格式为：

```
show interfaces interface-type interface-id switchport
```

其中，interface-type 为指定端口的类型，如 FastEthernet；interface-id 为端口号。

4.4.4　三层交换机实现 VLAN 间通信的配置

VLAN 间要实现三层交换和相互通信，就必须在三层交换机上为每一个 VLAN 创建一个虚拟的接口，并设置接口的 IP 地址，通过这种方式实现交换虚拟接口之间的路由，从而实现 VLAN 间的通信。各 VLAN 对应的交换虚拟接口的 IP 地址，成为该 VLAN 的默认网关地址。

在全局配置模式下，创建 VLAN 的交换虚拟接口，并为其设置 IP 地址，命令格式为：

```
interface vlan vlan-id
ip address address mask
```

其中，vlan-id 是建立交换虚拟接口所对应的 VLAN 的 ID；**address** 是为该交换虚拟接口配置的具体的 IP 地址；**mask** 是该 IP 地址对应的掩码。

配置举例：在交换机上创建 VLAN 10，并为 VLAN 10 创建交换虚拟接口，IP 地址为 192.168.1.1，掩码为 255.255.255.0。

```
switch_jiaoxue#configure terminal
switch_jiaoxue(config)#vlan 10                              !创建 VLAN 10
switch_jiaoxue(config-vlan)#exit                            !回到全局配置模式
switch_jiaoxue(config)#interface vlan 10                    !为 VLAN 10 创建 SVI
switch_jiaoxue(config-if)#ip add 192.168.1.1 255.255.255.0  !配置 IP 地址及 Mask
switch_jiaoxue(config-if)#no shutdown                       !激活端口
```

4.4.5 VLAN 配置案例

网络拓扑如图 4-15 所示。

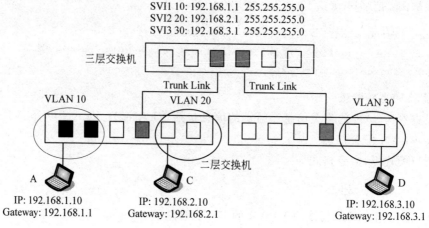

图 4-15 网络拓扑

1. 用户需求

用户内网被划分为 VLAN 10、VLAN 20 和 VLAN 30 三个网段，以实现相互间的二层隔离。

三个 VLAN 对应的 IP 地址分别为 192.168.1.0/24、192.168.2.0/24、192.168.3.0/24。

三个 VLAN 通过三层交换机的 IP 路由实现 VLAN 间通信。

三层交换机主机名：switch_core。

二层左侧交换机主机名：switch_left。

二层右侧交换机主机名：switch_right。

2. 配置步骤

（1）二层交换机命名。

（2）两个二层交换机上分别创建 VLAN，将相应端口设为 Access 端口并划分到 VLAN 内。

（3）两个二层交换机分别设置上连端口为 Trunk 端口。

（4）三层交换机命名。

（5）三层交换机设置两个下连端口为 Trunk 端口，并指定许可 VLAN 列表。

（6）三层交换机建立三个 VLAN 并分别为三个 VLAN 创建 SVI，并配置 IP 地址。

（7）PC 分别设置 IP 地址及网关地址。

3. 配置命令

```
#二层交换机 switch_left 的配置
switch>en
switch#config terminal                              !进入全局配置模式
switch(config)#hostname switch_left                 !命名
switch_left(config)#
#创建 VLAN
switch_left(config)#vlan 10                          !创建 VLAN 10
```

```
switch_left(config-vlan)#vlan 20                              !创建 VLAN 20
switch_left(config-vlan)#exit                                !退回到全局配置模式
#为各 VLAN 分配 Access 端口
switch_left(config)#interface range fa 0/1 - 2               !进入端口范围 fa 0/1-2
switch_left(config-if-range)#switchport mode access          !将 fa 0/1-2 都设为 Access
switch_left(config-if-range)#switchport access vlan 10       !将 fa 0/1-2 分给 VLAN 10
switch_left(config-if-range)#interface range fa 0/5 - 6      !进入端口范围 fa 0/5-6
switch_left(config-if-range)#switchport mode access          !将 fa 0/5-6 都设为 Access
switch_left(config-if-range)#switchport access vlan 20       !将 fa 0/5-6 分给 VLAN 20
switch_left(config-if-range)#exit                            !退回到全局配置模式
switch_left(config)#
#配置上连 Trunk 端口
switch_left(config)#interface fa 0/4                         !进入 fa 0/4
switch_left(config-if)#switchport mode trunk                 !配置该端口为 Trunk 端口
switch_left(config-if)#end                                   !退回到特权模式
switch_left#
#显示 VLAN 信息
switch_left#show vlan
switch_left#show interface fa 0/4 switchport
#二层交换机 switch_right 的配置
switch>en
switch#config terminal                                       !进入全局配置模式
switch(config)#hostname switch_right                         !命名
switch_right(config)#
#创建 VLAN
switch_right(config)#vlan 30                                 !创建 VLAN 30
switch_right(config-vlan)#exit                               !退回到全局配置模式
#为 VLAN 分配 Access 端口
switch_right(config)#interface range fa 0/5 - 6              !进入端口范围 fa 0/5-6
switch_right(config-if-range)#switchport mode access         !将 fa 0/5-6 都设为 Access
switch_right(config-if-range)#switchport access vlan 30      !将 fa 0/5-6 分给 VLAN 30
switch_right(config-if-range)#exit                           !退回到全局配置模式
switch_right(config)#
#配置上连 Trunk 端口
switch_right(config)#interface fa 0/4                        !进入 fa 0/4
switch_right(config-if)#switchport mode trunk                !配置该端口为 Trunk 端口
switch_right(config-if)#end                                  !退回到特权模式
switch_right#
#显示 VLAN 信息
switch_right#show vlan
switch_right#show interface fa 0/4 switchport
#三层交换机上的配置
switch>en
switch#configure terminal                                    !进入全局配置模式
switch(config)#hostname switch_core                          !主机命名
```

```
#创建 VLAN
switch_core(config)#vlan 10                              !创建 VLAN 10
switch_core(config-vlan)#vlan 20                         !创建 VLAN 20
switch_core(config-vlan)#vlan 30                         !创建 VLAN 30
switch_core(config-vlan)#exit                            !退回到全局配置模式
switch_core(config)#
#配置下连 Trunk 端口
switch_core(config)#interface range fa 0/3 - 4          !进入 fa 0/3-4
switch_core(config-if-range)#switchport mode trunk      !配置 fa 0/3-4 都为 Trunk
switch_core(config-if-range)#exit                       !退回到全局配置模式
switch_core(config)#
#指定许可 VLAN 列表
switch_core(config)#interface fa 0/3                     !进入 fa 0/3
switch_core(config-if)#switchport trunk allowed vlan remove 1-4094
                                        !将所有 VLAN 从该端口的许可 VLAN 中删除
switch_core(config-if)#switchport trunk allowed vlan add 10,20
                                        !重新添加该端口的许可 VLAN 为 10、20
switch_core(config-if)#interface fa 0/4                  !进入 fa 0/4
switch_core(config-if)#switchport trunk allowed vlan remove 1-4094
                                        !将所有 VLAN 从该端口的许可 VLAN 中删除
switch_core(config-if)#switchport trunk allowed vlan add 30
                                        !重新添加该端口的许可 VLAN 为 30
switch_core(config-if)#exit                              !退回到全局配置模式
switch_core(config)#
#创建 VLAN 的交换虚拟接口,配置 IP 地址
switch_core#configure terminal                          !进入全局配置模式
switch_core(config)#interface vlan 10                   !创建 SVI 10
switch_core(config-if)#ip address 192.168.1.1 255.255.255.0 !配置 SVI 10 的 IP 地址
switch_core(config-if)#interface vlan 20                !创建 SVI 20
switch_core(config-if)#ip address 192.168.2.1 255.255.255.0 !配置 SVI 20 的 IP 地址
switch_core(config-if)#interface vlan 30                !创建 SVI 30
switch_core(config-if)#ip address 192.168.3.1 255.255.255.0 !配置 SVI 30 的 IP 地址
switch_core(config-if)#exit                             !退回到全局配置模式
switch_core(config)#
#显示 VLAN 信息
switch_core#show vlan
                    !在三层交换机上查看 vlan 配置,包括 VLAN ID、名称、状态、端口成员等
switch_core#show interface fa 0/3 switchport            !查看 fa 0/3 的 VLAN 状态
switch_core#show interface fa 0/4 switchport            !查看 fa 0/4 的 VLAN 状态
```

实验 4-1　交换机划分 VLAN

【实验要求】

网络拓扑如图 4-16 所示,二教学楼共 3 层。

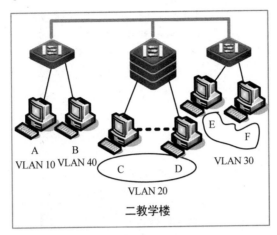

图 4-16　交换机划分 VLAN

（1）一楼有一台交换机，创建 VLAN 10，VLAN 40，将 fa 0/5 划分进 VLAN 10，将 fa 0/10 划分进 VLAN 40。

（2）二楼是三台交换机形成堆叠，创建 VLAN 20，将第一台的 fa 0/5-7 和第三台的 fa 0/5 划分进 VLAN 20。

（3）三楼有一台交换机，创建 VLAN 30，将 fa 0/5、fa 0/6 划分进 VLAN 30。

（4）实现主机 C 和 D 之间或主机 E 和 F 之间互通。

【实验步骤】

1. 一楼交换机配置

```
switch>en
switch#conf t
switch(config)#hostname aswitch_1erjiao01          !按照命名规则命名
aswitch_1erjiao01(config)#
aswitch_1erjiao01(config)#vlan 10                  !创建 VLAN 10
aswitch_1erjiao01(config-vlan)#vlan 40             !创建 VLAN 40
aswitch_1erjiao01(config-vlan)#interface fa 0/5    !进入 fa 0/5 配置模式
aswitch_1erjiao01(config-if)#switchport mode access     !设为 Access 端口
aswitch_1erjiao01(config-if)#switchport access vlan 10  !将 fa 0/5 加入 VLAN 10
aswitch_1erjiao01(config-if)#interface fa 0/10     !进入 fa 0/10 配置模式
aswitch_1erjiao01(config-if)#switchport mode access     !设为 Access 端口
aswitch_1erjiao01(config-if)#switchport access vlan 40  !将 fa 0/5 加入 VLAN 40
aswitch_1erjiao01(config-if)#end
aswitch_1erjiao01#show vlan                        !显示 VLAN 信息
```

2. 二楼堆叠交换机配置（假设堆叠系统已正确连接并从上到下依次为设备 1，设备 2，设备 3）

```
switch>en
switch#conf t
switch(config)#hostname aswitch_1erjiao02          !按照命名规则命名
aswitch_1erjiao02(config)#
aswitch_1erjiao02(config)#vlan 20                  !创建 VLAN 20
aswitch_1erjiao02(config-vlan)#interface range fa 1/0/5 - 7, fa 3/0/5
```

```
                                      !进入第一台 fa 0/5,fa 0/6,fa 0/7 和第三台 fa 0/5 配置模式
aswitch_1erjiao02(config-if-range)#switchport mode access    !设为 Access 端口
aswitch_1erjiao02(config-if-range)#switchport access vlan 20 !加入 VLAN 20
aswitch_1erjiao02(config-if-range)#end                        !回退到特权配置模式
aswitch_1erjiao02#show vlan
```

3. 三楼交换机配置

```
switch>en
switch#conf t
switch(config)#hostname aswitch_1erjiao03                      !按照命名规则命名
aswitch_1erjiao03(config)#
aswitch_1erjiao03(config)#vlan 30                              !创建 VLAN 30
aswitch_1erjiao03(config-vlan)#interface range fa 0/5 - 6      !进入 fa 0/5,fa 0/6
aswitch_1erjiao03(config-if-range)#switchport mode access      !设为 Access 端口
aswitch_1erjiao03(config-if-range)#switchport access vlan 30   !加入 VLAN 30
aswitch_1erjiao03(config-if-range)#end
aswitch_1erjiao03#show vlan
```

【测试方案】

（1）对于一楼的交换机，用 show vlan 命令查看 VLAN 10 和 VLAN 40 是否存在，相应端口是否属于该 VLAN。

（2）对于二楼和三楼的交换机，主机 C 和 D 或者主机 E 和 F 分别接入相应端口，在两台主机上配置同一网段的 IP 地址，用 ping 命令测试。

实验 4-2　跨交换机实现 VLAN 的划分

【实验要求】

网络拓扑如图 4-17 所示，二教学楼共三层。

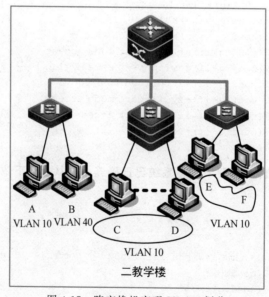

图 4-17　跨交换机实现 VLAN 划分

（1）一楼有一台交换机，创建 VLAN 10，VLAN 40，将 fa 0/5 划分进 VLAN 10，将 fa 0/10 划分进 VLAN 40，端口 24 上连。

（2）二楼是三台交换机形成堆叠，创建 VLAN 10，第一台 fa 0/5 端口和第三台 fa 0/5 端口划分进 VLAN 10，第一台的端口 24 上连。

（3）三楼有一台交换机，创建 VLAN 10，将 fa 0/5、fa 0/6 划分进 VLAN 10，端口 24 上连。

（4）一至三楼的接入交换机分别汇聚到汇聚交换机的 fa 0/1，fa 0/2，fa 0/3 上。

（5）实现主机 A、C 和 F 的互通。

【实验步骤】

1. 一楼交换机配置

```
switch>en
switch#conf t
switch(config)#hostname aswitch_1erjiao01                !按照命名规则命名
aswitch_1erjiao01(config)#interface fa 0/24              !进入 fa 0/24 配置模式
aswitch_1erjiao01(config-if)#switchport mode trunk       !设为 Trunk 端口
aswitch_1erjiao01(config-if)#exit
aswitch_1erjiao01(config)#vlan 10                        !创建 VLAN 10
aswitch_1erjiao01(config-vlan)#vlan 40                   !创建 VLAN 40
aswitch_1erjiao01(config-vlan)#interface fa 0/5          !进入 fa 0/5 配置模式
aswitch_1erjiao01(config-if)#switchport mode access      !设为 Access 端口
aswitch_1erjiao01(config-if)#switchport access vlan 10   !将 fa 0/5 加入 VLAN 10
aswitch_1erjiao01(config-if)#interface fa 0/10           !进入 fa 0/10 配置模式
aswitch_1erjiao01(config-if)#switchport mode access      !设为 Access 端口
aswitch_1erjiao01(config-if)#switchport access vlan 40   !将 fa 0/10 加入 VLAN 40
aswitch_1erjiao01(config-if)#end
aswitch_1erjiao01#show vlan                              !显示 VLAN 信息
```

2. 二楼堆叠交换机配置（假设堆叠系统已正确连接并从上到下依次为设备 1，设备 2，设备 3）

```
switch>en
switch#conf t
switch(config)#hostname aswitch_1erjiao02
aswitch_1erjiao02(config)#
aswitch_1erjiao02(config)#vlan 10                                    !创建 VLAN 10
aswitch_1erjiao02(config-vlan)#interface range fa 1/0/5, fa 3/0/5
                              !进入第一台的 fa 0/5 和第三台的 fa 0/5 配置模式
aswitch_1erjiao02(config-if-range)#switchport mode access!设为 Access 端口
aswitch_1erjiao02(config-if-range)#switchport access vlan 10 !加入 VLAN 10
aswitch_1erjiao02(config-if-range)#end
#堆叠系统中设备 1 的 fa 0/24 端口上连汇聚交换机
aswitch_1erjiao02#configure
aswitch_1erjiao02(config)#member 1                       !进入设备 1 配置
aswitch_1erjiao02@1(config)#interface fa 0/24            !配置设备 1 的 fa 0/24
```

```
aswitch_1erjiao02@1(config-if)#switchport mode trunk          !设为 Trunk 端口
aswitch_1erjiao02@1(config-if)#exit                    !在设备1下回退到全局配置模式
aswitch_1erjiao02@1(config)#exit                       !退出指定设备
aswitch_1erjiao02#show vlan
```

3. 三楼交换机配置

```
switch>en
switch#conf t
switch(config)#hostname aswitch_1erjiao03
aswitch_1erjiao03(config)#
aswitch_1erjiao03(config)#interface fa 0/24              !进入 fa 0/24 配置
aswitch_1erjiao03(config-if)#switchport mode trunk       !设为 Trunk 端口
aswitch_1erjiao03(config-if)#exit
aswitch_1erjiao03(config)#vlan 10                        !创建 VLAN 10
aswitch_1erjiao03(config-vlan)#interface range fa 0/5 - 6  !fa 0/5,fa 0/6 配置
aswitch_1erjiao03(config-if-range)#switchport mode access  !设为 Access 端口
aswitch_1erjiao03(config-if-range)#switchport access vlan 10 !加入 VLAN 10
aswitch_1erjiao03(config-if-range)#end
aswitch_1erjiao03#show vlan
```

4. 汇聚交换机配置

```
switch>en
switch#conf t
switch(config)#hostname dswitch_1erjiao
dswitch_1erjiao(config)#
dswitch_1erjiao(config)#interface range fa 0/1 - 3        !进入 fa 0/1-3 配置
dswitch_1erjiao(config-if-range)#switchport mode trunk    !设为 Trunk 端口
dswitch_1erjiao(config-if-range)#end
dswitch_1erjiao(config)#vlan 10
                         !创建 VLAN 10 的 SVI,由于不涉及三层通信,此处的 SVI 不配置 IP 地址
dswitch_1erjiao(config-vlan)#end
```

【测试方案】

主机 A、C 和 F 配置同一网段的 IP 地址,用 ping 命令测试。

实验 4-3　三层交换机实现 VLAN 间通信

【实验要求】

网络拓扑如图 4-18 所示。

（1）二教学楼共三层。一楼有一台交换机,创建 VLAN 10,VLAN 40;将 fa 0/5 划分进 VLAN 10,将 fa 0/10 划分进 VLAN 40,fa 0/24 上连;二楼三台交换机形成堆叠,创建 VLAN 10,将第一台 fa 0/5 和第三台 fa 0/5 分别划进 VLAN 10,第一台的 fa 0/24 上连;三楼有一台交换机,创建 VLAN 30,将 fa 0/5 划分进 VLAN 30,fa 0/24 上连;一至三楼的接入交换机分别汇聚到本楼宇的汇聚交换机的 fa 0/1、fa 0/2 和 fa 0/3 上。

（2）教学主楼共四层（只考虑二楼）。二楼有一台交换机，创建 VLAN 20，将 fa 0/5 划分到 VLAN 20，fa 0/24 上连；一至四楼的接入交换机分别汇聚到本楼宇的汇聚交换机 fa 0/1、fa 0/2、fa 0/3 和 fa 0/4 上。

（3）教学主楼和二教学楼的汇聚交换机分别用 fa 0/24 连接到核心交换机的 fa 0/23 和 fa 0/24 上。

（4）实现主机 H、F、A、B 和 C 之间的互通。

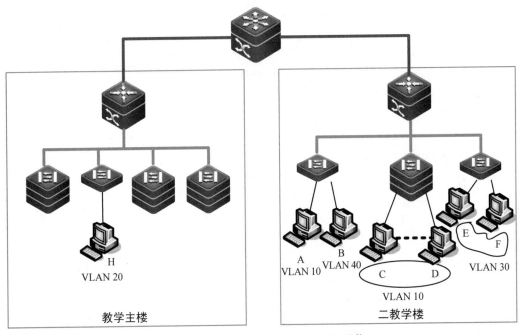

图 4-18　三层交换机实现 VLAN 间通信

【实验步骤】

IP 地址规划如表 4-3 所示。

表 4-3　IP 地址规划表

VLAN ID	网　　段	设　　备	IP	网　　关
VLAN 10	192.168.1.0/24	核心侧 SVI	192.168.1.1	
		教学主楼汇聚侧 SVI	192.168.1.3	
		二教汇聚侧 SVI	192.168.1.2	
		主机 A	192.168.1.10	192.168.1.2
		主机 C	192.168.1.11	192.168.1.2
		主机 D	192.168.1.12	192.168.1.2
VLAN 20	192.168.2.0/24	核心侧 SVI	192.168.2.1	
		教学主楼汇聚侧 SVI	192.168.2.3	
		二教汇聚侧 SVI	192.168.2.2	

续表

VLAN ID	网 段	设 备	IP	网 关
		主机 H	192.168.2.10	192.168.2.3
VLAN 30	192.168.3.0/24	核心侧 SVI	192.168.3.1	
		教学主楼汇聚侧 SVI	192.168.3.3	
		二教汇聚侧 SVI	192.168.3.2	
		主机 F	192.168.3.10	192.168.3.2
VLAN 40	192.168.4.0/24	核心侧 SVI	192.168.4.1	
		教学主楼汇聚侧 SVI	192.168.4.3	
		二教汇聚侧 SVI	192.168.4.2	
		主机 B	192.168.4.10	192.168.4.2

1. 第二教学楼

1) 一楼交换机配置

```
switch>en
switch#conf t
switch(config)#hostname aswitch_1erjiao01
aswitch_1erjiao01(config)#interface fa 0/24                    !进入 fa 0/24 配置
aswitch_1erjiao01(config-if)#switchport mode trunk            !设为 Trunk 端口
aswitch_1erjiao01(config-if)#exit
aswitch_1erjiao01(config)#vlan 10                             !创建 VLAN 10
aswitch_1erjiao01(config-vlan)#vlan 40                        !创建 VLAN 40
aswitch_1erjiao01(config-vlan)#interface fa 0/5              !进入 fa 0/5 配置
aswitch_1erjiao01(config-if)#switchport mode access         !设为 Access 端口
aswitch_1erjiao01(config-if)#switchport access vlan 10       !将 fa 0/5 加入 VLAN 10
aswitch_1erjiao01(config-if)#interface fa 0/10              !进入 fa 0/10 配置
aswitch_1erjiao01(config-if)#switchport mode access         !设为 Access 端口
aswitch_1erjiao01(config-if)#switchport access vlan 40       !加入 VLAN 40
aswitch_1erjiao01(config-if)#end
aswitch_1erjiao01#show vlan                                  !显示 VLAN 信息
```

2) 二楼堆叠交换机配置(假设堆叠系统已正确连接并从上到下依次为设备 1、设备 2、设备 3)

```
switch>en
switch#conf t
switch(config)#hostname aswitch_1erjiao02
aswitch_1erjiao02(config)#
aswitch_1erjiao02(config)#vlan 10                           !创建 VLAN 10
aswitch_1erjiao02(config-vlan)#interface range fa 1/0/5, fa 3/0/5
                                                !进入第一台的 fa 0/5 和第三台的 fa 0/5 配置
aswitch_1erjiao02(config-if-range)#switchport mode access   !设为 Access 端口
```

```
aswitch_1erjiao02(config-if-range)#switchport access vlan 10 !加入 VLAN 10
aswitch_1erjiao02(config-if-range)#end
```
#堆叠系统中设备 1 的 fa 0/24 上连到汇聚交换机
```
aswitch_1erjiao02#configure t
aswitch_1erjiao02(config)#member 1                          !进入设备 1 进行配置
aswitch_1erjiao02@1(config)#interface fa 0/24               !配置设备 1 的 fa 0/24
aswitch_1erjiao02@1(config-if)#switchport mode trunk        !设为 Trunk 端口
aswitch_1erjiao02@1(config-if)#exit              !在设备 1 下回退到全局配置模式
aswitch_1erjiao02@1(config)#exit                            !退出指定设备
aswitch_1erjiao02#show vlan
```

3）三楼交换机配置

```
switch>en
switch#conf t
switch(config)#hostname aswitch_1erjiao03
aswitch_1erjiao03(config)#
aswitch_1erjiao03(config)#interface fa 0/24                 !进入 fa 0/24 配置
aswitch_1erjiao03(config-if)#switchport mode trunk          !设为 Trunk 端口
aswitch_1erjiao03(config-if)#exit
aswitch_1erjiao03(config)#vlan 30                           !创建 VLAN 30
aswitch_1erjiao03(config-vlan)#interface fa 0/5             !fa 0/5 配置
aswitch_1erjiao03(config-if)#switchport mode access         !设为 Access 端口
aswitch_1erjiao03(config-if)#switchport access vlan 30      !加入 VLAN 30
aswitch_1erjiao03(config-if)#end
aswitch_1erjiao03#show vlan
```

4）汇聚交换机配置

```
switch>en
switch#conf t
switch(config)#hostname dswitch_1erjiao
dswitch_1erjiao(config)#
dswitch_1erjiao(config)#interface range fa 0/1 - 3, fa 0/24
                                               !进入 fa 0/1-3, fa 0/24 配置
dswitch_1erjiao(config-if-range)#switchport mode trunk    !设为 Trunk 端口
dswitch_1erjiao(config-if-range)#exit
dswitch_1erjiao(config)#vlan 10                           !创建 VLAN 10 的 SVI
dswitch_1erjiao(config-vlan)#vlan 20
dswitch_1erjiao(config-vlan)#vlan 30
dswitch_1erjiao(config-vlan)#vlan 40
dswitch_1erjiao(config-vlan)#int vlan 10                  !进入 VLAN 10 的 SVI
dswitch_1erjiao(config-if)#ip add 192.168.1.2 255.255.255.0  !为 SVI 配置 IP 地址
dswitch_1erjiao(config-if)#no shutdown                    !激活端口
dswitch_1erjiao(config-if)#int vlan 20
dswitch_1erjiao(config-if)#ip add 192.168.2.2 255.255.255.0
dswitch_1erjiao(config-if)#no shutdown
```

```
dswitch_1erjiao(config-if)#int vlan 30
dswitch_1erjiao(config-if)#ip add 192.168.3.2 255.255.255.0
dswitch_1erjiao(config-if)#no shutdown
dswitch_1erjiao(config-if)#int vlan 40
dswitch_1erjiao(config-if)#ip add 192.168.4.2 255.255.255.0
dswitch_1erjiao(config-if)#no shutdown
```

2. 教学主楼

1）二楼交换机配置

```
switch>en
switch#conf t
switch(config)#hostname aswitch_1jiaoxue02
aswitch_1jiaoxue02(config)#interface fa 0/24
aswitch_1jiaoxue02(config-if)#switchport mode trunk
aswitch_1jiaoxue02(config-if)#exit
aswitch_1jiaoxue02(config)#vlan 20
aswitch_1jiaoxue02(config-vlan)#interface fa 0/5
aswitch_1jiaoxue02(config-if)#switchport mode access
aswitch_1jiaoxue02(config-if)#switchport access vlan 20
aswitch_1jiaoxue02(config-if)#end
aswitch_1jiaoxue02#
```

2）汇聚交换机配置

```
switch>en
switch#conf t
switch(config)#hostname dswitch_1jiaoxue
dswitch_1jiaoxue(config)#
dswitch_1jiaoxue(config)#interface range fa 0/2, fa 0/24
dswitch_1jiaoxue(config-if-range)#switchport mode trunk
dswitch_1jiaoxue(config-if-range)#exit
dswitch_1jiaoxue(config)#vlan 10
dswitch_1jiaoxue(config-vlan)#vlan 20
dswitch_1jiaoxue(config-vlan)#vlan 30
dswitch_1jiaoxue(config-vlan)#vlan 40
dswitch_1jiaoxue(config-vlan)#int vlan 10
dswitch_1jiaoxue(config-if)#ip add 192.168.1.3 255.255.255.0
dswitch_1jiaoxue(config-if)#no shutdown
dswitch_1jiaoxue(config-if)#int vlan 20
dswitch_1jiaoxue(config-if)#ip add 192.168.2.3 255.255.255.0
dswitch_1jiaoxue(config-if)#no shutdown
dswitch_1jiaoxue(config-if)#int vlan 30
dswitch_1jiaoxue(config-if)#ip add 192.168.3.3 255.255.255.0
dswitch_1jiaoxue(config-if)#no shutdown
dswitch_1jiaoxue(config-if)#int vlan 40
dswitch_1jiaoxue(config-if)#ip add 192.168.4.3 255.255.255.0
```

```
dswitch_1jiaoxue(config-if)#no shutdown
dswitch_1jiaoxue(config-if)#end
dswitch_1jiaoxue#
```

3）核心交换机配置

```
switch>en
switch#conf t
switch(config)#hostname cswitch_1
cswitch_1(config)#
cswitch_1(config)#interface range fa 0/23 -24
cswitch_1(config-if-range)#switchport mode trunk
cswitch_1(config-if-range)#exit
cswitch_1(config)#vlan 10
cswitch_1(config-vlan)#vlan 20
cswitch_1(config-vlan)#vlan 30
cswitch_1(config-vlan)#vlan 40
cswitch_1(config-vlan)#int vlan 10
cswitch_1(config-if)#ip add 192.168.1.1 255.255.255.0
cswitch_1(config-if)#no shutdown
cswitch_1(config-if)#int vlan 20
cswitch_1(config-if)#ip add 192.168.2.1 255.255.255.0
cswitch_1(config-if)#no shutdown
cswitch_1(config-if)#int vlan 30
cswitch_1(config-if)#ip add 192.168.3.1 255.255.255.0
cswitch_1(config-if)#no shutdown
cswitch_1(config-if)#int vlan 40
cswitch_1(config-if)#ip add 192.168.4.1 255.255.255.0
cswitch_1(config-if)#no shutdown
cswitch_1(config-if)#end
cswitch_1#
```

【测试方案】

按照 IP 地址规划表配置各主机的 IP 地址和网关地址，用 ping 命令测试。

习题

一、选择题

1. 以下（　　）不是划分 VLAN 的依据。

　　A. 端口号　　　　　　B. 协议　　　　　　C. MAC 地址　　　　D. 主机名

2. 关于 VLAN 的描述，以下（　　）是错误的。

　　A. 把用户逻辑分组为明确的 VLAN，最常用的访问是帧过滤和帧的身份认证

　　B. VLAN 的优点包括通过建立安全用户而得到更加严密的网络安全性

　　C. 交换机构成了 VLAN 通信中的一个核心组成部分

　　D. VLAN 可以用来分散网络业务流量的负载

3. IEEE 802.1q 的数据帧用(   )位表示 VID。

    A. 10   B. 11   C. 12   D. 14

4. IEEE 802.1q 标准支持 VLAN ID 最大为(   )。

    A. 256   B. 1024   C. 2048   D. 4094

5. 将 S2126 交换机端口设置为 Tag VLAN 模式的命令是(   )。

    A. switchport mode tag   B. switchport mode trunk

    C. trunk on   D. set port trunk on

二、根据图 0-1 的拓扑结构划分 VLAN，并规划 IP 地址，完善表 4-4

表 4-4　IP 地址表

VLAN ID	VLAN Name	端口成员	网段地址

第 5 章　链路及设备的冗余管理

在网络拓扑结构中,关键设备之间由于受物理带宽的限制可能会产生通信瓶颈,可以通过两个设备之间的多条物理链路捆绑在一起形成逻辑链路,增大带宽。

网络设备之间的多点连接,能够形成冗余路径,以保障正常通信,但是这种冗余路径会在网络中形成环路,造成严重的广播风暴,可以通过生成树协议来避免网络中环路的产生。

关键网络设备的单点故障,会造成业务中断,可以通过虚拟路由冗余协议(Virtual Router Redundancy Protocol,VRRP)形成关键设备的热备份。

5.1　链路聚合

5.1.1　链路聚合概述

为了增加交换机或路由器之间设备的链路带宽,通常把两台设备之间的多条物理链路捆绑在一起形成一个高带宽的逻辑链路,如图 5-1 所示。这种方式称为链路聚合(Link Aggregation),又称端口聚集(Port Trunking)、端口捆绑(Bonding)技术。

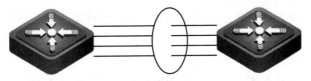

图 5-1　交换机间链路聚合

链路聚合是把网络设备的多个物理端口带宽叠加,使多个低带宽物理端口捆绑成一条高带宽逻辑链路,同时通过几个端口共同传输数据形成链路的负载均衡,聚合而成的逻辑端口称为聚合端口(Aggregate Port,AP)。

当逻辑链路中的部分物理链路断开时,系统会自动将断开链路的流量分配到逻辑链路的其他有效物理链路上,但是一条成员链路收到的广播或组播报文,将不会被转发到其他成员链路上。这种链路聚合的方式既可以通过流量均衡避免链路出现拥塞现象,也可以防止由于单条链路速率过低而出现延时现象。在不增加更多成本的前提下,既实现了网络的高速性,又能保证链路的负载分担和冗余性,提供更高的连接可靠性。

在图 5-1 中,将 4 条 1000Mb/s 的千兆以太网链路用链路聚合技术组合成一个逻辑高速链路,这条逻辑链路在全双工状态下能够达到 8000Mb/s 的带宽,聚合内部的 4 条物理链路共同完成数据的收发,逻辑链路中只要还存在能正常工作的物理链路,整个传输链路就不会失效。

IEEE 802.3ad 标准定义了如何将两个以上的物理端口组合为高带宽的逻辑链路,以实现负载共享、负载平衡以及提供更好的弹性。

链路聚合具有如下一些优点。

（1）提高链路可用性。

链路聚合中,链路成员之间互相动态备份,当某一成员链路中断时,其他链路能够分担该成员的流量,切换过程在链路聚合内部快速实现,与其他链路无关。

（2）增加链路带宽。

通过多个物理端口的捆绑,增加了链路的带宽,提高了链路的传输速率,并通过流量负载平衡,实现流量分担。

（3）易于实现、高性价比。

只要支持 IEEE 802.3ad 标准的设备,都可以实现链路聚合,用比较经济的手段,实现高速带宽的能力。

配置链路聚合功能时,成为聚合端口的成员必须具备以下相同的属性。

（1）端口均为全双工模式。

（2）端口类型必须相同,比如同为以太网口或同为光纤口。

（3）端口同为 Access 端口并且属于同一个 VLAN,或者同为 Trunk 端口,属于不同 Native VLAN 的端口不能构成 AP。

5.1.2　流量平衡

聚合端口可以根据数据帧的源 MAC 地址、目的 MAC 地址、源 MAC 地址＋目的 MAC 地址、源 IP 地址、目的 IP 地址以及源 IP 地址＋目的 IP 地址等方式把流量平均地分配到各成员链路中。

源 MAC 地址流量平衡是根据数据帧的源 MAC 地址把流量分配到聚合端口的各成员链路中。不同源 MAC 地址的流量,转发的成员链路不同,源 MAC 地址相同的流量,将从同一个成员链路中转发。

目的 MAC 地址流量平衡是根据数据帧的目的 MAC 地址把流量分配到聚合端口的各成员链路中。相同目的 MAC 地址的流量,从同一个成员链路转发,不同目的 MAC 地址的流量,将从不同的成员链路中转发。

源 MAC 地址＋目的 MAC 地址流量平衡是根据数据帧的源 MAC 地址和目的 MAC 地址把流量分配到聚合端口的各成员链路中。具有不同的源 MAC 地址＋目的 MAC 地址的数据帧可能被分配到同一个聚合端口的成员链路中。

源 IP 地址或目的 IP 地址流量平衡是根据数据报的源 IP 地址或目的 IP 地址进行流量分配。不同源 IP 地址或目的 IP 地址的流量通过不同的成员链路转发,相同源 IP 地址或目的 IP 地址的流量则通过相同的成员链路转发。这种流量平衡方式用于三层报文的转发,如果在此流量平衡模式下收到了二层数据帧,则自动根据二层数据帧的源 MAC 地址或目的 MAC 地址进行流量平衡。

源 IP 地址＋目的 IP 地址流量平衡是根据数据报的源 IP 地址和目的 IP 地址进行流量分配。该流量平衡方式用于三层报文的转发,如果在此流量平衡模式下收到了二层数据帧,则自动根据二层数据帧的 MAC 地址进行流量平衡。具有不同的源 IP 地址＋目的 IP 地址的报文可能被分配到同一个聚合端口的成员链路中。

5.1.3　链路聚合配置

1. 配置 AP 注意事项

（1）物理端口默认情况下不属于任何 AP。

（2）AP 成员端口的端口速率必须一致。

（3）二层端口只能加入二层 AP，三层端口只能加入三层 AP，即端口与 AP 属于同一层次。

（4）AP 不能设置端口安全功能。

（5）当把端口加入一个不存在的 AP 时，该 AP 将被自动创建。

（6）一个端口加入 AP，端口的属性将被 AP 的属性取代。

（7）一个端口从 AP 中删除，端口的属性将恢复为其加入 AP 前的属性。

（8）一个端口加入 AP 后，不能在该端口上进行任何配置，直到该端口退出 AP。

2. 配置二层 AP

配置二层 AP 有两种方式。

（1）在全局配置模式下，命令格式为：

```
interface aggregateport n
```

其中，n 为 AP 号。先用此命令创建一个 AP（如果该 AP 不存在），然后在需要聚合的物理端口的端口配置模式下用 port-group 命令把该端口加入到 AP 中。

（2）直接在接口配置模式下，命令格式为：

```
port-group port-group-number
```

其中，port-group-number 为 AP 的编号，即 n，也称 AP 号。此命令将该端口加入一个 AP（如果该 AP 不存在，则创建）。

配置举例：用第 1 种方式把千兆端口 gi 0/1-2 配置成二层 AP2 成员。

```
switch_jiaoxue#configure terminal
switch_jiaoxue(config)#interface aggregate 2
switch_jiaoxue(config-if)#exit
switch_jiaoxue(config)#interface range gi 0/1 - 2
switch_jiaoxue(config-if-range)#port-group 2
switch_jiaoxue(config-if-range)#end
```

配置举例：用第 2 种方式把 gi 0/1-2 配置成二层 AP2 成员，并将 AP2 配置成 Trunk 模式。

```
switch_jiaoxue#configure terminal
switch_jiaoxue(config)#interface range gi 0/1 - 2
switch_jiaoxue(config-if-range)#port-group 2
switch_jiaoxue(config-if-range)#exit
switch_jiaoxue(config)#interface aggregateport 2      !进入 AP2 端口配置
switch_jiaoxue(config-if)#switchport mode trunk       !配置 Trunk 端口
switch_jiaoxue(config-if)#end
```

在接口配置模式下使用 no port-group 命令将一个物理端口退出 AP。

3. 配置三层 AP

默认情况下,一个 AP 是二层的 AP,如果要配置成三层 AP,步骤如下。

(1) 用 interface aggregateport 命令进入 AP 端口配置模式。

(2) 将该 AP 端口设置为三层模式。

(3) 配置 AP 端口的 IP 地址。

(4) 进入要配置成 AP 的物理端口的配置模式。

(5) 将该物理端口设置为三层模式。

(6) 用 port-group 命令加入 AP。

(7) 用 no shutdown 命令激活该端口。

配置举例:在三层交换机上配置一个三层 AP(AP5),将 fa 0/23、fa 0/24 加入 AP5,并配置 IP 地址 192.168.10.1/24。

```
switch_jiaoxue#configure terminal
switch_jiaoxue(config)#interface aggretegateport 5
switch_jiaoxue(config-if)#no switchport
switch_jiaoxue(config-if)#ip address 192.168.10.1 255.255.255.0
switch_jiaoxue(config-if)#no shutdown
switch_jiaoxue(config-if)#exit
switch_jiaoxue(config)#int range fa 0/23 - 24
switch_jiaoxue(config-if-range)#no switchport
switch_jiaoxue(config-if-range)#port-group 5
switch_jiaoxue(config-if-range)#no shutdown
switch_jiaoxue(config-if-range)#end
```

4. 配置 AP 的流量平衡

在全局配置模式下,命令格式为:

```
aggregateport load-balance {dst-mac|src-mac|src-dst-mac|dst-ip|src-ip|ip}
```

dst-mac,根据输入流量的目的 MAC 地址进行流量分配。在 AP 各链路中,目的 MAC 地址相同的流量被送到相同的成员链路,目的 MAC 地址不同的流量被分配到不同的成员链路。

src-mac,根据输入流量的源 MAC 地址进行流量分配。在 AP 各链路中,源 MAC 地址不同的流量分配到不同的成员链路,源 MAC 地址相同的流量使用相同的成员链路。

src-dst-mac,根据源 MAC 地址与目的 MAC 地址进行流量分配。不同源 MAC 地址+目的 MAC 地址对的流量通过不同的成员链路转发,同一源 MAC 地址+目的 MAC 地址对通过相同的成员链路转发。

dst-ip,根据输入流量的目的 IP 地址进行流量分配。在 AP 各链路中,目的 IP 地址相同的流量被送到相同的成员链路,目的 IP 地址不同的流量被分配到不同的成员链路。

src-ip,根据输入流量的源 IP 地址进行流量分配。在 AP 各链路中,来自不同 IP 地址的流量分配到不同的成员链路,来自相同 IP 地址的流量使用相同的成员链路。

ip,根据源 IP 地址与目的 IP 地址进行流量分配。不同的源 IP 地址+目的 IP 地址对的流量通过不同的成员链路转发,同一源 IP 地址+目的 IP 地址对通过相同的成员链路转发。

将 AP 的流量平衡设置恢复到默认值,可以在全局配置模式下使用命令:

```
no aggregateport load-balance
```

5. 显示 AP 配置信息

在特权模式下,命令格式为:

```
show aggregateport {[port-number] summary |load-balance}
```

其中,port-number 为 AP 号;load-balance 显示 AP 的流量平衡算法;summary 显示 AP 中的每条链路的摘要信息。

5.2　链路冗余

5.2.1　网络中的冗余链路

主机 A 和主机 B 之间进行通信,如图 5-2 所示。如果两台交换机由单链路连接,那么传输介质出现故障将导致主机 A、B 通信的中断。为了解决单链路故障采取了双链路连接的方案。如果两条链路同时连到交换机的两个端口而不采取其他措施的话,两台交换机的四个端口会形成环路,产生广播风暴,影响网络通信。

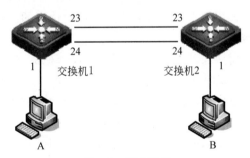

图 5-2　冗余链路

环路产生过程如下。

(1) 主机 A 向主机 B 发送信息。

(2) 交换机 1 从端口 1 收到数据帧。

(3) 如果是广播或组播地址,则向除接收端口 1 之外的所有其他端口转发该数据帧;如果是单播地址,但是这个地址并不在交换机的 MAC 地址表中,那么也向除接收端口 1 之外的所有其他端口转发(泛洪)。

(4) 数据帧将同时从交换机 1 的 23、24 端口被转发到交换机 2 的 23、24 端口。

(5) 交换机 2 接收到数据帧。

(6) 从端口 23 接收到的数据帧,如果是广播或组播地址,则向除接收端口 23 之外的所有其他端口转发该数据帧,该数据帧将被从端口 24 转发回交换机 1;如果是单播地址,但是这个地址并不在交换机的 MAC 地址表中,那么也向除接收端口 23 之外的所有其他端口转发(泛洪),该数据帧同样将被从端口 24 转发回交换机 1。

(7) 从端口 24 接收到的数据帧,如果是广播或组播地址,则向除接收端口 24 之外的所有其他端口转发该数据帧,该数据帧将被从端口 23 转发回交换机 1;如果是单播地址,但是这个地址并不在交换机的 MAC 地址表中,那么也向除接收端口 24 之外的所有其他端口转发(泛洪),该数据帧同样将被从端口 23 转发回交换机 1。

(8) 交换机 1 从端口 23、24 接收到同样数据帧,继续转发处理。

(9) 循环转发该数据帧,形成环路。

5.2.2　生成树协议

生成树协议(Spanning-Tree Protocol,STP)通过生成树算法在一个具有冗余链路的网络中构建一个没有环路的树形逻辑拓扑结构,既提供了链路的冗余连接,增强了网络的可靠性,又避免了数据在环路上的连续转发,消除了广播风暴。

STP 是用来避免链路环路产生广播风暴并提供链路冗余备份的协议。对二层以太网来说,两个设备间只能有一条激活的通道,否则就会产生广播风暴。但是为了增强网络的可靠性,建立冗余链路又是必要的,冗余链路中的一些链路处于激活状态,另一些链路处于备份状态,如果链路发生故障,激活的链路失效时,备份状态的链路必须变为激活状态。

STP 能够自动地完成主、备链路的切换并做到:选择并生成局域网的一个最佳树形拓扑结构、发现故障并进行恢复、自动更新拓扑结构、保证任何时候都选择可能的最佳树形拓扑结构。

局域网的拓扑结构是根据预先设置的配置参数自动计算的。如果参数配置得当,能够生成最佳的树形拓扑结构。

链路聚合技术和生成树协议并不冲突,生成树协议会把链路聚合后的链路当作单个逻辑链路进行生成树的建立,在图 5-1 中的 4 条链路聚合后,就产生了一个端口通道 Port-Channel,这个端口通道在生成树协议的工作中,是作为单链路进行计算的。

生成树协议是一个广义的概念,它包括 STP 以及基于 STP 改进的快速生成树协议(Rapid Spanning-Tree Protocol,RSTP)、多生成树协议(Multiple Spanning-Tree Protocol,MSTP)等,按照改进的情况,把生成树协议的发展分成三代。

第一代:STP/RSTP。

第二代:PVST/PVST+。

第三代:MSTP。

其中,第二代生成树协议 PVST/PVST+(Per VLAN Spanning-Tree)是 Cisco 提出的私有协议,它基于每个 VLAN 生成一个树形逻辑拓扑,保证每个 VLAN 都不存在环路,PVST 不兼容 STP/RSTP。

1. STP

狭义的 STP 是指 IEEE 802.1d 标准。

1) BPDU 帧

交换机之间通过交换网桥协议数据单元(Bridge Protocol Data Units,BPDU)帧获得建立拓扑结构需要的信息,BPDU 帧格式如图 5-3 所示。

很显然,这是一个 IEEE 802.3 SAP 帧。帧头部分包括 6B 的目的地址、6B 的源地址、2B 的帧类型及 3B 的 LLC 首部。数据部分是 35B 的 BPDU 域(如表 5-1 所示),以及为了补

6B	6B	2B	3B	35B	8B	4B
目的MAC地址	源MAC地址	类型	LLC首部	BPDU	填充	帧校验

图 5-3　BPDU 帧格式

齐 64B 最小帧采用的 8B 填充,在 VLAN 环境中,BPDU 帧被封装在 IEEE 802.1q 头部之后。

表 5-1　STP BPDU 域

序号	字　　段	长度	含　　义
1	Protocol ID	2B	0
2	Version	1B	0
3	BPDU Type	1B	Configuration BPDU 帧是 0x00;TCN BPDU 帧是 0x80
4	Flags	1B	最低位＝TC(Topology Change,拓扑改变)标志 0,表示拓扑没有改变;1,表示拓扑改变 最高位＝TCA(Topology Change Acknowledgment,拓扑改变确认)标志 0,表示非拓扑改变确认帧;1,表示拓扑改变确认帧 中间 6 位未使用
5	Root Bridge ID	8B	本交换机所认为的根交换机的 ID
6	Root Path Cost	4B	本交换机到根交换机的路径花费
7	Bridge ID	8B	发送交换机的 ID,由交换机优先级和 MAC 地址组成
8	Port ID	2B	发送 BPDU 端口的 ID,由端口优先级和端口号组成
9	Message Age	2B	本报文的已存活时间
10	Max-Age Time	2B	保存 BPDU 的最长时间,默认 20s
11	Hello Time	2B	定时发送 BPDU 帧的时间间隔,默认 2s
12	Forward-Delay Time	2B	BPDU 全网传输延迟时长,默认 15s

BPDU 帧以组播地址 01-80-C2-00-00-00 为目的地址进行传播。

BPDU 帧有两种类型:Configuration BPDU 和 TCN BPDU。

配置 BPDU(Configuration BPDU)帧由根交换机从指定端口周期性地发送,包括 Root Bridge ID、Bridge ID、Root Path Cost 等参数,非根交换机从根端口收到帧后修改自身参数并转发。

拓扑变更通知(Topology Change Notification,TCN),交换机检测到拓扑变更后,向根交换机的方向发送 TCN BPDU 帧,通知拓扑发生变更。

2)STP 工作原理

STP 的基本思想是在交换机之间传递 Configuration BPDU 帧,比较其中的参数,使每个端口保存着最佳 BPDU 帧。当交换机初始启动 STP 时,所有端口每隔 2s 发送一次 BPDU,当交换机的一个端口收到高优先级的 BPDU(更小的 Bridge ID,更小的 Root Path

Cost 等)时,在该端口保存这些信息,同时向其他端口更新并传播这些信息。如果收到比自己低优先级的 BPDU,交换机就丢弃该信息。这样的机制确保高优先级的信息能够在整个网络中传播,从而根据 STP 算法阻塞存在的冗余链路,建立一个无循环的逻辑树形拓扑结构。工作步骤如下。

(1) 选举一台交换机为根交换机(Root Bridge,RB),选举原则如下。

① 所有交换机首先认为自己是 RB,互相发送 Configuration BPDU 帧。

② 选举 Bridge ID 最小的交换机为 RB,Bridge ID=交换机优先级+Mac 地址(默认优先级为 32 768)。

③ 每个网络中只能有一个 RB。

④ 其他交换机均为非根交换机。

(2) 选举根端口(Root Port,RP),选举原则如下。

① RP 处于非根交换机上。

② 每个非根交换机上有且只能有一个 RP。

③ RP 是非根交换机距离 RB 最近的端口,即到 RB 路径开销最小的端口。

④ 非根交换机通过 RP 接收 BPDU。

(3) 确定指定端口(Designated Port,DP),原则如下。

① RP 不参与竞争 DP。

② 根交换机上的端口都是 DP。

③ 每个网段(冲突域)都会选择一个路径开销最小的端口连接到 RB,该端口为 DP。

(4) 路径开销计算。

路径开销如表 5-2 所示,速度越快,开销越小,相同速率的聚合端口,成员越多,开销越小。

表 5-2　路径开销表

带　　宽	IEEE 802.1d	IEEE 802.1t
10Mb/s	100	2 000 000
100Mb/s	19	200 000
1000Mb/s	4	20 000
10Gb/s	2	2000

如路径开销相同,依次比较 Sender's Bridge ID、Sender's Port ID、本交换机的 Port ID,选取高优先级(数值更小)的端口。

Port ID 由端口优先级和端口号组成(默认端口优先级为 128)。

(5) RP 和 DP 进入 Forwarding 状态。

(6) 其他端口设为 Blocking 状态。

3) 端口的角色和状态

STP 从启动到稳定运行过程中,交换机端口经历了不同的状态和角色,每个端口都在网络中扮演一个角色,用来体现在网络拓扑中的不同作用。

(1) RP,提供最短路径到根交换机的端口。

(2) DP,每个 LAN 通过该端口连接到根交换机。

每个端口有五种状态(Port State)表示是否转发数据包,通过这五种状态控制整个生成树拓扑结构。

(1) Disabled 状态禁用端口。

(2) Blocking 状态阻塞端口,也是端口启用的初始状态,此状态接收 BPDU、不学习源 MAC 地址、不转发数据帧。

(3) Listening 状态接收和发送 BPDU、不转发数据帧、不学习源 MAC 地址,但交换机向其他交换机通告该端口,参与选举根端口或指定端口。

(4) Learning 状态接收和发送 BPDU、不转发数据帧、学习源 MAC 地址。

(5) Forwarding 状态接收和发送 BPDU、正常转发数据帧、学习源 MAC 地址。

4) 网络拓扑变更

BPDU 是由根交换机发送的,当网络拓扑结构发生变更,出现以下几种情况时,交换机发送 TCN BPDU。

(1) 处于转发状态或监听状态的端口,变为阻塞状态。

(2) 处于未启用状态的端口进入转发状态,并且交换机上有其他的转发端口。

(3) 交换机从指定端口接收到 TCN BPDU。

(4) 端口 Up 或 Down 状态的转换导致交换机发 TCN BPDU。

(5) TCN BPDU 发送到根交换机。

TCN BPDU 发送过程如下。

(1) 当网络拓扑发生变化时,交换机会从自己的根端口向外发送 TCN BPDU。

(2) 接收到 TCN BPDU 的交换机向发送者发送 TCA 报文,表示对接收 TCN 的确认。

(3) 根交换机接收到 TCN BPDU 后向网络中其他交换机发送 TC BPDU,表示拓扑发生变化。

(4) 收到 TC BPDU 的交换机将 MAC 地址表老化时间设为 15s(默认是 300s)。

5) STP 定时器

STP 有 3 个定时器,分别如下。

(1) Hello Time,根交换机发送 BPDU 报文的时间间隔就是 Hello Time,默认是 2s。

(2) Max-Age,如果交换机发现某个根端口一段时间都没有收到 BPDU 则认为网络中拓扑发生变化,则向根交换机发送 TCN BPDU,这段时间就是最大生存时间,默认为 20s。

(3) Forward-Delay Time,转发延迟时间,是端口停留在监听状态和学习状态的时间,默认为 15s。

从图 5-4 中可以看出,STP 的计时器作用在不同的阶段后,导致交换机的端口收敛速度变慢。

6) STP 收敛过程分析

分析如图 5-5 所示拓扑,说明 STP 如何把具有环路的网络拓扑生成一个树形结构。

收敛过程分析如下。

(1) 选举根交换机。

比较四个交换机的 Bridge ID,四个交换机的优先级都是 32 768,优先级相等,再比较交换机的 MAC 地址,Switch 1 的 MAC 地址最小,所以 Switch 1 的 Bridge ID 最小,根交换机

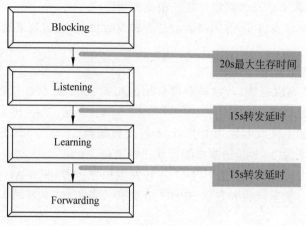

图 5-4　计时器的作用点

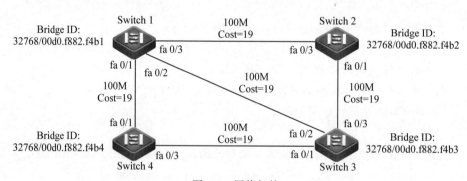

图 5-5　网络拓扑

是 Switch 1,Switch 2、Switch 3 和 Switch 4 是非根交换机。

（2）选举根端口。

根端口在非根交换机上,所以考虑 Switch 2、Switch 3、Switch 4。

Switch 2 端口到根交换机的路径开销：fa 0/3 是直连,Root Path Cost＝19,fa 0/1 通过 Switch 3 连接根交换机,Root Path Cost＝19＋19,fa 0/3 是 Switch 2 的根端口。

Switch 3 端口到根交换机的路径开销：fa 0/2 是直连,Root Path Cost＝19,fa 0/1 通过 Switch 4 连接根交换机,Root Path Cost＝19＋19,fa 0/3 通过 Switch 2 连接根交换机,Root Path Cost＝19＋19,所以 fa 0/2 是 Switch 3 的根端口。

Switch 4 端口到根交换机的路径开销：fa 0/1 是直连,Root Path Cost＝19,fa 0/3 通过 Switch 3 连接根交换机,Root Path Cost＝19＋19,所以 fa 0/1 是 Switch 4 的根端口。

（3）选举指定端口。

在 Switch 1 到 Switch 2 的网段上：Switch 1 的 fa 0/3 是根交换机本身端口,路径开销是 0,Switch 2 的 fa 0/3 到根交换机的路径开销是 19,所以 Switch 1 到 Switch 2 的物理网段上,Switch 1 的 fa 0/3 是指定端口（根交换机的端口都是 DP）；

在 Switch 1 到 Switch 3 的网段上：Switch 1 的 fa 0/2 是根交换机本身端口,路径开销是 0,Switch 3 的 fa 0/2 到根交换机的路径开销是 19,所以 Switch 1 到 Switch 3 的物理网段上,Switch 1 的 fa 0/3 是指定端口。

在 Switch 1 到 Switch 4 的网段上：Switch 1 的 fa 0/1 是根交换机本身端口，路径开销是 0，Switch 4 的 fa 0/1 到根交换机的路径开销是 19，所以 Switch 1 到 Switch 4 的物理网段上，Switch 1 的 fa 0/1 是指定端口。

在 Switch 2 到 Switch 3 的网段上：Switch 2 的 fa 0/1 和 Switch 3 的 fa 0/3 到根交换机的路径开销都是 19，比较两端口的 Sender's Bridge ID，Switch 2 的 fa 0/1 的 Sender's Bridge ID 是 32768/00d0.f882.f4b3，而 Switch 3 的 fa 0/3 的 Sender's Bridge ID 是 32768/00d0.f882.f4b2，所以在 Switch 2 到 Switch 3 的网段上，Switch 3 的 fa 0/3 是指定端口。

在 Switch 3 到 Switch 4 的网段上：Switch 3 的 fa 0/1 和 Switch 4 的 fa 0/3 到根交换机的路径开销都是 19，比较两端口的 Sender's Bridge ID，Switch 3 的 fa 0/1 的 Sender's Bridge ID 是 32768/00d0.f882.f4b4，而 Switch 4 的 fa 0/3 的 Sender's Bridge ID 是 32768/00d0.f882.f4b3，所以在 Switch 3 到 Switch 4 的网段上，Switch 4 的 fa 0/3 是指定端口。

（4）阻塞端口。

Switch 2 的 fa 0/3，Switch 3 的 fa 0/2，Switch 4 的 fa 0/1 是根端口，进入 Forwarding 状态；Switch 1 的 fa 0/1、fa 0/2、fa 0/3，Switch 3 的 fa 0/3 及 Switch 4 的 fa 0/3 是指定端口，进入 Forwarding 状态；Switch 2 的 fa 0/1，Switch 3 的 fa 0/1 既不是根端口，也不是指定端口，进入 Blocking 状态。

（5）无环路的树形拓扑生成，如图 5-6 所示。

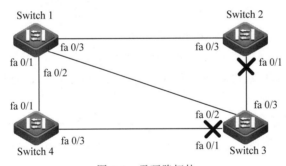

图 5-6　无环路拓扑

2. RSTP

STP 是选好端口角色后等待 30s（即 Forward-Delay Time 的 2 倍，Forward-Delay Time 默认 15s）后再 Forwarding 的，而且每当拓扑结构发生变化后，每个交换机的根端口和指定端口都需要经过 30s 再 Forwarding，因此整个网络拓扑稳定为一个树形结构大约需要 50s 的时间，速度较慢。

为了解决 STP 收敛速度慢的问题，在 IEEE 802.1d 协议的基础上进行了改进，制定了 IEEE 802.1w 协议，即快速生成树协议（RSTP）。RSTP 改进的目的就是当网络拓扑结构发生变化时，尽可能快地恢复网络的连通性。

1）RSTP 的改进

RSTP 完全向下兼容 IEEE 802.1d 协议，除了和传统的 STP 一样具有避免回路、提供冗余链路功能外，最主要的特点就是"快"。如果一个局域网内的交换机都支持 RSTP 且配置得当，一旦网络拓扑改变到重新生成拓扑树不超过 1s 的时间。

(1) 引进新的端口角色。

替换端口(Alternate Port)是根端口的备份口,一旦根端口失效,该端口就立刻变为根端口。当拓扑发生改变时,在新拓扑中的根端口可以立刻进入转发状态。

备份端口(Backup Port)是指定端口的备份口,当一个网桥有两个端口都连在同一个网段上,那么高优先级的端口为指定端口,低优先级的端口为备份端口。

(2) 快速进入转发状态。

在点对点链路中,指定端口可以通过与相连的网桥进行一次握手就快速进入转发状态。握手请求报文是 Proposal,握手应答报文是 Agreement。

以上的"握手"过程是有条件的,就是端口间必须是 Point-to-Point Connect(点对点连接①)。如果是非点对点连接的共享链路,下游网桥是不会响应上游指定端口发出的握手请求的,只能等待两倍 Forward-Delay Time 的时间进入转发状态。

(3) 边缘端口直连。

网络的边缘端口(Edge Port)是直接与终端相连的端口,收到 BPDU 后直接进入转发状态,不需要任何等待时延。由于设备无法知道是否与终端直连,因此边缘端口需要人工配置。

(4) 相邻交换及互发 BPDU。

所有相邻的交换机都相互发送 BPDU。

2) 端口角色

在 RSTP 中,端口的角色定义如下。

(1) 根端口是提供最短路径到根交换机的端口。

(2) 指定端口,每个网段都通过该端口连接到根交换机。

(3) 替换端口,从非根端口收到比本地更优的 BPDU 的端口,是到根交换机的一个替代路径。

(4) 备份端口,指定端口的备份端口,当一个交换机有两个端口都连在同一个网段时,高优先级的端口为指定端口,低优先级的端口为备份端口,备份端口提供了同一链路的冗余连接。

(5) 失效端口(Disable Port),当前不处于活动状态的端口,即 Operation State 为 Down 的端口都属于失效端口。

3) 端口状态

与 STP 不同,RSTP 的端口只有三种状态表示是否转发数据包。

(1) Discarding 是丢弃状态,此状态下交换机不发送 BPDU,不转发数据帧,不学习 MAC 地址。

(2) Learning 是学习状态,此状态下交换机可以发送 BPDU,但不转发数据帧,学习 MAC 地址。

(3) Forwarding 是转发状态,此状态下交换机可以发送 BPDU,正常转发数据帧,学习

---

① 可以在端口的连接类型 Link-Type 上配置是不是"点对点连接"。当不设置该值时,交换机会根据端口的"双工"状态来自动设置,全双工的端口将 Link Type 设置为 Point-to-Point,半双工设置为 Shared。可以通过设置 Link -Type 来决定端口的连接是不是"点对点连接",详见 Link-Type 配置命令。

MAC 地址。

对稳定的网络拓扑,只有根端口和指定端口进入 Forwarding 状态,其他端口都处于 Discarding 状态。

4）BPDU 帧格式

RSTP 的 BPDU 帧格式与 STP 的 BPDU 帧格式相同,但是对 BPDU 域中的 Flag 字段做了改变,将 STP 中未使用的位都使用起来,如表 5-3 所示。RSTP 中,根交换机与非根交换机都会发送 BPDU 帧。

表 5-3　RSTP 第 2 版 BPDU 域

序号	字　　段	长度	含　　义
1	Protocol ID	2B	0x0000
2	Version	1B	0x02
3	BPDU Type	1B	0x02
4	Flags	1B	最低位 0 位＝TC(Topology Change,拓扑改变)标志 0,表示拓扑没有改变;1,表示拓扑改变 1 位：Proposal 标志位,表示该 BPDU 为快速收敛机制中的 Proposal 报文 第 2 位、第 3 位为端口角色标志位 2 位　0　　　　0　　　　　　1　　　　　1 3 位　0　　　　1　　　　　　0　　　　　1 　未知端口　替换或备份口　根端口　指定端口 4 位：Learning 标志位,表示端口处于 Learning 状态 5 位：Forwarding 标志位,表示端口处于 Forwarding 状态 6 位：Agreement 标志位,表示该 BPDU 为快速收敛机制中的 Agreement 报文 最高位 7 位＝TCA(Topology Change Acknowledgment,拓扑改变确认)标志 　0,表示非拓扑改变确认帧;1,表示拓扑改变确认帧
5	Root Bridge ID	8B	本交换机所认为的根交换机的 ID
6	Root Path Cost	4B	本交换机到根交换机的路径花费
7	Bridge ID	8B	发送交换机的 ID,由交换机优先级和 MAC 地址组成
8	Port ID	2B	发送 BPDU 端口的 ID,由端口优先级和端口号组成
9	Message Age	2B	本报文的已存活时间
10	Max-Age Time	2B	保存 BPDU 的最长时间,默认 20s
11	Hello Time	2B	定时发送 BPDU 帧的时间间隔,默认 2s
12	Forward-Delay Time	2B	BPDU 全网传输延迟时长,默认 15s
13	Version 1 Length	1B	0x00,表示本 BPDU 中不包含 Version 1

5）工作过程

（1）选举根交换机。

（2）选举根端口。

（3）选举指定端口,(1)～(3)步的选举原则与 STP 基本相同。

（4）其余端口为替代端口或备份端口。

RSTP 收敛过程是分段收敛的。当收到 Proposal 置位的 BPDU,交换机会把所有非接收端口以外的端口置为同步(SYN)状态(如果本身端口是同步的,就保持原状态,如果端口是指定端口,则将该指定端口变为 Block 状态),当两台交换机确定根端口和指定端口后,根端口会向指定端口发送 Agreement 置位的 BPDU,端口的角色就收敛了。其他链路端口收敛的方法类似。

6）RSTP 收敛过程分析

以如图 5-7 所示拓扑结构为例,分析 RSTP 的收敛过程。

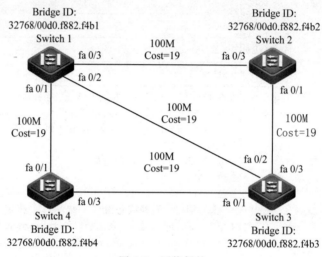

图 5-7　网络拓扑

（1）选举根交换机。

每台交换机都从非边缘端口发送 BPDU 到相邻交换机,选举自己为根交换机。相邻交换机收到该 BPDU 后,与本机 BPDU 的 Bridge ID 进行比较,如果 ID 值更小,则选举该 BPDU 所标识的交换机为根交换机,并保存此 BPDU 与接收端口信息,同时向其他端口转发更优的 BPDU。所有交换机通过比较 BPDU,最终选举出根交换机。

如图 5-7 所示,Switch 1～4 启动 RSTP 后,分别向相邻交换机发送 BPDU。Switch 2 通过 fa 0/3 端口、Switch 3 通过 fa 0/2 端口、Switch 4 通过 fa 0/1 端口接收到 Switch 1 发送的 BPDU 后,发现 Switch 1 的 Bridge ID 更小,因此四台交换机一致选举 Switch 1 为根交换机。

（2）选举根端口、指定端口、备份端口及替代端口。

根交换机选出后,会发出一个 Proposal 的 BPDU 给所有相邻的交换机,相邻交换机接收后,会把本机的其他端口状态变为 SYN 状态(SYN 状态对边缘端口没有影响,但会把连接其他交换机的端口阻塞掉)。

例如,Switch 1 被选为根交换机后,发出 Proposal 的 BPDU 给 Switch 2、Switch 3、Switch 4,在根路径成本里标识为 0,当 Switch 2、Switch 3、Switch 4 收到后,Switch 2 将 fa 0/1 置为 SYN 状态,暂时阻塞;Switch 3 将 fa 0/1、fa 0/3 置为 SYN 状态,暂时阻塞;Switch 4 将 fa 0/3 置为 SYN 状态,暂时阻塞,同时将根路径成本进行路径成本的叠加。

然后,返回 Agreement 的 BPDU 给 Switch 1,一方面是对 Switch 1 发出的 Proposal 的 BPDU 的最优确认,同时对相连端口状态的确认,即该端口变成根端口(或指定端口,Switch 2、Switch 3、Switch 4 目前没有根端口,根据端口角色选举顺序,成为根端口)。因此, Switch 2 的 fa 0/3、Switch 3 的 fa 0/2、Switch 4 的 fa 0/1 端口成为根端口,状态变为转发状态。Switch 1 收到 Agreement 置位的 BPDU,发现根路径成本比自己发出的高,把 fa 0/1、 fa 0/2、fa 0/3 的角色都变指定端口,状态变为转发状态。

最后,Switch 2、Switch 3、Switch 4 向除 Switch 1 之外的交换机发送 Proposal 置位的 BPDU,如图 5-7 所示,Switch 2 与 Switch 3、Switch 3 与 Switch 4 互相发送。Switch 2 与 Switch 3 之间,Switch 2 的 fa 0/1 与 Switch 3 的 fa 0/3 到根交换机的路径开销相同,比较 Sender's ID,Switch 3 的 fa 0/3 的 Sender's ID 小,所以 Switch 3 的 fa 0/3 选举为指定端口。

Switch 3 与 Switch 4 之间的选举过程相同,因此 Switch 4 的 fa 0/3 为指定端口。

(3) 选举备份端口及替代端口。

Switch 2 的 fa 0/1 与 Switch 3 的 fa 0/1 为非指定端口。这两个端口都不符合备份端口的定义,因此,都被确定为替代端口,被阻塞。

(4) 无环路的拓扑结构生成,与图 5-6 相同。

3. MSTP

MSTP 对应的标准是 IEEE 802.1s,它是在传统的 STP、RSTP 基础上发展而来的新的生成树协议,包含了 RSTP 的快速转发机制。由于传统的生成树协议与 VLAN 没有联系,因此在多 VLAN 的网络拓扑环境下会产生问题。如图 5-8 所示的拓扑结构,Switch 1 和 Switch 4 属于 VLAN 10,Switch 2 和 Switch 3 属于 VLAN 20。

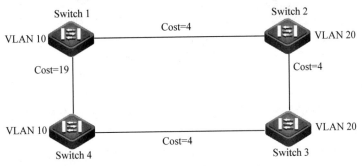

图 5-8 多 VLAN 环境下的环路

启动 STP 或 RSTP 后,如图 5-9 所示,Switch 1 直连 Switch 4 的链路被阻塞。

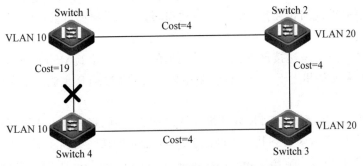

图 5-9 多 VLAN 环境下的 STP/RSTP

由于 Switch 2、Switch 3 不包含 VLAN 10，无法转发 VLAN 10 的数据，Switch 1 的 VLAN 10 无法与 Switch 4 的 VLAN 10 通信。

MSTP 就是为了解决多 VLAN 环境下的环路问题产生的。MSTP 把一台设备的一个或多个 VLAN 划分为一个实例（Instance），每个 VLAN 只能映射到一个实例上，有着相同实例配置的设备组成一个多生成树域（Multiple Spanning-Tree Region，MSTR），运行独立的内部生成树（Internal Spanning-Tree，IST）；每个 MSTR 相当于一个大的设备整体，与其他 MSTR 进行 RSTP 生成树算法运算，得出一个整体的生成树，称为公共生成树（Common Spanning-Tree，CST）。如图 5-8 所示的网络拓扑配置 MSTP 后形成了如图 5-10 所示的拓扑结构，Switch 2 和 Switch 3 在 MSTR 1 内，MSTR 1 没有环路产生，所以没有链路被 Discarding，同理，MSTR 2 也一样。然后 MSTR 1 和 MSTR 2 分别相当于两个整体设备，这两台设备间有环路，根据相关配置选择一条链路 Discarding。这种配置，既避免了环路的产生，也能让相同 VLAN 间的通信不受影响。

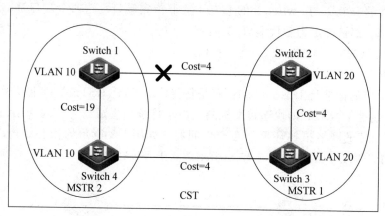

图 5-10　多 VLAN 环境下的 MSTP

1）基本概念

实例：实例是一个或多个 VLAN 的集合。可以把一个或多个相同拓扑结构的 VLAN 映射到某一个实例中。

MSTR：MSTR 由启动了 MSTP、具有相同域名、相同 VLAN 映射关系及相同 MSTP 配置，并且物理上有链路连通的交换机及交换机之间的网段构成。一个 MSTR 相当于一个设备整体，一个网络可以划分多个 MSTR。

MSTI：多生成树实例（Multiple Spanning-Tree Instance，MSTI）是指一个 MSTR 内通过 MSTP 生成的、彼此间相互独立的多个生成树，每个生成树都可以称为一个 MSTI。每个 MSTI 映射一个或多个 VLAN，并计算出一个独立的生成树。

CST：公共生成树是连接网络内 MSTR 的单生成树，属于 MSTR 间的生成树。每个 MSTR 对 CST 来说都相当于一个大的设备整体，不同的 MSTR 生成一个大的网络拓扑树，称为 CST。

IST：内部生成树属于 MSTR 内的生成树，MSTR 内的每一棵生成树都对应一个实例，IST 的实例号为 0，没有映射到其他实例的 VLAN 都会默认映射到实例 0 上，即 IST 上。

CIST：公共和内部生成树（Common Internal Spanning-Tree，CIST）是整个网络所有设

备经过计算得到的生成树。

CST、IST、MSTI 和 CIST 的关系：划分 MSTR 后，每个域内都按照各个 Instance 所设置的 Bridge Priority、Port Priority 等参数选出各个 Instance 独立的根交换机，以及每台设备上各个端口的端口角色，然后按照端口角色指定该端口在该 Instance 内是 Forwarding 状态还是 Discarding 状态。经过 MSTP BPDU 的交换，IST 就生成了，而各个 Instance 也独立地有了自己的生成树，即 MSTI。其中，Instance 0 所对应的生成树与 CST 共同称为 CIST，每个 Instance 都为各自的"VLAN 组"提供了一条单一的、不含环路的网络拓扑。

CIST 域根：CIST 域根是一个局部概念，是相对于某个域的某个实例而言的，是在 MSTR 内距离总根最近的交换机。

MSTI 域根：MSTI 域根是每一个 MSTI 上优先级最高的交换机，可以根据 MSTI 来配置该 MSTI 中域根的优先级。

总根：总根是一个全局概念，所有互连的运行 STP、RSTP 或 MSTP 的交换机只能有一个总根，也就是 CIST 的根，是整个网络中优先级最高的交换机，也是 CIST 中的根交换机。

2）如何划分 MSTR

合理划分 MSTR 是 MSTP 运行的第一步，相同 MSTR 内的设备"MST 配置信息"一定要相同。MST 配置信息包括：

（1）MST Configuration Name，MST 域名，最长可用 32B 的字符串标识 MSTR。

（2）MST Revision Level，16 位的修订版本，默认值为 0。

（3）MST Format Selector，格式选择，固定值为 0x00。

（4）MST Instance-VLAN 映射表，每台设备最多可创建 64 个 Instance(ID 从 1 到 64)，Instance 0 是默认存在的，所以系统共支持 65 个 Instance。可以根据需要分配 1～4094 个 VLAN 属于不同的 Instance(Instance 0～Instance 64)，未分配的 VLAN 默认属于 Instance 0。这样，每个 MSTI 就组成一个"VLAN 组"，根据 BPDU 里的 MSTI 信息进行 MSTI 内部的生成树算法，不受 CIST 和其他 MSTI 的影响。

在以上 4 个配置信息中，域名、格式选择和修订版本在 BPDU 报文中有对应的字段，Instance-VLAN 映射表在 BPDU 报文中由配置摘要（Configuration Digest）字段体现，配置摘要是根据 VLAN 和实例的映射关系得到的 16B 的签名。上述 4 个配置信息相同且相互连接的交换机被认为属于同一个域。

（5）用 Spanning-Tree MST Configuration 全局配置命令进入"MST 配置模式"配置以上信息。MSTP BPDU 中附带以上信息，如果一台设备收到的 BPDU 的 MST 配置信息和自身的配置信息相同，就认为该端口连接的设备和自己属于同一个 MSTR，否则属于其他 MSTR。

（6）建议在关闭 STP 的模式下配置 Instance-VLAN 映射表，配置完成后再启动 MSTP，以保证网络拓扑的稳定和收敛。

3）端口角色

MSTP 端口比 RSTP 多了主端口（Master）和域边界端口两个角色。Master 端口是 Master 交换机与总根相连的端口；域边界端口是 MST 域内交换机和其他 MST 域或 STP/RSTP 交换机相连的端口，Master 端口也可以是域边界端口。

交换机上的根端口、指定端口、替换端口、备份端口的定义与 RSTP 相同。

4）BPDU 帧格式

MSTP 的 BPDU 帧格式如表 5-4 所示。

表 5-4　MSTP BPDU 帧

序号	字　段	长度	含　义
1	Protocol ID	2B	0x0000，表示 STP
2	Protocol Version ID	1B	0x03，表示 MSTP
3	BPDU Type	1B	0x02，表示 RSTP 或 MSTP BPDU
4	CIST Flags	1B	CIST 的标志位
5	CIST Root ID	8B	CIST 总根 ID
6	CIST External Path Root Cost	4B	CIST 外部路径花费
7	CIST Region Root ID	8B	CIST 域根 ID
8	CIST Port ID	2B	CIST 指定端口的 ID
9	Message Age	2B	本报文的已存活时间
10	Max-Age Time	2B	保存 BPDU 的最长时间
11	Hello Time	2B	定时发送 BPDU 帧的时间间隔
12	Forward-Delay Time	2B	BPDU 全网传输延迟时长
13	Version 1 Length	1B	0x00，表示本 BPDU 中不包含 Version 1
以下为 MSTP 专有字段			
14	Version 3 Length	2B	MST 专有字段长度，该字段用户接收到 BPDU 后进行校验
15	MST Configuration ID	51B	MST 配置标识，包含四个字段，如下。 Format Selector：1B，格式选择，固定为 0x00 Name：32B，Configuration Name，MST 域名 Revision Level：2B，修订版本；Config Digest：16B，配置摘要
16	CIST Internal Root Path Cost	4B	CIST 内部路径开销，表示发送此 BPDU 的交换机到 CIST 域根的路径开销
17	CIST Bridge ID	8B	发送此 PBDU 的交换机 ID
18	CIST Remaining Hops	1B	CIST 剩余跳数，用来限制 MST 的规模，默认值为 20
19	MSTI configuration message		包含 0 个或最多 64 个 MSTI 信息，MSTI 配置信息数由域内 MST 实例数决定，每一个 MSTI 配置信息长度为 16B （1）MSTI Flags：1B，第 1～7 位跟 RSTP 定义相同，第 8 位为 Master 标志位，取代了 RSTP 中的 TCA 标志位。 （2）MSTI Region Root ID：8B，MST 实例的域根的 ID。 （3）MSTI IRPC：4B，发送此 BPDU 的交换机到达 MSTI 域根的路径开销。 （4）MSTI Bridge Priority：1B，发送此 BPDU 的交换机（指定交换机）的优先级。 （5）MSTI Port Priority：1B，发送此 BPDU 的端口（指定端口）的优先级。 （6）MSTI Remaining Hops：1B，BPDU 在该 MST 实例中的剩余跳数

注意：Hop Count 机制。

IST 和 MSTI 不采用 Message Age 和 Max-Age 计算 BPDU 超时问题，而是采用类似 IP 报文 TTL 的机制来计算，即 Hop Count 机制，配置时使用 Spanning-Tree Max-Hops 全局配置命令设置 Hop Count。在域内，从 Region Root Bridge 开始，每经过一个设备，Hop Count 值就会减 1，直到为 0 表示 BPDU 信息超时，设备收到 Hop Count 的值为 0 的 BPDU 就丢弃。为了和域外的 STP、RSTP 兼容，MSTP 依然保留了 Message Age 和 Max-Age 的机制。

5）工作原理

MSTP 计算包括 CIST 和 MSTI 计算。

（1）CIST 优先级向量。

CIST 优先级向量包括总根 ID（CIST Root ID）、外部路径开销（External Path Root Cost，EPRC）、域根 ID（Region Root ID）、内部路径开销（Internal Root Path Cost，IRPC）、指定交换机 ID（Designate Bridge ID）、指定端口 ID（Designate Port ID）、接收端口 ID（Receive Port ID），比较原则为"最小最优先"，具体原则如下。

① 先比较 CIST 的 Root ID，小者优先。

② 若 Root ID 相同，则比较 CIST 的 EPRC，小者优先。

③ 若 EPRC 相同，则比较 CIST 的 Region Root ID，小者优先。

④ 若 Region Root ID 相同，则比较 CIST 的 IRPC，小者优先。

⑤ 若 IRPC 相同，则比较 CIST 的 Designate Bridge ID，小者优先。

⑥ 若 Designate Bridge ID 相同，则比较 Designate Port ID，小者优先。

⑦ 若 Designate Port ID 相同，则比较 Receive Port ID，小者优先。

经过 CIST 的比较计算，生成一个贯穿整个网络的生成树。

（2）MSTI 优先级向量。

MSTI 优先级向量包括域根 ID（Region Root ID）、内部路径开销（Internal Root Path Cost，IRPC）、指定交换机 ID（Designate Bridge ID）、指定端口 ID（Designate Port ID）、接收端口 ID（Receive Port ID），比较原则为"最小最优先"，具体原则参考 CIST 比较原则。

每一个 MSTI 都进行独立的比较计算，在域内生成多棵独立的生成树。

（3）MSTP 计算方法。

每个 BPDU 报文中既包括计算 CIST 的信息，也包含计算 MSTI 的信息，因此在计算 MSTI 的时候不需要单独发送 BPDU 报文，当交换机在域内进行 IST 计算时，域内的每个 MSTI 树也同时计算生成。

在进行 CST 计算时，会把每个 MST 域作为一个逻辑的交换机，其中交换机 ID 为 IST 域根 ID。当交换机接收 BPDU 并判断来自不同域时，它不会解析 MST 专有字段的信息，因此，MSTI 的计算仅限于区域内。

由于交换机端口在不同的实例中担任不同的角色，所以可能会出现交换机端口既发送 BPDU 也接收 BPDU 的情况。

（4）CST 计算过程。

在 MST 域内的初始状态下，每个交换机都会认为自己是总根，从而向外发送自身为总根、域根、指定交换机的 BPDU 报文。各交换机收到 BPDU 后开始进行优先级向量的比较并确定总根、域根、指定桥以及端口的角色。

CST 计算时将不同的 MST 域看作逻辑设备，交换机 ID 为 IST 的域根 ID。CST 的计算过程分为以下 5 个步骤。

① 初始时，每个域"交换机"由域内优先级最高的交换机表示，此时优先级最高的交换机为初始 CIST 域根，该域"交换机"向其他域发送以该域根为总根的 BPDU，EPRC 为 0。

② 经过 RSTP 计算可以确定域"根交换机"，该域包括整个网络中优先级最高的交换机，即 CIST 总根。

③ 经过 EPRC 可以确定每个域"交换机"的端口角色，域"交换机"的"根端口"即为域的 Master 端口，该 Master 端口所在的交换机即为新的 CIST 域根。

④ 一个域可能有多个域边界端口，在确定 Master 端口后，通过比较 BPDU 的优先级，可以确定域边界端口角色为指定端口、替换端口和备份端口。

⑤ 阻塞域之间的替换端口和备份端口。

（5）IST 计算过程。

CIST 计算完成之后，确认了 CIST 域根。域内以 CIST 域根为根交换机，结合 IRPC 确认各交换机端口角色，最终得到 IST。

IST 计算所需要的优先级向量包含：域根、IPRC、指定交换机 ID、指定端口 ID、接收端口 ID。

每个域都进行 IST 计算，得到每一个域的 IST，结合之前域间计算的 CST，最终得到整个网络的 CIST。

（6）MSTI 的计算。

在 IST 计算过程中，交换机通过交互 BPDU 中的 MST 配置信息可以同时确定 MST 实例的根交换机以及端口角色。可以为交换机指定不同实例中的优先级。

MSTP 和 RSTP 的互操作：

① 当运行 MSTP 的交换机和运行 RSTP/STP 的交换机一起工作时，RSTP/STP 交换机会将 MSTP 域看作一个交换机 ID 为域根 ID 的 RSTP 交换机。

② 当 RSTP/STP 交换机收到 MST BPDU 后，会提取 BPDU 中的（Root ID、EPRC、Region Root ID、Designate Port ID）作为 RSTP/STP 计算所需的优先级向量（Root ID、RPC、Designate Bridge ID、Designate Port ID）。

③ 当 MSTP 交换机收到 RSTP/STP BPDU 后，会将 BPDU 中的信息（Root ID、RPC、Designate Bridge ID、Designate Port ID）对应到 MSTP 计算所需要的优先级向量中，其中，Designate Bridge ID 既可以作为 MSTI 优先级向量中的 Region Root ID，也可作为 Designate Bridge ID，IRPC 设置为 0。

MSTP 的 P/A 机制。在 MSTP 中，在上游交换机发送的 Proposal BPDU 中，Proposal 和 Agreement 均置位，下游交换机接收到 Proposal 和 Agreement 置位的 BPDU 后，执行同步操作然后回应 Agreement 置位的 BPDU，使得上游指定端口快速进入转发状态。

6）MSTP 和 RSTP/STP 的兼容

对于 STP，MSTP 通过发送 STP BPDU 兼容；对于 RSTP，其本身会处理 MSTP BPDU 中的 CIST 部分，因此 MSTP 不专门发送 RSTP BPDU 来兼容它。每台运行 STP 或 RSTP 的设备都是一个单独的域，不与其他任何设备组成同一个域。

5.2.3　生成树协议配置

1. 锐捷交换机的默认配置

STP 的默认值如表 5-5 所示。

表 5-5　STP 的默认值

序　号	项　目	默　认　值
1	Enable State	Disable
2	STP Mode	MSTP
3	STP Priority	32 768
4	STP Port Priority	128
5	STP Port Cost	根据端口速率自动判断
6	Hello Time	2s
7	Forward-Delay Time	15s
8	Max-Age Time	20s
9	Path Cost 的默认计算方法	长整型
10	Tx-Hold-Count	3
11	Link-Type	根据端口双工状态自动判断
12	Maximum Hop Count	20
13	VLAN 与实例的对应关系	所有 VLAN 属于实例 0 只存在实例 0

在设备配置过程中,可通过 Spanning-Tree Reset 命令让 Spanning-Tree 参数恢复到默认配置(不包括关闭 Spanning-Tree)。

2. Spanning-Tree 协议配置

1) 启动、关闭 Spanning-Tree

在全局配置模式下,启动命令格式为:

```
spanning-tree
```

关闭命令格式为:

```
no spanning-tree
```

配置举例:启动交换机 Spanning-Tree 功能。

```
switch_jiaoxue#configure terminal
switch_jiaoxue(config)#spanning-tree
```

2) 配置 Spanning-Tree 协议类型

在全局配置模式下,命令格式为:

```
spanning-tree mode stp|rstp|mstp
```

从 MSTP 模式切换到 RSTP 或 STP 模式时，有关 MSTR 的所有信息将被清空。

配置举例：启动交换机的 STP 功能。

```
switch_jiaoxue#configure terminal
switch_jiaoxue(config)#spanning-tree stp
```

3）配置交换机优先级

设置交换机的优先级（Switch Priority）关系到哪个设备能成为整个网络的根交换机。在配置过程中，可以把核心交换机的优先级设高（数值小），使之成为根交换机，有利于整个网络的稳定。

交换机优先级的设置值共有 16 个，都是 4096 的整数倍，分别是 0、4096、8192、12 288、16 384、20 480、24 576、28 672、32 768、36 864、40 960、45 056、49 152、53 248、57 344、61 440。

在全局配置模式下，命令格式为：

```
spanning-tree priority priority
```

其中，**priority** 为要设置的优先级的具体数值。

用 no spanning-tree priority 全局配置命令可以恢复到默认值。

4）配置端口优先级

当多个端口连接在一个共享介质上，交换机会选一个高优先级（数值小）的端口进入 Forwarding 状态，其他端口进入 Discarding 状态。如果多个端口的优先级一样，就选端口号最小的进入 Forwarding 状态。

可配置的优先级值共有 16 个，都是 16 的整数倍，分别是 0、16、32、48、64、80、96、112、128、144、160、176、192、208、224、240。

在接口配置模式下，命令格式为：

```
spanning-tree port-priority priority
```

其中，priority 是要配置的优先级的具体数值。

用 no spanning-tree port-priority 接口配置命令可以恢复到默认值。

5）配置端口的路径开销

设备是根据端口到根交换机的 Path Cost 总和最小而选定根端口的，因此 Port Path Cost 的设置关系到本设备的根端口。默认值是按接口的链路速率（The Media Speed）自动计算的，速率高的花费小，没有特别需要可不必更改默认配置。

在接口配置模式下，命令格式为：

```
spanning-tree cost cost
```

其中，**cost** 为具体的路径开销值，取值范围为 1～200 000 000。

用 no spanning-tree cost 接口配置命令可以恢复到默认值。

6）配置 Hello Time

配置交换机定时发送 BPDU 报文的时间间隔。在全局配置模式下，命令格式为：

```
spanning-tree hello-time seconds
```

其中,seconds 取值范围为 1~10s。

用 no spanning-tree hello-time 全局配置命令可以恢复到默认值。

7）配置 Forward-Delay Time

配置端口状态改变的时间间隔。在全局配置模式下,命令格式为:

```
spanning-tree forward-time seconds
```

其中,seconds 取值范围为 4~30s。

用 no spanning-tree forward-time 全局配置命令可以恢复到默认值。

8）配置 Max-Age Time

配置 BPDU 报文消息生存的最长时间。在全局配置模式下,命令格式为:

```
spanning-tree max-age seconds
```

其中,seconds 取值范围为 6~40s。

用 no spanning-tree max-age 全局配置命令可以恢复默认值。

9）配置 Tx-Hold-Count

配置每秒钟最多发送的 BPDU 个数。在全局配置模式下,命令格式为:

```
spanning-tree tx-hold-count numbers
```

其中,numbers 取值范围为 1~10。

用 no spanning-tree tx-hold-count 全局配置命令可以恢复到默认值。

3. RSTP 配置

RSTP 模式下的配置命令除 STP 包含的命令外,还包含对端口连接类型进行设置的命令。

配置端口的连接类型是不是“点对点连接”,关系到 RSTP 是否能够快速收敛。当不设置该值时,设备会根据端口的“双工”状态来自动设置的,全双工的端口就设 Link-Type 的值为 Point-to-Point,半双工就设为 Shared。也可以强制设置 Link-Type 的值来决定端口的连接是不是“点对点连接”。

在接口配置模式下,命令格式为:

```
spanning-tree link-type point-to-point |shared
```

其中,端口连接类型是 Point-to-Point 或者 Shared。默认值为根据端口“双工”状态来自动判断是不是“点对点连接”。全双工为“点对点连接”可以快速进入转发状态。

用 no spanning-tree link-type 接口配置命令可以恢复到默认值。

4. MSTP 配置

MSTP 模式下的配置命令除 STP/RSTP 包含的命令外,还有以下配置命令。

1）配置交换机优先级

可以给不同的 Instance 分配不同的优先级,各个 Instance 可根据这些值运行独立的生成树协议。对于不同域间的交换机,它们只关心 CIST(Instance 0)的优先级。

在全局配置模式下,命令格式为:

```
spanning-tree [mst instance-id] priority priority
```

针对不同的 Instance 配置交换机的优先级。其中，不加 mst 参数时，对 Instance 0 进行配置。instance-id，范围为 0～64；**priority** 为要设置的优先级的具体数值。

用 no spanning-tree mst instance-id priority 全局配置命令可以恢复到默认值。

2）配置端口优先级

当多个端口连在一个共享介质上，交换机会选一个高优先级（数值小）的端口进入 Forwarding 状态，其他端口进入 Discarding 状态。如果多个端口的优先级一样，就选端口号最小的进入 Forwarding 状态。可以在一个端口上给不同的 Instance 分配不同的端口优先级，各个 Instance 可根据这些值运行独立的生成树协议。

在接口配置模式下，命令格式为：

```
spanning-tree [mst instance-id] port-priority priority
```

针对不同的 Instance 配置端口的优先级。其中，当不加 mst 参数时，对 Instance 0 进行配置。instance-id 范围为 0～64；priority 是要配置的优先级的具体数值。

用 no spanning-tree mst instance-id port-priority 接口配置命令可以恢复到默认值。

3）配置端口的路径开销

设备是根据端口到根交换机的 Path Cost 总和最小而选定根端口的，因此 Port Path Cost 的设置关系到本设备的根端口。默认值是按接口的链路速率（The Media Speed）自动计算的，速率高的开销小，没有特别需要可不必更改。可以在一个端口上针对不同的 Instance 分别配置不同的路径开销，各个 Instance 可根据这些值运行独立的生成树协议。

在接口配置模式下，命令格式为：

```
spanning-tree [mst instance-id] cost cost
```

针对不同的 Instance 配置端口的路径开销。其中，当不加 mst 参数时，对 Instance 0 进行配置。instance-id，范围为 0～64；**cost** 为具体的路径开销值，取值范围为 1～200 000 000。

用 no spanning-tree mst cost 接口配置命令可以恢复到默认值。

4）配置 MSTR

要让多台交换机处于同一个 MSTR，就要让这几台交换机有相同的名称（Name）、相同的 Revision Level、相同的 Instance-VLAN 映射表。可以配置 0～64 号 Instance 包含哪些 VLAN，剩下的 VLAN 自动分配给 Instance 0。一个 VLAN 只能属于一个 Instance。

在全局配置模式下，命令格式为：

```
spanning-tree mst configuration                    !进入 MST 配置模式
```

在 MST 配置模式下，配置 Instance-VLAN 映射表的命令格式为：

```
instance instance-id vlan vlan-range
```

把 VLAN 组添加到一个 MST Instance 中。其中，instance-id 范围为 0～64；vlan-range 范围为 1～4094。

在 MST 配置模式下，配置名称的命令格式为：

```
name name
```

其中，**name** 为 MST 配置名称，最多可以包含 32B。

在 MST 配置模式下,配置 Revision Level 的命令格式为:

```
revision version
```

其中,version 为 MST Revision Level,范围为 0～65 535,默认值为 0。

用 no spanning-tree mst configuration 全局配置命令可以恢复到默认的 MSTR 配置;用 no 命令把 VLAN 从 Instance 中删除,删除的 VLAN 自动转入 Instance 0;用 no instance instance-id 删除该 Instance;用 no name、no revision 分别把 MST Name、MST Revision number 恢复到默认值。

配置举例:把 VLAN 添加到 Instance 中,域名为 region10,修订版本为 10。

```
switch_jiaoxue#configure terminal
switch_jiaoxue(config)#spanning-tree mst configuration  !进入 MST 配置模式
switch_jiaoxue(config-mst)#instance 1 vlan 10 - 100
                                    !把 VLAN 10 到 VLAN 100 添加到 Instance 1 中
switch_jiaoxue(config-mst)#instance 1 vlan 110,120,130
                                    !把 VLAN 110、VLAN 120、VLAN 130 添加到 Instance 1 中
switch_jiaoxue(config-mst)#name region10          !命名
switch_jiaoxue(config-mst)#revision 10            !设置修订版本
switch_jiaoxue(config-mst)#end                    !退回特权模式
switch_jiaoxue#
```

5) 配置 Maximum-Hop Count

Maximum-Hop Count 参数指定 BPDU 在一个域内经过多少台交换机后可以被丢弃,它对所有 Instance 都有效。

在全局模式下,命令格式为:

```
spanning-tree max-hops hop-count
```

其中,hop-count 范围为 1～40,默认值为 20。

5. MSTP 配置案例

(1) 网络拓扑如图 5-11 所示。

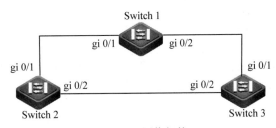

图 5-11　网络拓扑

(2) 用户需求。

① 三台交换机配置 MSTP 模式。

② 配置相应的 Instance-VLAN 映射关系,并设置 MST 配置名称、MST Revision Level,指定相应设备的实例优先级。

③ 查看 MSTP 配置信息。

（3）配置步骤。

① 分别命名 Switch1、Switch2、Switch3。

② 创建 VLAN。

③ 设置 MSTP 模式。

④ 设置 MST 配置信息。

⑤ 启动 Spanning Tree 协议。

⑥ 设置优先级。

（4）配置命令。

① Switch 1 的配置。

```
#设置主机名
switch>en
switch#config terminal
switch(config)#hostname switch1
switch1(config)#
#配置端口 gi 0/1 和 gi 0/2 属于 Trunk 口
switch1(config)#interface gi 0/1
switch1(config-if)#switchport mode trunk
switch1(config-if)#exit
switch1(config)#interface gi 0/2
switch1(config-if)#switchport mode trunk
switch1(config-if)#exit
#创建 VLAN 20 和 VLAN 30
switch1(config)#vlan 20
switch1(config-vlan)#exit
switch1(config)#vlan 30
switch1(config-vlan)#exit
```

#配置生成树为 MSTP 模式,并将 VLAN 20 映射到 Instance 1,将 VLAN 30 映射到 Instance 2,设
#置 MST 配置名称为 hrbfu,MST Revision Number 为 1

```
switch1(config)#spanning-tree mode mstp
switch1(config)#spanning-tree mst configuration
switch1(config-mst)#instance 1 vlan 20
switch1(config-mst)#instance 2 vlan 30
switch1(config-mst)#name hrbfu
switch1(config-mst)#revision 1
#查看 MST 配置信息
switch1(config-mst)#show
Multi spanning tree protocol : Enable
Name : hrbfu
Revision : 1
Instance Vlans Mapped
------- --------------------------------------------
0 : 1-19,21-29,31-4094
1 : 20
```

2 : 30

```
-------------------------------------------------------------
switch1(config-mst)#exit
#开启生成树协议
switch1(config)#spanning-tree
#配置 Instance 0 的优先级为 4096
switch1(config)#spanning-tree mst 0 priority 4096
```

② Switch 2 的配置。

```
#设置主机名
switch>en
switch#config terminal
switch(config)#hostname switch2
switch2(config)#
#配置端口 gi 0/1 和 gi 0/2 属于 Trunk 口
switch2(config)#interface gi 0/1
switch2(config-if)#switchport mode trunk
switch2(config-if)#exit
switch2(config)#interface gi 0/2
switch2(config-if)#switchport mode trunk
switch2(config-if)#exit
#创建 VLAN 20 和 VLAN 30
switch2(config)#vlan 20
switch2(config-vlan)#exit
switch2(config)#vlan 30
switch2(config-vlan)#exit
#配置生成树为 MSTP 模式,并将 VLAN 20 映射到 Instance 1,将 VLAN 30 映射到 Instance 2,设
#置 MST 配置名称为 hrbfu,MST Revision Number 为 1
switch2(config)#spanning-tree mode mstp
switch2(config)#spanning-tree mst configuration
switch2(config-mst)#instance 1 vlan 20
switch2(config-mst)#instance 2 vlan 30
switch2(config-mst)#name hrbfu
switch2(config-mst)#revision 1
switch2(config-mst)#exit
#开启生成树协议
switch2(config)#spanning-tree
#配置 Instance 1 的优先级为 4096
switch2(config)#spanning-tree mst 1 priority 4096
```

③ Switch 3 的配置。

```
#设置主机名
switch>en
switch#config terminal
switch(config)#hostname switch3
```

```
switch3(config)#
#配置端口 gi 0/1 和 gi 0/2 属于 Trunk 口
switch3(config)#interface gi 0/1
switch3(config-if)#switchport mode trunk
switch3(config-if)#exit
switch3(config)#interface gi 0/2
switch3(config-if)#switchport mode trunk
switch3(config-if)#exit
#创建 VLAN 20 和 VLAN 30
switch3(config)#vlan 20
switch3(config-vlan)#exit
switch3(config)#vlan 30
switch3(config-vlan)#exit
#配置生成树为 MSTP 模式,并将 VLAN 20 映射到 Instance 1,将 VLAN 30 映射到 Instance 2,设
#置 MST 配置名称为 hrbfu,MST Revision Number 为 1
switch3(config)#spanning-tree mode mstp
switch3(config)#spanning-tree mst configuration
switch3(config-mst)#instance 1 vlan 20
switch3(config-mst)#instance 2 vlan 30
switch3(config-mst)#name hrbfu
switch3(config-mst)#revision 1
switch3(config-mst)#exit
#开启生成树协议
switch3(config)#spanning-tree
#配置 Instance 2 的优先级最高
switch3(config)#spanning-tree mst 2 priority 0
switch3(config-if)#end
#查看交换机的生成树配置信息
switch3#show spanning-tree
StpVersion : MSTP
SysStpStatus : ENABLED
MaxAge : 20
HelloTime : 2
ForwardDelay : 15
BridgeMaxAge : 20
BridgeHelloTime : 2
BridgeForwardDelay : 15
MaxHops: 20
TxHoldCount : 3
PathCostMethod : Long
BPDUGuard : enabled
BPDUFilter : Disabled
LoopGuardDef : Disabled
######mst 0 vlans map : 1-19, 21-29, 31-4094
BridgeAddr : 00d0.f84b.a88e
```

```
Priority: 32768
TimeSinceTopologyChange : 0d:0h:18m:32s
TopologyChanges : 1
DesignatedRoot : 1000.00d0.f844.33a8
RootCost : 0
RootPort : 1
CistRegionRoot : 1000.00d0.f844.33a8
CistPathCost : 200000
######mst 1 vlans map : 20
BridgeAddr : 00d0.f84b.a88e
Priority: 32768
TimeSinceTopologyChange : 0d:0h:1m:46s
TopologyChanges : 7
DesignatedRoot : 1001.00d0.f845.67f2
RootCost : 200000
RootPort : 2
######mst 2 vlans map : 30
BridgeAddr : 00d0.f84b.a88e
Priority: 4096
TimeSinceTopologyChange : 0d:0h:2m:32s
TopologyChanges : 5
DesignatedRoot : 1002.00d0.f84b.a88e
RootCost : 0
RootPort : 0
```

5.3　设备冗余

5.3.1　VRRP

在传统网络中,为了增强网络可靠性,通常在核心层部署两台交换机并配置虚拟路由冗余协议(Virtual Router Redundancy Protocol,VRRP),汇聚层交换机通过两条链路分别上连到两台核心交换机,如图 5-12 所示。为避免网络环路,在汇聚交换机和核心交换机上配置 MSTP 阻塞部分链路。

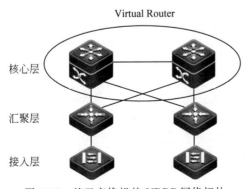

图 5-12　基于交换机的 VRRP 网络拓扑

VRRP 应用在路由设备(如图 5-13 所示)或具有路由功能的三层交换机上。在实际应用中,局域网的核心交换机通常利用 VRRP 实现关键设备的冗余性。

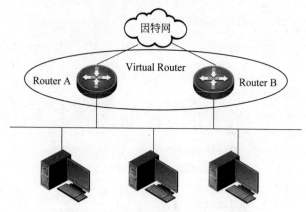

图 5-13　基于路由器的 VRRP 网络拓扑

VRRP 允许为基于 IP 的局域网承担路由转发功能的路由设备失效后,局域网中另外一个路由设备自动接管失效的路由设备,且不需要修改内部网络参数,从而实现 IP 路由的热备份与容错,同时也保证了局域网内主机通信的连续性和可靠性。为了使 VRRP 工作,需要在路由器上配置虚拟路由器号和虚拟 IP 地址,同时产生一个虚拟 MAC 地址,形成一个虚拟的路由器。

VRRP 组可以由多个物理路由设备组成,多个物理路由设备被映射为一个虚拟路由设备,VRRP 保证同时有且只有一个路由设备代表虚拟路由设备进行数据包的发送,这个转发数据包的路由设备被选择为主路由设备。如果主路由设备出现故障,处于备份状态的路由设备将代替原来的主路由设备。VRRP 组中不同路由设备间的切换对局域网内的主机是完全透明的。

1. VRRP 基本概念

1) VRRP 路由器

VRRP 路由器是运行 VRRP 的路由器。

2) 虚拟路由器

虚拟路由器(Virtual Router)由一个 Master 路由器和多个 Backup 路由器组成。其中,无论是 Master 路由器还是 Backup 路由器都是一台 VRRP 路由器,下行设备把虚拟路由器当作默认网关。

3) 虚拟路由器标识

在同一个 VRRP 组内的路由器必须有相同的虚拟路由器标识(Virtual Router ID, VRID)。

4) Master 路由器

Master 路由器是虚拟路由器中承担流量转发任务的路由器。

5) Backup 路由器

Backup 路由器是当虚拟路由器中的 Master 路由器出现故障时,能够代替 Master 路由器工作的路由器。

6）虚拟 IP 地址

一个虚拟路由器可以拥有一个或多个虚拟 IP 地址。虚拟 IP 地址可以和同一 VRRP 组的路由器的端口 IP 相同,也可以不同。

7）IP 地址拥有者

端口 IP 和虚拟路由器 IP 地址相同的路由器就叫作 IP 地址拥有者。

8）主 IP 地址

主 IP 地址从物理端口设置的 IP 地址中选择,选择规则是总是选用第一个 IP 地址, VRRP 通告报文总是用主 IP 地址作为该报文 IP 报头的源 IP。

9）虚拟 MAC 地址

虚拟 MAC 地址的组成是 00-00-5E-00-01-{VRID},前三字节 00-00-5E 是 IANA 组织分配的,接下来的两字节 00-01 是为 VRRP 指定的,最后的 VRID 是虚拟路由器标识,取值范围为 1～255。

10）虚拟路由器中路由器的工作方式

（1）非抢占方式。如果虚拟路由器中的 VRRP 路由器工作在非抢占方式,只要 Master 设备没有出现故障,Backup 设备即使随后被配置了更高的优先级也不会成为 Master 设备。

（2）抢占方式。如果虚拟路由器中的 VRRP 路由器工作在抢占方式,它一旦发现自己的优先级比当前的 Master 设备的优先级高,就会对外发送 VRRP 通告报文,重新选举 Master 设备,并最终取代原有的 Master 设备,原来的 Master 设备将变成 Backup 设备。

11）VRRP 的四个定时器

（1）Advertisement_Interval。通告报文时间间隔定时器,默认为 1s,可配置。虚拟路由器中的 Master 设备会定时发送 VRRP 通告报文,通知 Backup 设备自己工作正常。可以通过设置 VRRP 定时器来调整 Master 设备发送 VRRP 通告报文的时间间隔。

（2）Preempt_delay。延迟等待定时器,默认为 0s。为了避免虚拟路由器内的成员频繁进行主备状态转换,让 Backup 设备有足够的时间搜集必要的信息,Backup 设备在等待了 Master_Down_Interval 时间后,不会立即抢占成为 Master,而是等待一个时间"延迟等待时间"后仍未收到 VRRP 报文,才会对外发送 VRRP 通告报文取代原来的 Master 设备。

（3）Skew_Time。单位为 s,计算方法是（256-自身优先级）/256。Master 设备主动放弃 Master 地位时,发送优先级为 0 的报文,Backup 设备收到此报文后,快速切换成 Master 设备,这个切换时间就是 Skew_Time。

（4）Master_Down_Interval。单位为 s,计算方法是 Advertisement_Interval 的 3 倍＋ Skew_Time。Backup 设备默认等待接收 Master 设备通告报文的时间间隔,超过这个间隔未收到 VRRP 报文,认为 Master 设备故障。

2. VRRP 报文

RFC3768 定义了 IPv4 版本下 VRRP 类型的 IP 报文格式及其运作机制。VRRP 报文是一种指定目的地址的组播报文,该报文由 Master 设备定时发出来标志其运行正常,同时该报文也用于选举 Master 设备。

VRRP 的报文格式如图 5-14 所示。

VRRP 报文中各字段的含义如表 5-6 所示。

```
 1  2  3  4  5  6   7  8  9 10 11 12 13 14 15 16 17 18  19 20 21 22 23 24 25 26 27 28 29 30 31 32
```

Version	Type	Virtual Rtr ID	Priority	Count IP Addrs
Auth Type		Adver Int	Checksum	
IP Address (1)				
⋮				
IP Address (n)				
Authentication Data (1)				
Authentication Data (2)				

图 5-14　VRRP 报文格式

表 5-6　VRRP 字段含义

序号	字段	长度	含　义
1	Version	4b	VRRP 版本号,RFC3768 定义了版本 2
2	Type	4b	VRRP 报文类型,RFC3768 只定义了一种报文,VRRP 通告报文,该字段总为 1,若收到的 VRRP 通告报文拥有非 1 的值,将被丢弃。VRRP 通告报文由 Master 发送
3	Virtual Rtr ID	8b	一个 VRID 唯一地标识了一个虚拟路由器,取值范围是 1~255,此字段没有默认值
4	Priority	8b	优先级,在虚拟路由器中用来选取 Master 设备和 Backup 设备,值越大表明优先级越高,取值范围为 0~255,可配置范围为 1~254,默认值为 100。其中,IP 地址拥有者路由器的该字段总是 255。当 Master 设备主动放弃 Master 地位,会立刻发送一个 Priority 置 0 的 VRRP 通告报文,Backup 设备收到此通告报文后,将自己切换为 Master
5	Count IP Addrs	8b	VRRP 通告报文中包含的 IP 地址数量,即一个 VRRP 虚拟路由器所分配的 IP 地址的数量
6	Auth Type	8b	认证类型字段,8 位无符号整数。一个虚拟路由器只能使用一种认证类型,如果 Backup 设备收到的通告报文中认证类型字段是未知的或和本地配置的不匹配,将丢弃该数据包。 在 RFC2338 中为 VRRP 定义了 3 种认证类型:无认证、明文认证、MD5 认证。在最新的 VRRP 标准 RFC3768 中去掉了所有的认证类型 目前认证类型字段的定义如下。 0-无认证,Authentication Data 字段将被置为全 0,接收到的设备忽略此字段。 1-保留,为 RFC2338 提供兼容性。 2-保留,为 RFC2338 提供兼容性
7	Adver Int	1B	规定了 Master 设备向外发送 VRRP 通告报文的时间间隔,单位为 s,取值范围是 1~255,默认为 1s
8	Checksum	2B	整个 VRRP 报文的校验和,计算过程中,将 Checksum 字段置为 0,计算完成后将结果填入此字段
9	IP Address	4B	此字段存放 VRRP 虚拟路由器的虚拟 IP 地址,配置几个就封装几个
10	Authentication Data	4B	此字段仅为兼容 RFC2338 使用,在实际封装时,置为 0,接收方忽略此字段

　　VRRP 报文封装在 IP 报文中,发送到分配给 VRRP 的 IPv4 组播地址。

在 IP 报文头中,源地址为发送报文的 Master 设备的发送端口的物理端口 IP 地址(不是虚拟地址),目的地址是 IP 组播地址 224.0.0.18;TTL 必须设置为 255;协议号是 0x70(十进制是 112),配置参数如图 5-15 所示。

```
IP: ----- IP Header -----
IP:
IP: Version = 4, header length = 20 bytes
IP: Type of service = 00
IP:       000. .... = routine
IP:       ...0 .... = normal delay
IP:       .... 0... = normal throughput
IP:       .... .0.. = normal reliability
IP:       .... ..0. = ECT bit - transport protocol will ignore the CE bit
IP:       .... ...0 = CE bit - no congestion
IP: Total length     = 40 bytes
IP: Identification   = 191
IP: Flags            = 0X
IP:       .0.. .... = may fragment
IP:       ..0. .... = last fragment
IP: Fragment offset  = 0 bytes
IP: Time to live     = 255 seconds/hops
IP: Protocol         = 112 (VRRP)
IP: Header checksum  = 18EB (correct)
IP: Source address      = [192.168.1.1]
IP: Destination address = [224.0.0.18]
IP: No options
IP:
VRRP: ----- Vitual Router Redundancy Protocol Header -----
VRRP:
VRRP: Version             = 2
VRRP: Type                = Advertisement (1)
VRRP: Virtual Router  ID  = 30
VRRP: Priority            = 120
VRRP: IP Address Count    = 1
VRRP: Authentication Type = 0 (No Authentication)
VRRP: Advertisement Interval = 1
VRRP: VRRP Checksum       = A438
VRRP: IP address          = 192.168.1.254
VRRP: Authentication ID (1) = 0
VRRP: Authentication ID (2) = 0
```

图 5-15　VRRP 报文在三层的封装

在二层封装中,源 MAC 地址是虚拟路由器的 MAC 地址 00-00-5e-00-01-{VRID},其中,00-00-5e 由 IANA 分配,00-01 是分配给 VRRP 的地址,VRID 是 VRRP 虚拟路由器的标识;目的 MAC 地址是组播 MAC 地址 01-00-5e-00-00-12;类型是 0x0800。

3. RFC3768 规定了 VRRP 的工作过程

1) 选举 Master 设备

首先比较同一个 VRRP 组内的各路由设备对应接口上设置的 VRRP 优先级的大小,优先级最大的为主路由设备,状态变为 Master。若路由设备的优先级相同,则比较对应网络端口的主 IP 地址,主 IP 地址大的就成为主路由设备。

2) 确定 Backup 设备

Master 设备选出后,其他路由设备作为 Backup 设备。

3) 切换

正常工作时,Master 设备每隔一段时间发送一个 VRRP 通告报文,通知 Backup 设备 Master 路由工作正常。

在抢占方式下,当 Backup 设备收到 VRRP 通告报文后,会将自己的优先级与通告报文中的优先级进行比较。如果大于通告报文中的优先级,则成为 Master 设备;否则将保持 Backup 状态。抢占方式可以确保承担转发任务的 Master 设备始终是虚拟路由器中优先级最高的设备。

在非抢占方式下，只要 Master 设备没有出现故障，各设备始终保持原有状态。Backup 设备即使随后被配置了更高的优先级也不会成为 Master 设备。非抢占方式可以避免频繁地切换设备。

如果 VRRP 组内的 Backup 设备在连续三个通告间隔内收不到 VRRP 报文或者接收到一个优先级置为 0 的通告后将启动新一轮的 VRRP 选举，选出新的 Master 设备，实现 VRRP 的冗余功能。

4. VRRP 状态机

VRRP 组中的路由器有 3 种状态：Initialize、Master 和 Backup。状态转换如图 5-16 所示。

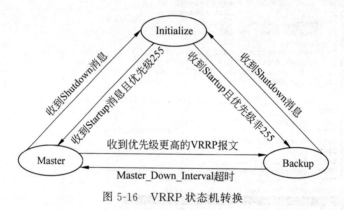

图 5-16　VRRP 状态机转换

（1）初始状态（Initialize）。

初始状态下，路由设备不会对 VRRP 报文做任何处理。

配置 VRRP 后，当收到端口 Startup 的消息，设备会依次执行下列操作。

① 如果优先级为 255，即设备是 IP 地址拥有者。

- 发送 VRRP 通告报文。
- 广播免费 ARP 请求报文，内部封装的是虚拟 MAC 和虚拟 IP 地址，有几个虚拟 IP 地址，就发送几个免费 ARP 请求报文。
- 启动一个 Advertisement_Interval 定时器，如该定时器超时，发送下一个 VRRP 通告报文。
- 本地 VRRP 进程将自己切换为 Master 设备。

② 如果优先级不是 255。

- 设置 Master_Down_Interval 定时器，如定时器超时，Backup 设备就会宣布 Master 设备故障。
- 本地 VRRP 进程将自己切换为 Backup 设备。

（2）备份状态（Backup）。

① 备份设备接收 VRRP 报文，了解 Master 设备的状态。Backup 状态的设备将：

- 对虚拟 IP 地址的 ARP 请求报文不响应。
- 丢弃目的 MAC 地址为虚拟 MAC 地址的 IP 报文。

- 丢弃目的 IP 地址为虚拟 IP 地址的 IP 报文。

② 如果该设备收到了一个 Shutdown 事件,那么:

- 取消 Master_Down_Interval。
- 转换为初始状态。

③ 如果 Master_Down_Interval 定时器超时,那么:

- 发送一个 VRRP 通告报文。
- 广播免费 ARP 请求报文,内部封装的是虚拟 MAC 和虚拟 IP 地址,有几个虚拟 IP 地址,就发送几个免费 ARP 请求报文。
- 设置 Advertisement_Interval 定时器。
- 切换到 Master 状态。

④ 如果该设备收到一个 VRRP 通告报文,那么:

- 当该 VRRP 通告报文的优先级字段为 0 时,会将当前的 Master_Down_Interval 定时器设置为 Skew_Time 的值。
- 如果优先级不为 0,且大于或等于本地优先级,会重置 Master_Down_Interval 定时器并保持 Backup 状态。
- 如果优先级不为 0,且小于本地优先级,如果配置了抢占模式,那么该设备等待指定的延迟等待时间后将自己切换为 Master 设备,并执行 Master 的所有动作。
- 如果优先级不为 0,且小于本地优先级,如果为非抢占模式,该设备保持 Backup 状态。

(3) Master 状态。

处于 Master 状态的路由器会执行目的 MAC 地址为虚拟 MAC 地址的数据帧的转发,在下行设备的 ARP 表里,该虚拟 MAC 地址和虚拟 IP 地址是相对应的。

① Master 状态的设备。

- 响应虚拟 IP 地址的 ARP 请求,响应的是虚拟 MAC 地址,而不是端口的真实 MAC 地址。
- 转发目的 MAC 地址是虚拟 MAC 地址的数据帧。
- 拒绝目的 IP 地址是虚拟 IP 地址的数据包,除非它是 IP 地址拥有者。

② 如果处于 Master 的 VRRP 进程收到了一个 Shutdown 事件,那么:

- 取消 Advertisement_Interval 定时器。
- 发送一个优先级字段置 0 的 VRRP 通告报文。
- 切换为初始状态。

③ 如果 Advertisement_Interval 定时器超时,那么:

- 发送一个 VRRP 通告报文。
- 重置 Advertisement_Interval 定时器。

④ 如果收到了一个 VRRP 报文且其优先级为 0,那么:

- 发送一个 VRRP 通告报文。
- 重置 Advertisement_Interval 定时器。

⑤ 如果收到了一个 VRRP 报文且其优先级高于本地优先级,或者收到的 VRRP 报文优先级等于本地优先级但是主 IP 地址高于本地的主 IP 地址,那么:

- 取消 Advertisement_Interval 定时器。
- 设置 Master_Down_Interval 定时器。
- 切换为 Backup 状态。

5.3.2　VRRP 配置

VRRP 适用于组播或者通告的局域网组网方式,如以太网。VRRP 在以太网的端口上进行配置,可配置参数主要有以下几个。

(1) 启动 VRRP 功能(必需)。

(2) 设置 VRRP 的通告发送间隔(可选)。

(3) 设置路由设备在 VRRP 中的抢占模式(可选)。

(4) 设置路由设备在 VRRP 中的优先级(可选)。

(5) 设置路由设备在 VRRP 的描述字符串(可选)。

1. 启动 VRRP 功能

通过设置组号和虚拟 IP 地址可以在指定的局域网段上添加一个虚拟路由器,从而启动对应的以太网端口的 VRRP 备份功能。

在接口配置模式下,命令格式为:

```
vrrp group ip ipaddress [secondary]
```

其中,组号 group 取值范围为 1~255;ipaddress 为指定的虚拟 IP 地址,如果不指定,路由设备就不参与 VRRP 组。如果不使用 secondary 参数,设置的 ipaddress 地址将成为虚拟路由设备的主 IP 地址。如果 VRRP 组的虚拟 IP 地址(Primary 或者 Secondary)与所在以太网接口上的 IP 地址(Primary 或者 Secondary)一致,那么就认为该设备为 IP 地址拥有者,此时该设备的优先级为 255,如果对应的以太网端口可用,那么该设备将自动处于 Master 状态。

用 no vrrp group ip ipaddress [secondary]命令可以关闭 VRRP 功能。

2. 配置主路由设备的 VRRP 通告发送间隔

在接口配置模式下,命令格式为:

```
vrrp group timers advertise interval
```

其中,group 为需要设置通告间隔的 VRRP 组号;interval 为时间间隔,单位为 s。默认状态下,系统默认主路由设备的 VRRP 通告发送间隔为 1s。同一个 VRRP 备份组要设置相同的 VRRP 通告发送间隔。

用 no vrrp group timers advertise 命令可以恢复通告间隔的系统默认设置。

3. 配置路由设备在 VRRP 组中处于抢占模式

在接口配置模式下,命令格式为:

```
vrrp group preempt [delay seconds]
```

其中,group 为组号;可选参数 delay seconds 定义了 Backup 设备宣告自己为 Master 之前的延迟,默认值为 0s。一旦启用 VRRP 功能,VRRP 默认为抢占模式。

用 no vrrp group preempt [delay]命令可以设置 VRRP 处于非抢占模式。

4. 配置路由设备在 VRRP 组中的优先级

启用 VRRP 功能,VRRP 组默认优先级为 100。

在接口配置模式下,命令格式为:

```
vrrp group priority level
```

其中,group 为组号;level 为要设置的优先级,取值范围为 1~254。

用 no vrrp group priority 命令可以恢复 VRRP 优先级的默认值。

5. 配置路由设备在 VRRP 组的描述字符串

在接口配置模式下,命令格式为:

```
vrrp group description text
```

其中,group 为组号;text 为要设置的描述字符串,字符串长度不超过 80,便于区分 VRRP 组。

用 no vrrp group description 命令可以取消描述字符串设置。

默认状态下,VRRP 备份组没有设置任何描述字符串。

6. 配置 VRRP 组的监视端口

工作状态下,一旦配置的监视端口状态变为不可用,路由设备将按照预先设置的 Priority 值降低本设备在 VRRP 组中的优先级,同一个 VRRP 组中端口状态为"up"且优先级更高的其他路由设备就可以成为该 VRRP 组的 Master 设备。在配置了 VRRP 组的监视端口后,系统能够根据监视端口的状态动态地调整路由设备的优先级。如果此后被监视的端口恢复正常状态,降低了优先级的原路由设备将恢复自己的 VRRP 组的优先级再次成为 Master 设备。

为了保证链路及设备的高可用性,通常会把 Master 设备的上行端口配置成 VRRP 组的监视端口。

在接口配置模式下,配置 VRRP 组的监视端口的命令格式为:

```
vrrp group track interface-type number [priority]
```

其中,group 为 VRRP 组编号;interface-type number 为端口类型、编号;priority 取值范围为 1~255。如果没有配置 priority 参数,系统取默认值 10。可以被配置为监视端口的只能是三层可路由的逻辑接口(如 Routed Port、SVI、Loopback 等)。默认状态下,系统没有配置 VRRP 组的监视端口。

用 no vrrp group track interface-type number 命令可以取消 VRRP 组的监视端口配置。

7. 配置 VRRP 组监视的 IP 地址

配置 VRRP 组监视的 IP 地址后,系统根据所监视的地址是否可达来动态调整本设备的优先级。一旦所监视的 IP 地址变为不可达,即 ping 不通,就按照设置的数值降低本设备在 VRRP 组中的优先级,同一个 VRRP 组中优先级更高的其他路由设备就可以成为该 VRRP 组的 Master 设备。

在接口配置模式下,配置 VRRP 组监视的 IP 地址的命令格式为:

```
vrrp group track ip-address [interval interval-value] [timeout timeout-value]
[retry retry-value][priority]
```

其中,group 为 VRRP 组编号;ip-address 为要监视的 IP 地址;可选参数 interval 是探测该目标地址是否可达的间隔时间,参数值 interval-value 取值范围为 1~3600s,默认值为 3s;可选参数 timeout 是判定超时、即目标不可达的时间;参数值 timeout-value 取值范围为 1~60s,默认值为 1s,该值必须小于或等于 interval-value 值;可选参数 retry 是判定确认不可达的次数;参数值 retry-value 取值范围是 1~60 次,默认值为 1 次;参数值 priority 取值范围为 1~255,默认值为 10。默认状态下,没有配置 VRRP 组监视的 IP 地址。

用 no vrrp group track ip-address 命令可以取消 VRRP 组监视的地址配置。

5.3.3　VSU 技术

采用 VRRP 技术实现核心交换机冗余的拓扑结构,也存在一些缺陷。

1. 结构复杂、管理困难

为了增加可靠性,冗余链路的设计将使网络中出现环路,需要配置 STP 消除环路。实际应用中可能由于链路流量大而导致 BPDU 报文丢失,导致 STP 拓扑振荡,影响网络的正常运行。

2. 故障恢复时间为秒级

在 VRRP 中,Master 设备和 Backup 设备之间切换链路大致花费 3s 时间,此时业务是中断的。

3. 部分资源浪费

MSTP 为了消除环路,阻塞了部分链路,造成资源浪费。

为了解决这些问题,不同的厂商提出了不同的解决方案。例如,锐捷提出了虚拟交换单元技术(Virtual Switching Unit,VSU),VSU 是一种把两台物理交换机组合成一台虚拟交换机的技术。如图 5-17 所示,把传统网络中两台核心层交换机用 VSU 替换,VSU 和汇聚层交换机通过聚合链路连接,逻辑上 VSU 相当于一台交换机。

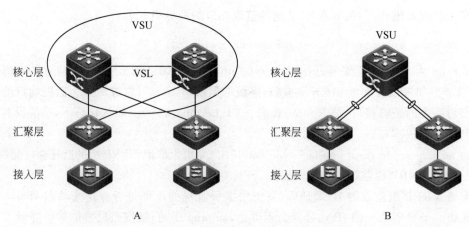

图 5-17　基于 VSU 的网络拓扑

同传统的网络结构相比,VSU 技术具有以下特点。

1. 简化管理

两台交换机组成 VSU 后,管理员可以对两台交换机统一管理,不需要连接到两台交换机分别进行配置和管理。

2. 简化网络拓扑

VSU 在网络中相当于一台交换机,通过聚合链路和外围设备连接,不存在二层环路,没必要配置 MSTP,各种控制协议是作为一台交换机运行的。例如,单播路由协议,VSU 作为一台交换机减少了设备间大量协议报文的交互,缩短了路由收敛时间。

3. 故障恢复时间缩短到毫秒级

VSU 和外围设备通过聚合链路连接。如果其中一条成员链路出现故障,切换到另一条成员链路的时间是 50～200ms。

4. 充分利用带宽

VSU 和外围设备通过聚合链路连接,既提供了冗余链路,又可以实现负载均衡,充分利用所有带宽。

一个 VSU 由两台物理交换机组成,两台交换机通过虚拟交换链路(Virtual Switching Link,VSL)彼此连接,VSU 和外围设备通过聚合链路连接,如图 5-18 所示。

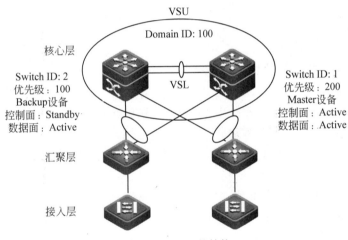

图 5-18　VSU 的结构

Domain ID 是 VSU 的标识符,用来区分不同的 VSU。两台交换机的 Domain ID 相同才能组成 VSU。取值范围为 1～255,默认值是 100。

Switch ID 是成员交换机在 VSU 中的编号,取值是 1 或者 2,默认值是 1。

在单机模式下,端口编号一般是二维格式,如 Gigabit Ethernet 1/1,而在 VSU 中,端口编号采用三维格式,如 Gigabit Ethernet 1/1/1,第一维表示成员编号。在 VSU 中两个成员的编号必须唯一,如果建立 VSU 时两个成员的编号相同,则不能建立 VSU。

交换机优先级是成员交换机的一个属性,在角色选举过程中用来确定成员交换机的角色。优先级越高,被选举为 Master 的可能性越大,取值范围为 1～255,默认值是 100。如果想让某台交换机被选举为 Master,可以通过配置命令提高该交换机的优先级。

交换机优先级分为配置优先级和运行优先级。运行优先级是启动时配置文件中保存的配置优先级,在 VSU 运行过程中不会变化,管理员修改了配置优先级,运行优先级还是原来的值,保存配置重启以后配置优先级才会生效。

VSL 是一条用来在两台成员交换机之间传输控制报文的特殊聚合链路。除了传输控制报文以外,也可能存在跨交换机的数据报文通过 VSL 传输。为了减少控制报文丢失的可能性,控制报文的优先级高于数据报文。

VSU 由两台机箱构成,当组建 VSU 时,两台机箱通过选举算法确定主从身份,其中一台机箱作为 Master,另外一台机箱作为 Backup。

在控制面,Master 设备处于 Active 状态,Backup 设备处于 Standby 状态。Master 设备把控制面信息实时同步到 Backup 设备,Backup 设备收到控制报文需要转交给 Master 设备处理。在数据面,两台交换机都处于 Active 状态,即都参与转发报文。

交换机有两种工作模式:单机模式和 VSU 模式。默认工作模式是单机模式。要想组建 VSU,必须把交换机的工作模式从单机模式切换到 VSU 模式。

VSU 启动步骤如下。

1. VSU 物理连接

两台支持 VSU 技术的交换机(管理板卡必须兼容,如 S86 系列),每台机箱必须有一块 M8600-VSU-02XFP 线卡,M8600-VSU-02XFP 线卡分别安装在两台机箱的任意线卡槽位,两台机箱 M8600-VSU-02XFP 线卡的两对光口用光纤连接。

2. 设备配置

对交换机进行基本配置。

3. 交换机从单机模式切换到 VSU 模式

4. VSL 初始化

交换机切换到 VSU 模式后,初始化连接两台交换机的物理链路,初始化将执行以下操作。

(1) 检测物理链路是否双向导通。

(2) 交换 Domain ID、Switch ID、机箱类型和管理板卡类型等信息,判断物理链路对端的交换机是否满足:

① 两端的 Domain ID 必须相同。

② 两端的 Switch ID 不能相同。

③ 两端的机箱类型必须兼容。

④ 两端的管理板卡必须兼容。

如果物理链路符合以上条件,那么加入 VSL 聚合链路,初始化成功。

5. 角色选举

VSL 初始化完成后,开始选举 Master 设备。选举 Master 设备的过程叫作角色选举,角色选举的原则如下。

(1) 当前 Master 设备优于 Backup 设备。

(2) 交换机优先级大的优先。

(3) Switch ID 小的优先。

从第一条规则开始,如果某条规则能选举出 Master 设备,后面的规则不需要再判断。角色选举完成以后,VSU 就形成了,然后进入管理和维护阶段。

5.3.4　VSU 配置

配置命令如下。

交换机 1 上配置 Domain ID 为 1,Switch ID 为 1,交换机优先级为 200。

```
switch_jiaoxue(config)#switch virtual domain 1
switch_jiaoxue(config-vs-domain)#switch 1
switch_jiaoxue(config-vs-domain)#switch 1 priority 200
```

交换机 2 上配置 Domain ID 为 1，Switch ID 为 2，交换机优先级为默认值。

```
switch_jiaoxue(config)#switch virtual domain 1
switch_jiaoxue(config-vs-domain)#switch 2
switch_jiaoxue(config-vs-domain)#switch 2 priority 100
```

把交换机 1 从单机模式切换到 VSU 模式，在特权模式下，命令格式为：

```
switch convert mode virtual
```

然后显示如下信息：

```
This command will copy the startup configuration to the backup file named.
"standalone.text", save the running config to startup config and reload the
switch.
Do you want to proceed? [yes/no]:
```

这段提示信息的意思是，这条命令将把启动配置文件备份到文件 standalone.text，然后把运行配置保存到启动配置文件中，最后重启交换机，是否继续？

如果选择继续，则输入"yes"，交换机将执行以下三步。

（1）把启动配置文件备份到文件 standalone.text。

（2）把 VSU 相关配置保存到启动配置文件中，和 VSU 无关的配置不会保存。

（3）重启交换机。

```
Copying the startup configuration to the backup file named"standalone.text"...
[OK]
Saving running configuration...
[OK]
```

用相同命令把交换机 2 从单机模式切换到 VSU 模式。

实验 5-1　链路聚合配置

【实验要求】

拓扑如图 5-19 所示。

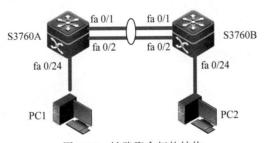

图 5-19　链路聚合拓扑结构

(1) 两台 S3760 之间用两个端口实现链路聚合。

(2) 自行合理规划 IP 地址。

【实验步骤】

按拓扑结构连接后(两交换机之间先不连 fa 0/2 端口的网线),测试 PC1 与 PC2 的连通性。

```
#S3760A 的配置
switch>en
switch#conf t
switch(config)#hostname cswitch_1
cswitch_1(config)#interface aggregateport 1              !创建聚合端口 AP1
cswitch_1(config-if)#switchport mode trunk              !配置 AP 模式为 Trunk
cswitch_1(config-if)#exit
cswitch_1(config)#interface range fastethernet 0/1 - 2   !进入 fa 0/1、fa 0/2
cswitch_1(config-if-rang)#port-group 1                  !fa 0/1 和 fa 0/2 属于 AP1
cswitch_1#show aggregateport 1 summary
#S3760B 的配置
switch>en
switch#conf t
switch(config)#hostname cswitch_2
cswitch_2(config)#interface aggregateport 1              !创建聚合端口 AP1
cswitch_2(config-if)#switchport mode trunk              !配置 AP 模式为 Trunk
cswitch_2(config-if)#exit
cswitch_2(config)#interface range fastethernet0/1 - 2    !进入 fa 0/1 和 fa 0/2
cswitch_2(config-if-rang)#port-group 1                  !fa 0/1 和 fa 0/2 属于 AP1
cswitch_2#show aggregateport 1 summary
```

【测试方案】

(1) 插上 fa 0/2 接口之间的网线,从 PC1 上连续 ping PC2。

(2) 断开交换机之间的任一条链路时,观察数据包的情况。

实验 5-2 生成树协议配置

【实验要求】

网络拓扑如图 5-20 所示。

(1) 用 STP 实现核心交换机冗余。

(2) 用 MSTP 实现核心交换机冗余。

(3) 实现 PC1 和 PC4 之间互通。

(4) 自行合理规划 IP 地址。

【实验步骤】

1. 用 STP 实现冗余

按拓扑结构连接后(暂不连接 S2328A 到 S3760B、S2328B 到 S3760A 之间的网线),测试 PC1 与 PC4 的连通性。

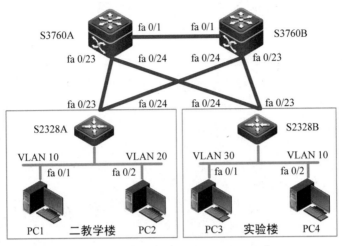

图 5-20　用 MSTP 实现核心交换机冗余

```
#S3760A 的配置
switch>en
switch#conf t
switch(config)#hostname cswitch_1
cswitch_1(config)#spanning-tree                         !开启生成树协议
cswitch_1(config)#spanning-tree mode stp                !生成树模式为 STP
cswitch_1(config)#spanning-tree priority 0              !优先级为 0,成为根
cswitch_1(config)#exit
cswitch_1#show spanning-tree
#S3760B 的配置
switch>en
switch#conf t
switch(config)#hostname cswitch_2
cswitch_2(config)#spanning-tree                         !开启生成树协议
cswitch_2(config)#spanning-tree mode stp                !设置生成树模式为 STP
cswitch_2(config)#exit
cswitch_2#show spanning-tree
#S2328A 的配置
switch>en
switch#conf t
switch(config)#hostname switchA
switchA(config)#spanning-tree                           !开启生成树协议
switchA(config)#spanning-tree mode stp                  !设置生成树模式为 STP
switchA(config)#exit
switchA#show spanning-tree
#S2328B 的配置
switch>en
switch#conf t
switch(config)#hostname switchB
```

```
switchB(config)#spanning-tree
switchB(config)#spanning-tree mode stp
switchB(config)#exit
switchB#show spanning-tree
```

【测试方案】

（1）用如下命令查看 4 台交换机连接端口的状态。

```
switchA#show spanning-tree interface fa 0/23
```

（2）从 PC1 上连续 ping PC4，然后插上 S2328A 到 S3760B、S2328B 到 S3760A 之间接口的连接线，观察数据包的情况。

（3）将 4 台交换机间任一链路拆掉，执行 show 命令，观察各端口状态。

（4）测试 PC1 与 PC4 的连通性。

【实验步骤】

2. 用 MSTP 实现冗余

```
#S2328A 的配置
switchA(config)#spanning-tree
switchA(config)#spanning-tree mode mstp
switchA(config)#vlan 10
switchA(config)#vlan 20
switchA(config)#vlan 30
switchA(config)#interface fa 0/1
switchA(config-if)#switchport access vlan 10
switchA(config)#interface fa 0/2
switchA(config-if)#switchport access vlan 20
switchA(config)#interface fa 0/23
switchA(config-if)#switchport mode trunk
switchA(config)#interface fa 0/24
switchA(config-if)#switchport mode trunk
switchA(config-if)#exit
switchA(config)#spanning-tree mst configuration      !进入 MSTP 配置模式
switchA(config-mst)#instance 1 vlan 10               !配置 Instance 1 并关联 VLAN 10
switchA(config-mst)#instance 2 vlan 20,30            !配置实例 2 并关联 VLAN 20 和 VLAN 30
switchA(config-mst)#name hrbfu                        !配置域名称
switchA(config-mst)#revision 1                        !配置版本(修订号)
```

【测试方案】

验证 MSTP 配置：

```
switchA#show spanning-tree mst configuration    !显示 MSTP 全局配置
Multi spanning tree protocol : Enabled
Name      : hrbfu
Revision : 1
Instance  Vlans Mapped
-------   ------------------------------------------------------------
```

```
0          1-9,11-19,21-29,31-4094
1          10
2          20,30
```
S2328B 的配置
```
switchB(config)#spanning-tree
switchB(config)#spanning-tree mode mstp
switchB(config)#vlan 10
switchB(config)#vlan 20
switchB(config)#vlan 30
switchB(config)#interface fa 0/1
switchB(config-if)#switchport access vlan 30
switchB(config)#interface fa 0/2
switchB(config-if)#switchport access vlan 10
switchB(config)#interface fa 0/23
switchB(config-if)#switchport mode trunk
switchB(config)#interface fa 0/24
switchB(config-if)#switchport mode trunk
switchA(config-if)#exit
switchB(config)#spanning-tree mst configuration    !进入 MSTP 配置模式
switchB(config-mst)#instance 1 vlan 10             !配置 Instance 1 并关联 VLAN 10
switchB(config-mst)#instance 2 vlan 20,30          !配置实例 2 并关联 VLAN 20 和 VLAN 30
switchB(config-mst)#name hrbfu                     !配置域名称
switchB(config-mst)#revision 1                     !配置版本(修订号)
```

【测试方案】
验证 MSTP 配置：

```
switchB#show spanning-tree mst configuration
Multi spanning tree protocol : Enabled
Name    : hrbfu
Revision : 1
Instance  Vlans Mapped
-------   -------------------------------------------------------
0         1-9,11-19,21-29,31-4094
1         10
2         20,30
```
S3760A 的配置
```
switch>en
switch#conf t
switch(config)#hostname cswitch_1
cswitch_1(config)#spanning-tree
cswitch_1(config)#spanning-tree mode mstp
cswitch_1(config)#vlan 10
cswitch_1(config)#vlan 20
cswitch_1(config)#vlan 30
cswitch_1(config)#interface fa 0/1
```

```
cswitch_1(config-if)#switchport mode trunk
cswitch_1(config)#interface fa 0/23
cswitch_1(config-if)#switchport mode trunk
cswitch_1(config)#interface fa 0/24
cswitch_1(config-if)#switchport mode trunk
cswitch_1(config-if)#exit
cswitch_1(config)#spanning-tree mst 1 priority 4096   !配置交换机 cswitch_1 在
!Instance 1 中的优先级为 4096,默认是 32768,值越小越优先成为该 Instance 中的 Root Switch
cswitch_1(config)#spanning-tree mst configuration     !进入 MSTP 配置模式
cswitch_1(config-mst)#instance 1 vlan 10        !配置实例 1 并关联 VLAN 10
cswitch_1(config-mst)#instance 2 vlan 20,30      !配置实例 2 并关联 VLAN 20 和 VLAN 30
cswitch_1(config-mst)#name hrbfu                  !配置域名为 hrbfu
cswitch_1(config-mst)#revision 1                  !配置版本(修订号)
```

【测试方案】

验证 MSTP 配置:

```
cswitch_1#show spanning-tree mst configuration
Multi spanning tree protocol : Enabled
Name     : hrbfu
Revision : 1
Instance  Vlans Mapped
--------  --------------------------------------------------------------
0         1-9,11-19,21-29,39-4094
1         10
2         20,30
#S3760B 的配置
switch>en
switch#conf t
switch(config)#hostname cswitch_2
cswitch_2(config)#spanning-tree
cswitch_2(config)#spanning-tree mode mstp
cswitch_2(config)#vlan 10
cswitch_2(config)#vlan 20
cswitch_2(config)#vlan 30
cswitch_2(config)#interface fa 0/1
cswitch_2(config-if)#switchport mode trunk
cswitch_2(config)#interface fa 0/23
cswitch_2(config-if)#switchport mode trunk
cswitch_2(config)#interface fa 0/24
cswitch_2(config-if)#switchport mode trunk
cswitch_2(config-if)#exit
cswitch_2 (config)#spanning-tree mst 2 priority 4096   !配置交换机 cswitch_2 在
!Instance 2 中的优先级为 4096,默认是 32 768,值越小越优先成为该 Region(域) 中的 Root Switch
cswitch_2(config)#spanning-tree mst configuration      !进入 MSTP 配置模式
cswitch_2(config-mst)#instance 1 vlan 10         !配置实例 1 并关联 VLAN 10
```

```
cswitch_2(config-mst)#instance 2 vlan 20,30      !配置实例 2 并关联 VLAN 20 和 VLAN 30
cswitch_2(config-mst)#name hrbfu                 !配置域名为 hrbfu
cswitch_2(config-mst)#revision 1                 !配置版本 (修订号)
```

【测试方案】

验证 MSTP 配置：

```
cswitch_2#show spanning-tree mst configuration
Multi spanning tree protocol : Enabled
Name     : hrbfu
Revision : 1
Instance  Vlans Mapped
-------  --------------------------------------------------------
0         1-9,11-19,21-29,39-4094
1         10
2         20,30
```

【整体测试】

1. 验证交换机配置

```
cswitch_1#show spanning-tree mst 1      !显示交换机 cswitch_1 上实例 1 的特性
cswitch_2#show spanning-tree mst 2      !显示交换机 cswitch_2 上实例 2 的特性
switchA#show spanning-tree mst 1        !显示交换机 switchA 上实例 1 的特性
switchA#show spanning-tree mst 2        !显示交换机 switchA 上实例 2 的特性
```

2. 验证其他交换机的配置

实验 5-3　MSTP＋VRRP 配置

【实验要求】

网络拓扑如图 5-21 所示。

（1）核心交换机选用两台锐捷的 S3760，接入交换机选用锐捷的 S2328。

（2）全网共有三个 VLAN：VLAN 10、VLAN 20、VLAN 30。

（3）S3760A、S3760B 启动 VRRP 功能，实现核心设备的备份。

（4）四台交换机都起用 MSTP，都属于同一个 MST 域，实例映射一致（VLAN 10 映射实例 1、VLAN 20 映射实例 2、VLAN 30 映射实例 3、其他 VLAN 映射默认实例 0）；VLAN 10 和 VLAN 20 以 S3760A 为根交换机；VLAN 30 以 S3760B 为根交换机；阻塞网络环路，并实现不同 VLAN 数据流负载分担功能。

（5）核心交换机之间采用双链路聚合。

（6）S3760A、S3760B 都分别对 VLAN 起用 VRRP 组，VLAN 10 的 VRRP 虚拟 IP 地址为 192.168.10.254，VLAN 20 的 VRRP 虚拟 IP 地址为 192.168.20.254，VLAN 30 的 VRRP 虚拟 IP 地址为 192.168.30.254。

【实验步骤】

#S3760A 的配置

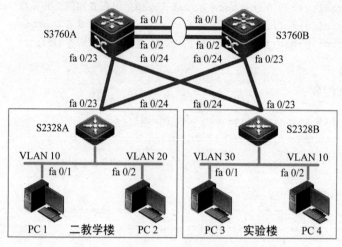

图 5-21　网络拓扑

```
switch>en
switch#conf t
switch(config)#hostname cswitch_1
cswitch_1(config-if)#interface range fa 0/23 - 24
cswitch_1(config-if-range)#switchport mode trunk
cswitch_1(config-if-range)#exit
#配置 S3760A 到 S3760B 的双链路聚合
cswitch_1(config)#interface aggregateport 1              !创建聚合端口 AP1
cswitch_1(config-if)#switchport mode trunk               !配置 AP 模式为 Trunk
cswitch_1(config-if)#exit
cswitch_1(config)#interface range fa 0/1 - 2
cswitch_1(config-if-rang)#port-group 1                   !fa 0/1、fa 0/2 属于 AP1
#配置生成树 MSTP
cswitch_1(config)#spanning-tree
cswitch_1(config)#spanning-tree mode mstp
cswitch_1(config)#spanning-tree mst configuration        !进入 MST 配置模式
cswitch_1(config-mst)#revision 1                         !指定 Revision Level 为 1
cswitch_1(config-mst)#name hrbfu                         !指定 MST 配置名称
cswitch_1(config-mst)#instance 1 vlan 10                 !指定 VLAN 10 属于实例 1
cswitch_1(config-mst)#instance 2 vlan 20                 !指定 VLAN 20 属于实例 2
cswitch_1(config-mst)#instance 3 vlan 30                 !指定 VLAN 30 属于实例 3
cswitch_1(config-mst)#exit
cswitch_1(config)#spanning-tree mst 1 priority 4096      !实例 1 的优先级为 4096
cswitch_1(config)#spanning-tree mst 2 priority 8192      !实例 2 的优先级为 8192
cswitch_1(config)#spanning-tree mst 3 priority 16384     !实例 2 的优先级为 16384
#配置 VRRP
cswitch_1(config)#interface vlan 10                      !创建 VLAN 10 的 SVI 接口
cswitch_1(config-if)#ip address 192.168.10.1 255.255.255.0   !配置 IP 地址
cswitch_1(config-if)#no shutdown                         !激活端口
cswitch_1(config-if)#vrrp 1 priority 120                 !配置 VRRP 组 1 优先级 120
```

```
cswitch_1(config-if)#vrrp 1 preempt                      !配置 VRRP 1 抢占模式
cswitch_1(config-if)#vrrp 1 ip 192.168.10.254
                                  !配置 VRRP 组 1 虚拟 IP 地址 192.168.10.254
cswitch_1(config-if)#interface vlan 20              !创建 VLAN 20 的 SVI 接口
cswitch_1(config-if)#ip address 192.168.20.1 255.255.255.0  !配置 IP 地址
cswitch_1(config-if)#no shutdown                         !激活端口
cswitch_1(config-if)#vrrp 2 ip 192.168.20.254
                                  !配置 VRRP 组 2 虚拟 IP 地址 192.168.20.254
cswitch_1(config-if)#interface vlan 30              !创建 VLAN 30 的 SVI 接口
cswitch_1(config-if)#ip address 192.168.30.1 255.255.255.0  !配置 IP 地址
cswitch_1(config-if)#no shutdown                         !激活端口
cswitch_1(config-if)#vrrp 3 ip 192.168.30.254
                                  !配置 VRRP 组 3 虚拟 IP 地址 192.168.30.254
#S3760B 的配置
switch>en
switch#conf t
switch(config)#hostname cswitch_2
cswitch_2(config-if)#interface range fa 0/23 - 24
cswitch_2(config-if-range)#switchport mode trunk
cswitch_2(config-if-range)#exit
#配置 S3760A 到 S3760B 的双链路聚合
cswitch_2(config)#interface aggregateport 1
cswitch_2(config-if)#switchport mode trunk
cswitch_2(config-if)#exit
cswitch_2(config)#interface range fa 0/1 - 2
cswitch_2(config-if-rang)#port-group 1
cswitch_2(config-if-rang)#exit
#配置生成树 MSTP
cswitch_2(config)#spanning-tree
cswitch_2(config)#spanning-tree mode mstp
cswitch_2(config)#spanning-tree mst configuration
cswitch_2(config-mst)#revision 1
cswitch_2(config-mst)#name hrbfu
cswitch_2(config-mst)#instance 1 vlan 10
cswitch_2(config-mst)#instance 2 vlan 20
cswitch_2(config-mst)#instance 3 vlan 30
cswitch_2(config-mst)#exit
cswitch_2(config)#spanning-tree mst 1 priority 8192
cswitch_2(config)#spanning-tree mst 2 priority 16384
cswitch_2(config)#spanning-tree mst 3 priority 4096
#配置 VRRP
cswitch_2(config)#interface vlan 10                 !创建 VLAN 10 的 SVI 接口
cswitch_2(config-if)#ip address 192.168.10.2 255.255.255.0
cswitch_2(config-if)#no shutdown
```

```
cswitch_2(config-if)#vrrp 1 ip 192.168.10.254
                                    !配置 VRRP 组 1 虚拟 IP 地址 192.168.10.254
cswitch_2(config-if)#interface vlan 20
cswitch_2(config-if)#ip address 192.168.20.2 255.255.255.0
cswitch_2(config-if)#no shutdown
cswitch_2(config-if)#vrrp 2 ip 192.168.20.254
                                    !配置 VRRP 组 2 虚拟 IP 地址 192.168.20.254
cswitch_2(config-if)#interface vlan 30                  !创建 VLAN 30 的 SVI 接口
cswitch_2(config-if)#ip address 192.168.30.2 255.255.255.0
cswitch_2(config-if)#no shutdown
cswitch_2(config-if)#vrrp 3 priority 120            !配置 VRRP 组 3 优先级 120
cswitch_2(config-if)#vrrp 3 preempt
cswitch_2(config-if)#vrrp 3 ip 192.168.30.254
                                    !配置 VRRP 组 3 虚拟 IP 地址 192.168.30.254
#S2328A 的配置
switch>en
switch#conf t
switch(config)#hostname aswitch_1erjiao01
aswitch_1erjiao01(config)#vlan 10
aswitch_1erjiao01(config-vlan)#exit
aswitch_1erjiao01(config)#vlan 20
aswitch_1erjiao01(config-vlan)#exit
aswitch_1erjiao01(config)#interface fa 0/1
aswitch_1erjiao01(config-if)#switchport access vlan 10
aswitch_1erjiao01(config)#interface fa 0/2
aswitch_1erjiao01(config-if)#switchport access vlan 20
aswitch_1erjiao01(config)#interface fa 0/23
aswitch_1erjiao01(config-if)#switchport mode trunk
aswitch_1erjiao01(config)#interface fa 0/24
aswitch_1erjiao01(config-if)#switchport mode trunk
#生成树 MSTP 配置
aswitch_1erjiao01(config)#spanning-tree
aswitch_1erjiao01(config)#spanning-tree mst configuration
aswitch_1erjiao01(config-mst)#revision 1
aswitch_1erjiao01(config-mst)#name hrbfu
aswitch_1erjiao01(config-mst)#instance 1 vlan 10
aswitch_1erjiao01(config-mst)#instance 2 vlan 20
aswitch_1erjiao01(config-mst)#instance 3 vlan 30
aswitch_1erjiao01(config-mst)#exit
#S2328B 的配置
switch>en
switch#conf t
switch(config)#hostname aswitch_1shiyan01
aswitch_1shiyan01(config)#vlan 10
aswitch_1shiyan01(config-vlan)#exit
```

```
aswitch_1shiyan01(config)#vlan 30
aswitch_1shiyan01(config-vlan)#exit
aswitch_1shiyan01(config)#interface fa 0/1
aswitch_1shiyan01(config-if)#switchport access vlan 30
aswitch_1shiyan01(config)#interface fa 0/2
aswitch_1shiyan01(config-if)#switchport access vlan 10
aswitch_1shiyan01(config)#interface fa 0/23
aswitch_1shiyan01(config-if)#switchport mode trunk
aswitch_1shiyan01(config)#interface fa 0/24
aswitch_1shiyan01(config-if)#switchport mode trunk
#配置生成树 MSTP
aswitch_1shiyan01(config)#spanning-tree
aswitch_1shiyan01(config)#spanning-tree mst configuration
aswitch_1shiyan01(config-mst)#revision 1
aswitch_1shiyan01(config-mst)#name hrbfu
aswitch_1shiyan01(config-mst)#instance 1 vlan 10
aswitch_1shiyan01(config-mst)#instance 2 vlan 20
aswitch_1shiyan01(config-mst)#instance 3 vlan 30
aswitch_1shiyan01(config-mst)#exit
```

【测试方案】

（1）验证交换机配置。

```
#S3760A
cswitch_1#show vrrp
cswitch_1#show spanning-tree interface fa 0/23
#S3760B
cswitch_2#show vrrp
cswitch_2#show spanning-tree interface fa 0/24
```

（2）PC1 分别 ping PC3、PC4，能够 ping 通。

（3）断开交换机之间的任一条链路时，PC1 分别 ping PC3、PC4，能够 ping 通。

（4）手动 down 掉 S3760A，PC1 能够 ping 通 PC3、PC4。

习题

一、选择题

1. STP 的主要目的是（　　）。

    A. 保持单一环路　　　　　　　　　　B. 减少环路

    C. 消除环路　　　　　　　　　　　　D. 保持多个环路

2. STP 表示（　　）。

    A. Spanning Tree Process　　　　　　B. Stop Processing

    C. Standard Tree Protocol　　　　　　D. Spanning Tree Protocol

3. 生成树协议在非根交换机上选择根端口的方式是( )。

    A. 到根交换机的管理成本最高的端口

    B. 到根交换机的管理成本最低的端口

    C. 本交换机端口 ID 最大的端口

    D. 本交换机端口 ID 最小的端口

4. 生成树协议中从学习状态到转发状态的默认时间是( )s。

    A. 2   B. 10   C. 15   D. 20

5. 生成树协议交换机之间发送 BPDU 的时间间隔默认为( )s。

    A. 2   B. 10   C. 15   D. 20

6. 生成树协议中从阻塞状态到监听状态的默认时间是( )s。

    A. 30   B. 10   C. 15   D. 20

7. IEEE 定义链路聚合符合( )标准。

    A. IEEE 802.3ad   B. IEEE 802.1q   C. IEEE 802.1d   D. IEEE 802.1w

8. 配置 Aggregate Port 时，加入到 Aggregate Port 的端口，以下( )是不允许的。

    A. 速度一致的端口

    B. 端口属于同一个 VLAN

    C. 使用的传输介质可以不相同

    D. 属于同一个层次，并与 AP 也要在同一层次

二、填空题

1. STP 的收敛时间为( )s，RSTP 的收敛时间为( )s。

2. 交换机 ID 由两部分组成，即交换机的( )和( )。

3. 如果网络带宽为 100Mb/s，则建立的 AP 最大带宽可达( )Mb/s。

第6章　路由器基本配置

什么是路由？路由就是指通过相互连接的网络，把信息从源点传输到目的地的活动。因此，路由可以理解为选路，选择一个将信息发往某个目的网段或主机的路径就是路由的过程。

具有路由功能的计算机设备就可以称为路由器。

6.1　路由器简介

路由器工作在 OSI 参考模型的网络层，是网络层的典型设备，它的本质是一台特殊的计算机。路由器具备如下作用。

(1) 基于 IP 地址的寻径和转发，使得不同 IP 网段之间的主机能够相互访问。

(2) 不同通信协议的转换，使得不同通信协议网段主机间能够相互访问。

(3) 特定 IP 数据包的分片和重组。

(4) 不转发广播数据包，避免广播风暴。

6.1.1　路由器组成

路由器由硬件和软件两部分组成。

路由器的主要硬件包括：CPU(中央处理器)、内存体系及各种接口，如图 6-1 所示。其中，内存体系又分为 ROM、RAM、Flash Memory(闪存)、NVRAM(非易失性 RAM)。路由器的软件主要包括：操作系统和配置文件。下面分别介绍路由器的软、硬件组成部分。

1. 中央处理器

路由器包含一个"中央处理器"(CPU)，CPU 负责执行处理数据包所需的工作。路由器处理数据包的速度在很大程度上取决于处理器的类型。

2. 内存体系

ROM 是只读存储器，不能修改其中存放的代码，路由器中的 ROM 功能与计算机中的 ROM 相似，主要用于系统初始化等。ROM 内含以下 4 个组件。

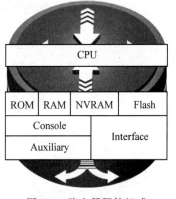

图 6-1　路由器硬件组成

1) POST(系统加电自检代码)

硬件检测：检测路由器中的硬件完整性。

2) Bootstrap 程序(系统引导区代码)

启动路由器、载入 IOS 操作系统及其配置文件。

3) ROM 监视器

低级测试和故障排除的简化操作系统：启动过程中，按 Ctrl＋Break 组合键进入

ROMMON 模式。

4）MINI IOS 操作系统

路由器的 MINI 操作系统。

RAM 是可读可写的存储器,同计算机一样,其存储的内容在系统重启或关机后丢失。RAM 的存取速度较快,优于路由器的其他几种存储器的存取速度。RAM 存储路由器包含由启动配置文件复制而来的运行配置文件 Running-Config、解压后的 IOS、学习到的路由表 Routing-Table 和包队列等内容。

NVRAM 是非易失性随机存取存储器,断电后仍能保持数据的一种 RAM。它是可读可写的存储器,在系统重新启动或关机之后仍能保存数据。NVRAM 的一个主要任务是保存路由器的启动配置文件(Startup-Config),路由器启动前最后一次保存的配置文件存储于其上。NVRAM 容量较小,通常只配置 64～128KB,速度较快,成本较高。

Flash Memory 是一种特殊的 RAM,是可读可写的存储器,在系统重新启动或关机之后仍能保存数据,用于存储路由器完整的 RGNOS 映像文件,可用于升级操作系统。

3. 端口

路由器具有很强大的网络连接和路由功能,可以和各种不同的网络进行物理连接,因此,路由器的端口类型比较多样化,大致可参考图 6-2,主要包括配置端口、局域网端口和广域网端口等。

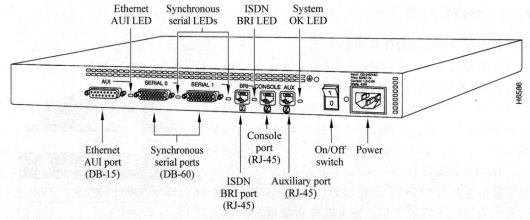

图 6-2　路由器的通用外观

1）配置端口

路由器有两种配置端口:控制台端口(Console Port)和辅助端口(Auxiliary Port),如图 6-3 所示。

(1) 控制台端口。

控制台端口也称 Console 端口,是一个 EIA/TIA-232(即 RS-232)异步串行端口,能与路由器进行数据通信,对路由器进行基本配置时,用专用线缆(Console Cable)直接连接计算机的串口。通常,控制台端口有 RJ-45 连接器、DB9 连接器或 DB25 连接器三种端口类型。

(2) 辅助端口。

多数路由器都配备辅助端口。辅助端口通常用来连接 Modem,以实现对路由器的远程管理。

2）局域网端口

局域网端口是路由器与局域网的连接端口，包括 AUI 端口、BNC 端口、RJ-45 端口、光纤端口等，图 6-3 中的以太网端口就是 RJ-45 端口。

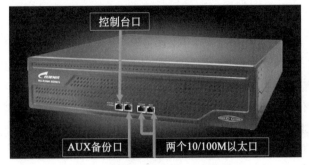

图 6-3　路由器配置及局域网端口

附加单元端口（Attachment Unit Interface，AUI）是用于连接粗同轴电缆的端口，是一种 D 型 15 针接口，在令牌环网或总线型网络中是一种比较常见的端口，如图 6-2 中的 AUI Port。

RJ-45 端口，俗称"电口"，是采用双绞线作为传输介质的以太网类型端口，根据端口的通信速率不同，有不同的标识。

光纤端口，俗称"光口"，是用于与光纤的连接端口。

3）广域网端口

广域网端口是路由器与广域网的连接端口，包括高速同步串行端口（Serial）、异步串行端口、ISDN BRI 端口等，如图 6-4 所示。

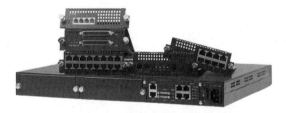

图 6-4　路由器广域端口

Serial 端口是最常用的广域网端口，这种类型的端口主要用于连接目前应用非常广泛的数字数据网（Digital Data Network，DDN）、帧中继（Frame Relay，FR）、X.25、公共交换电话网络（Public Switch Telephone Network，PSTN）等网络组网模式，企业网之间通过 DDN 或 X.25 等广域网连接技术进行专线连接也使用这种端口。这种端口所连接的网络的两端都要求实时同步。路由器支持的同步串行端口类型较多，如 EIA/TIA-232 端口、EIA/TIA-449 端口、V.35 端口、X.21 串行电缆总成和 EIA-530 端口等，不同的端口类型外观不同，连接线缆两端的外形也不同。

异步串行端口，主要应用于 Modem 或 Modem 池的连接，实现远程计算机通过 PSTN 拨入网络。异步端口连接的通信方式速率较低，不要求网络的两端保持实时同步。

ISDN 端口，用于路由器通过综合业务数字网（Integrated Services Digital Network，ISDN)线路与因特网或其他远程网络的连接。ISDN 有两种速率连接端口，一种是 ISDN 基本速率端口（Basic Rate Interface，BRI），另一种是 ISDN 基群速率端口（Primary Rate Interface，PRI)。ISDN BRI 采用 RJ-45 标准，与 ISDN NT1 的连接使用 RJ-45-to-RJ-45 直通线。ISDN BRI 包含以下两种类型的端口。

（1）ISDN BRI S/T 端口，外接 NT1 终端设备，再由 NT1 连接直通线。

（2）ISDN BRI U 端口，已包含 NT1 终端设备，直接连接直通线。

4. 配置文件

路由器有两类配置文件：运行配置文件和启动配置文件。

1）运行配置文件

运行配置文件（Running-Config)也叫"活动配置"，包含当前在路由器中"运行"的配置命令，驻留于 RAM 中。

2）启动配置文件

启动配置文件（Startup-Config)也叫备份配置，驻留在 NVRAM 中，包含路由器启动时执行的配置命令，启动完成后，启动配置中的命令就变成了"运行配置"。

5. 操作系统

锐捷的网络设备操作系统（Red-Giant Network Operating System，RGNOS)是锐捷公司跨越主要路由和交换产品的软件平台，为客户提供统一的操作控制界面。路由器的RGNOS 具有以下功能。

（1）控制和管理运行时的硬件组件。

（2）根据需要加载网络协议和所需功能。

（3）控制并管理各设备之间传输的流量。

（4）控制并管理网络资源，以提供较强的网络可靠性。

（5）配置和管理访问控制列表，以增强网络的安全性。

6.1.2　路由器启动

路由器启动过程分为以下三部分。

1. 硬件自检

路由器加电后首先运行 ROM 中的 POST（Power On Self Test)程序，对路由器硬件进行检测的过程俗称加电自检。

2. 运行 RGNOS

POST 检测通过后执行 ROM 中的引导程序 Bootstrap，完成初步引导后，从 Flash 中查找和加载 RGNOS 到 RAM 中，如果在 Flash 中没有找到完整的 RGNOS 文件，将修改寄存器的值定位到其他模式进行启动，如 ROM Monitor 模式。然后通过 TFTP（Trivial File Transfer Protocol)服务上传一个完整的 RGNOS 文件，重启路由器，进入路由器的正常模式。

3. 导入配置文件

当 RGNOS 文件完整加载之后，将在 NVRAM 中查找启动配置文件 Startup-Config，如果在 NVRAM 中查找到启动配置文件 Startup-Config，将按照启动配置文件启动路由器，加载路由器的配置,并将启动配置文件复制到 RAM 中,然后进入命令行(Command Line Interface,CLI)界面进行相关的路由器配置。如果没有找到启动配置文件,路由器将进入到 Setup 模式。Setup 是一个向导式的配置模式,在 Setup 配置界面可以选择 N,从而进入 CLI 的配置界面进行配置。

6.1.3　路由器工作原理

1. 路由器结构

路由器的结构如图 6-5 所示,包含输入端口、输出端口、交换结构和路由选择处理机 4 部分。

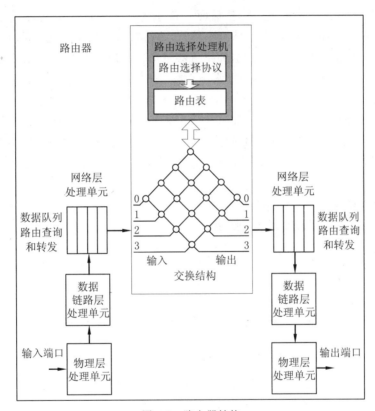

图 6-5　路由器结构

1) 路由选择处理机

在路由选择处理机中,路由表由路由选择协议(如 RIP、OSPF、BGP 等)确定,路由表仅包含从目的网络到下一跳的映射。对于需要路由的数据包,通过数据包的目的 IP 地址查询路由表,找到下一跳地址。

2) 交换结构

交换结构的核心是转发表,包含完成转发功能所需要的信息。转发表的每一个条目都包含从要到达的目的网络到输出端口的映射。路由表给出了到达目的网络的下一跳 IP 地址,而转发表给出了到达目的网络的输出端口地址。

3）输入、输出端口

输入、输出端口分别由物理层、数据链路层和网络层处理单元组成。其中,物理层进行比特流的接收和发送,数据链路层按照链路层协议传送承载分组的数据帧,而网络层把去掉帧头和帧尾后得到的分组送入分组处理模块进行处理。如果接收到的分组是路由器之间交换路由信息的分组(如 RIP 分组、OSPF 报文等),则把这类分组送给路由器的路由选择处理机;如果接收到的分组是用户数据分组,则按照分组头部中的目的地址查找转发表,根据得出的结果,分组便经过交换结构到达合适的输出端口。

4）分组的排队队列

为了提高分组转发速率,减小分组在路由器中的延时,路由器采用了排队的方法。在输入端口,当一个分组正在查找转发表时,后面又有分组到达这个端口,由于前面的分组还没有处理结束,所以后面的分组必须在队列中等待,等待时间的长短决定着延时的大小。输出端口从交换结构接收分组,然后将其送到路由器的输出线路上。当交换结构传送过来的分组的速率超过输出链路的发送速率时,来不及发送的分组就必须暂时存放在队列中等待发送。

分组在路由器的输入、输出端口都可能会在队列中排队等待处理。如果分组处理的速率低于分组进入队列的速率,则队列的存储空间最终会被耗尽,这将导致后面进入队列的分组因为没有存储空间而被丢弃,这种现象称为"队列溢出"。队列溢出是路由器在网络层丢弃分组的主要原因。

2. 数据转发过程

路由器转发数据的过程如图 6-6 所示。

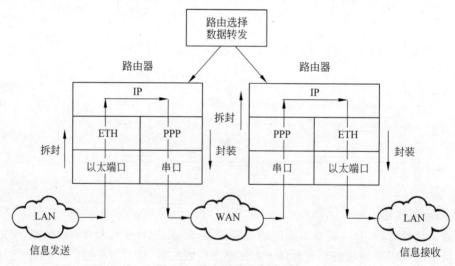

图 6-6　路由器转发数据过程

（1）路由器从接收端口收到数据分组,读取数据分组里的目的 IP 地址。

（2）根据目的 IP 地址信息查找路由表进行匹配。

（3）如果路由表中有目的 IP 地址所在网络地址的条目,则通过该条目对应的下一跳 IP 地址将分组转发出去,否则转到（4）。

（4）路由器查看是否有默认路由条目，如果有则通过该条目对应的下一跳 IP 地址将分组转发出去，否则转到（5）。

（5）转发分组出错，将数据分组丢弃，并向发送方返回错误信息报文。

3. 路由表

路由器工作在 OSI 参考模型的网络层，主要作用就是为数据选择最佳路径，最终送达目的地。

在同一个网段中，数据包从源主机到达目的主机的过程，是"交换"的过程；在不同网段中，数据包从源主机到达目的主机的过程，是"路由"的过程。假设主机 A 和主机 B 在不同的网段，由路由设备连接，数据包从主机 A 到达主机 B 可能有若干条路径供选择，为了尽可能提高数据转发速度，需要有一种方法判断从源主机到达目的主机所经过的最佳路径进行数据转发，这就是路由。

路由选择的依据是路由器中的路由表，所有数据包的发送和转发都通过查找路由表从相应的端口发送。路由表可以是静态配置的，也可以是动态路由协议产生的。物理层从路由器的一个端口收到一个报文，送到数据链路层；数据链路层去掉数据链路层封装，根据报文的协议域送到网络层；网络层首先看报文是否是送给本机的，若是，去掉网络层封装，送给上层；若不是，则根据报文的目的地址查找路由表，若找到路由，将报文送给相应端口的数据链路层，数据链路层封装后，发送报文。若找不到路由，报文丢弃。路由表的基本结构如表 6-1 所示。

表 6-1　路由表的基本结构

目的网络地址	目的网络掩码	下一跳地址

4. 路由表的形成

路由表是在路由器中维护的路由条目的集合，路由根据路由表做路径选择。

（1）直连网段：当在路由器上配置了端口的 IP 地址，并且端口状态为 UP 的时候，路由表中就出现直连路由条目。

（2）非直连网段：对于非直连在路由器上的网段，需要使用静态路由或动态路由将网络上的网段写到路由表中。

【概念·网关】

网关是数据分组需要到达的下一个路由器的 IP 地址，确切地说就是下一个接收这个数据包的路由器的接收端口的地址。

【概念·下一跳地址】

下一跳地址有两种含义，一是转发相应分组的路由器物理端口名称，一是与该端口直连的对端路由器端口的 IP 地址。

【概念·缺省路由】

缺省路由也叫默认路由或默认网关，是当数据分组在路由器的路由表中找不到对应的路由条目时,转发该分组的预先设定的端口或者地址。

6.1.4　三层交换机

三层交换机在逻辑上和路由器是等价的。三层交换的过程就是 IP 分组选择路由的过程,三层交换机的转发路由表与路由器一样,都需要软件通过路由协议来建立和维护。

但是,三层交换机与路由器在转发操作上有所区别。三层交换机通过硬件实现路由查找和转发,而传统路由器通过微处理器上运行的软件实现路由查找和转发。

1. 三层交换机的概念

三层交换称为"网络层交换"或"基于路由功能的交换",是指在交换机内部完成不同子网间或 VLAN 间的互联,从而改变传统组网方案中由交换机外接路由器来完成局域网中不同子网(如 IP 子网、IPX 子网等)或 VLAN 的互联。

三层交换机可以简单地定义为"交换机＋基于硬件的路由器"。

2. 三层交换机的工作原理

如图 6-7 所示,主机 A、主机 B 和主机 C 通过一台三层交换机进行通信,其中,主机 A和主机 B 属于同一个子网(VLAN),而主机 A 和主机 C 属于不同的子网,主机之间利用 IP地址进行通信。

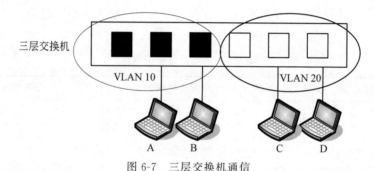

图 6-7　三层交换机通信

具体的通信过程如下。

(1) 主机 A 把本机的 IP 地址和掩码按位相与计算,目的主机的 IP 地址和掩码也进行按位相与运算,将计算结果进行对比。如果对比结果相同,则证明主机 A 与目的主机属于同一子网;如果对比结果不同,证明主机 A 与目的主机属于不同的子网。

(2) 目的主机是主机 B,则主机 B 与主机 A 属于同一子网。主机 A 不知道主机 B 的MAC 地址,因此主机 A 将向本子网内部的所有主机发送一个地址解析协议(Address Resolution Protocol,ARP)广播信息,用主机 B 的 IP 地址查询对应的 MAC 地址。主机 B在接收到该广播信息后,用单播信息将自己的 MAC 地址告知主机 A。主机 A 得到主机 B的 MAC 地址后,将该 MAC 地址作为数据帧的目标地址,进行数据帧的封装。同时,主机A 将主机 B 的 MAC 地址保存在本机的缓存中,以备后用。当数据帧到达交换机后,交换机的二层交换模块通过查找 MAC 地址表,将数据帧通过指定的端口发送给主机 B。

(3) 目的主机是主机 C,则主机 C 与主机 A 属于不同的子网。主机 A 利用 ARP 广播信息查询默认网关的 IP 地址对应的 MAC 地址(默认网关的 IP 地址事先已设置),默认网关的 IP 地址指向第三层路由模块。这时,如果在第三层路由模块的缓存中保存有主机 C

的 MAC 地址,第三层路由模块将向主机 A 回复主机 C 的 MAC 地址;否则,第三层路由模块根据路由表将向目标网络发送一个 ARP 查询广播,主机 C 在接收到该广播信息后,将自己的 MAC 地址回复给第三层路由模块,第三层路由模块再将其回复给主机 A。同时,主机 A 和第三层路由模块将在缓存中保存主机 C 的 MAC 地址。通过这一过程,在主机 A 得到主机 C 的 MAC 地址后,主机 A 利用主机 C 的 MAC 地址封装数据帧,而主机 A 与主机 C 之间数据帧的转发全部交给第二层交换模块处理。

3. 三层交换机的特点

(1) 采用专用芯片,提高数据帧的转发速率。

(2) 通过对路由操作的优化,提高路由选择的效率。

(3) 通信量较小的路由寻址由第三层路由模块完成,而通信量较大的数据帧的转发则由第二层交换模块完成。

(4) 只要在源地址和目标地址之间存在一条第二层通路,就没有必要将数据提交给第三层进行路由处理。第三层交换使用第三层路由模块确定传送路径,此路径可以只用一次,也可以存储起来,供以后使用。之后,分组便可以通过一条内部虚电路绕过路由器模块快速发送,即"一次路由,多次交换"。

6.2 路由器的基本配置

路由器的配置环境同交换机一样,具体请参考 3.2 节"交换机配置环境"部分,路由器的命令行使用方式和交换机相同。

6.2.1 路由器的命令模式

路由器的命令模式如表 6-2 所示。

表 6-2 路由器命令模式

命令模式		提 示 符	进 入 方 式	退 出 方 式
用户模式		router>		exit 断开连接
特权模式		router#	enable	exit 断开连接,disable 回退到用户模式
配置模式	全局模式	router(config)#	configure terminal	exit 回退到特权模式
	线路配置模式	router(config-line)#	vty 0 4	exit 回退到全局模式
	路由配置模式	router(config-router)#	router rip	exit 回退到全局模式
	接口配置模式	router(config-if)#	interface f 0/1	exit 回退到全局模式
	子接口配置模式	router(config-subif)#	interface f 0/1.1	exit 回退到全局模式

6.2.2 通过命令授权控制用户访问

控制网络上的用户访问网络设备的一个基本方法,是使用口令保护和划分特权级别来限制访问。口令可以控制对网络设备的访问,特权级别可以在用户登录成功后,控制其能够使用的命令。

口令保存在配置文件中,如果以明文的形式存储,在网络上传输配置文件时,明文口令有可能被捕获,造成安全隐患。从安全的角度考虑,希望口令在保存到配置文件前被加密处理,明文形式的口令变成密文形式的口令。使用命令 enable secret,可以将口令以密文形式存储。

1. 默认的口令和特权级别

默认没有设置任何级别的口令,默认的特权级别是 15 级。

2. 设置和改变各级别的口令

锐捷路由器产品用于设置和改变各级别口令的命令如表 6-3 所示。

表 6-3　设置口令的命令

序号	命　令	作　用
1	router(config)#enable password [level **level**] {password |encryption-type encrypted-password}	设置静态口令。目前只能设置 15 级用户的口令,并且只能在未设置安全口令的情况下有效。 如果设置非 15 级的口令,系统将会给出一个提示,并自动转为安全口令。 如果设置的 15 级静态口令和 15 级安全口令完全相同,系统将会给出一个警告信息。 如果设置加密类型为 0,则后面跟上的口令文本为密码明文。 如果设备加密类型为 7,则后面跟上的口令文本为密码密文
2	router(config)#enable secret [level **level**] {encryption-type encrypted-password}	设置安全口令,功能与静态口令相同,但使用了更好的口令加密算法。为了安全起见,建议使用安全口令
3	router(config)#service password-encryption	设置是否对相关口令进行加密
4	router#enable [level] router#disable [level]	切换用户级别,从权限较低的级别切换到权限较高的级别需要输入相应级别的口令

在设置口令时,如果使用了 level 关键字,为指定特权级别定义口令。设置了特定级别的口令后,给定的口令只适用于需要访问该级别的用户。

3. 配置多个特权级别

默认情况下,系统只有两个受口令保护的授权级别:普通用户级别(1 级)和特权用户级别(15 级)。用户可以为每个模式的命令划分 16 个授权级别,通过给不同的级别设置口令,就可以通过不同的授权级别使用不同的命令集合。

在特权用户级别口令没有设置的情况下,进入特权级别不需要口令校验。为了安全起见,最好为特权用户级别设置口令。

4. 命令授权配置

如果想让更多的授权级别使用某一条命令,可以将该命令的使用权授予较低的用户级别,而如果想让命令的使用范围小一些,则可以将该命令的使用权授予较高的用户级别。

对命令进行授权的配置如表 6-4 所示。

表 6-4　授权命令

序号	命　　令	作　　用
1	router♯configure terminal	进入全局配置模式
2	router(config)♯privilege mode ［all］{level **level** | reset} command-string	设置命令的级别划分。 mode：要授权的命令所属的 CLI 命令模式。 例如：config 表示全局配置模式；exec 表示特权命令模式；interface 表示接口配置模式等。 all 将指定命令的所有子命令的权限变为相同的权限级别。 level 授权级别，范围为 0～15。 reset 将命令的执行权限恢复为默认级别。 command-string 是要授权的命令

用 no privilege mode ［all］ level level command 命令可以恢复一条已知的命令授权。

配置举例：将 reload 命令及其子命令授予级别 1 并且设置级别 1 为有效级别（设置口令为“fu”）。

```
router>en
router#conf t
router(config)#hostname router_jiaoxue
router_jiaoxue#configure terminal
router_jiaoxue(config)#privilege exec all level 1 reload
router_jiaoxue(config)#enable secret level 1 0 fu
router_jiaoxue(config)#end
```

进入 1 级，可以看见命令和子命令：

```
router_jiaoxue#disable 1
router_jiaoxue>reload ?
at reload at a specific time/date cancel cancel pending reload scheme in reload
after a time interval<cr>
```

下面是将 reload 命令及其子命令的权限恢复为默认值的配置过程。

```
router_jiaoxue#configure terminal
router_jiaoxue(config)#privilege exec all reset reload
router_jiaoxue(config)#end
```

进入 1 级，命令权限已经被收回。

```
router_jiaoxue#disable 1
router_jiaoxue>reload ?
% Unrecognized command.
```

6.2.3　配置 Line 口令保护

如果需要对远程登录（如 Telnet）进行口令验证，需要配置 Line 口令保护，在 Line 配置模式下执行表 6-5 中的命令。

表 6-5　配置命令

序号	命　　　令	作　　　用
1	router(config-line) # password [0 | 7] line	指定 Line 线路口令。 0：以明文方式配置口令，后面的口令字符串为密码明文； 7：以密文方式配置口令，后面的口令字符串为密码密文； Line 为配置的口令字符串
2	router(config-line) # secret ⟨[0] password |5 encrypted-secret ⟩	指定 Line 线路的 MD5 加密口令： 0：(可选)指定明文口令文本，配置后将进行 MD5 加密； Password 为口令明文； 5encrypted-secret 用于指定已经过 MD5 加密的口令文本，配置后将作为加密后的口令进行保存
3	router(config-line) # login	启用 Line 线路口令保护

如果没有配置登录认证，即使配置了 Line 口令，登录时也不会提示用户输入口令进行认证。

6.2.4　登录认证控制

1. 配置本地用户

基于本地数据库的身份认证系统，用于 Line 登录管理中的本地登录认证。

在全局配置模式下，命令格式为：

```
username name [password password |password encryption-type encrypted-password]
```

其中，name 为要建立的本地用户名；password 为认证口令；encryption-type 为加密类型，如果为 0，则后面跟上的口令文本为密码明文；如果为 7，则后面跟上的口令文本为密码密文。

2. 限制用户账号进行远程登录

可以限制本地用户账号进行远程登录。在未配置限制本地用户进行远程登录的情况下，本地用户账号均允许进行远程访问。

在全局配置模式下，命令格式为：

```
username name reject rlogin
```

其中，name 为本地用户名。

用 no username name reject rlogin 命令可以取消本地用户账号进行远程登录的限制。

3. 限制用户账号的登录方式

可以设置本地用户的登录方式，登录方式可以指定为 Aux、Console、SSH、Telnet 中的一种或多种。默认情况下，在没有配置限制本地用户登录方式的情况下，本地用户账号将不限制用户的登录方式。

在全局配置模式下，命令格式为：

```
username name login mode{aux|console|ssh|telnet}
```

其中,name 为本地用户名;{aux|console|ssh|telnet}为登录方式。

用 no username name login mode {aux|console|ssh|telnet}命令可以取消本地用户账号的登录方式。

4. 配置 Line 登录认证

建立 Line 登录身份认证。

在 Line 配置模式下,命令格式为:

```
login
```

6.2.5　系统时间配置

1. 设置系统时间

可以手工设置路由器的时间,但是对于没有提供硬件时钟的路由器,手工设置时间实际上只是设置软件时钟,仅对本次运行有效,当设备关机后,手工设置的时间将失效。

在特权模式下,命令格式为:

```
clock set hh:mm:ss month day year
```

其中,hh:mm:ss month day year 为要设置的时、分、秒、月、日、年。

配置举例:把系统时间改成 2017-7-25,20:18:15。

```
router_jiaoxue#clock set 20:18:15 7 25 2017
```

2. 硬件时钟更新

一些设备使用硬件时钟(Calendar)来补充软件时钟。硬件时钟由电池供电,能够使时钟不间断持续运转。

如果硬件时钟和软件时钟不同步,软件时钟手工设置精确后,用命令将软件时钟的日期和时间复制给硬件时钟。

在特权模式下,命令格式为:

```
clock update-calendar
```

6.2.6　系统名称和命令提示符

1. 系统名称

在全局配置模式下,命令格式为:

```
hostname name
```

其中,name 为要设置的系统名称,名称必须由可打印字符组成,长度不超过 63B。

用 no hostname 命令可以将系统名称恢复为默认值。

配置举例:将路由器的名称改成 router_jiaoxue。

```
router#configure terminal                              !进入全局配置模式
router(config)#hostname router_jiaoxue                 !设置路由器名称
```

```
router_jiaoxue(config)#
```

2. 命令提示符

默认情况下，系统名称的前 32 个字符作为提示符，提示符将随着系统名称的变化而变化。

在全局配置模式下，命令格式为：

```
prompt string
```

其中，string 为要设置的命令提示符。系统名称必须由可打印字符组成，如果长度超过 32 个字符，取其前 32 个字符，命令的提示符只对 EXEC 模式有效。

用 no prompt 命令可以将提示符恢复为默认值。

6.2.7　标题配置

可以通过设置标题创建两种类型的标题(Banner)：每日通知和登录标题。每日通知针对所有连接到路由器的用户，当用户登录设备时，通知消息将显示在终端上。登录标题显示在每日通知之后，主要作用是提供登录提示信息。默认情况下，每日通知和登录标题均未设置。

1. 配置每日通知

在全局配置模式下，命令格式为：

```
banner motd c message c
```

其中，message 为要设置的每日通知的文本。c 为分界符，可以是任何字符(如"&"等字符)。输入格式是：先输入分界符，按回车键，开始输入文本，然后再输入分界符并按回车键结束文本的输入。需要注意的是，每日通知的文本中不能出现作为分界符的字母，文本的长度不能超过 255B。

用 no banner motd 命令可以删除已配置的每日通知。

配置举例：配置一个每日通知，使用"&"作分界符，每日通知的文本为"Welcome to hrbfu!"。

```
router_jiaoxue(config)#banner motd &              !此处"&"为开始分界符
Enter TEXT message. End with the character '&'.
Welcome to hrbfu!&                                !此处"&"为结束分界符
router_jiaoxue(config)#
```

2. 配置登录标题

在全局配置模式下，命令格式为：

```
banner login c message c
```

其中，message 为要设置的每日通知的文本。c 为分界符，可以是任何字符(如"&"等字符)。输入格式是：先输入分界符，按回车键，开始输入文本，然后再输入分界符并按回车键结束文本的输入。需要注意，每日通知的文本中不能出现作为分界符的字母，文本的长度不能超过 255B。

用 no banner login 命令可以删除已配置的登录标题。

配置举例：配置一个登录标题，用"&"作分界符，登录标题的文本为"Enter your password，please!"。

```
router_jiaoxue(config)#banner login &              !此处"&"为开始分界符
Enter TEXT message. End with the character '&'.
Enter your password,please!&                       !此处"&"为结束分界符
router_jiaoxue(config)#
```

3. 显示标题

在登录时显示配置的标题信息。

```
C:\>telnet 192.168.1.1
Welcome to hrbfu!
Enter your password,please!
User Access Verification
Password:
```

6.2.8　控制台配置

通过 Console 端口可以对设备进行配置和管理。第一次对网络设备配置的时候，必须通过 Console 端口进行。

1. 配置 Console 端口口令

在控制台线路配置模式下，命令格式为：

password **password**

其中，**password** 为要配置的口令。如果没有配置登录认证功能，即使配置了 Console 端口口令，登录时，也不会提示用户输入口令进行认证。

配置举例：为路由器配置 Console 端口访问口令"fu"。

```
router_jiaoxue#configure terminal
router_jiaoxue(config)#line console 0              !控制台线路配置模式
router_jiaoxue(config-line)#login                  !配置登录认证
router_jiaoxue(config-line)#password fu            !设置口令"fu"
router_jiaoxue(config-line)#end
```

2. 配置 Console 端口速率

在控制台线路配置模式下，命令格式为：

speed **speed**

其中，**speed** 为要设置的控制台的速率，单位是 b/s，默认值是 9600，速率只能是 9600、19 200、38 400、57 600、115 200 中的一个。

配置举例：将路由器 Console 端口速率设置为 38 400b/s。

```
router_jiaoxue#configure terminal
router_jiaoxue(config)#line console 0              !控制台线路配置模式
```

```
router_jiaoxue(config-line)#speed 38400          !设置控制台速率为 38 400
router_jiaoxue(config-line)#end                  !回到特权模式
router_jiaoxue#show line console 0               !查看控制台配置
CON   Type   speed   Overruns
* 0    CON   38400   0
Line 0, Location: "", Type: "vt100"
Length: 25 lines, Width: 80 columns
Special Chars: Escape Disconnect Activation
              ^^x       none      ^M
Timeouts: Idle EXEC  Idle Session
             never        never
History is enabled, history size is 10.
Total input: 22 bytes
Total output: 115 bytes
Data overflow: 0 bytes
stop rx interrupt: 0 times
Modem: READY
```

6.2.9　配置 Telnet 功能

Telnet 属于应用层协议,提供通过网络远程登录和虚拟终端通信功能的服务。通过网络设备上的 Telnet 命令登录到远程设备上,在特权模式下,命令格式为:

```
telnet host [port] [/source {ip A.B.C.D|interface interface-name}]
```

其中,host 是远程设备主机名;A.B.C.D 是远程设备 IP 地址。

配置举例:在本地设备上建立与远程设备的 Telnet 会话,远程设备的 IP 地址是 192.168.0.1。

第一步:配置远程设备端口地址。

```
router_jiaoxue#configure terminal                     !进入全局配置模式
router_jiaoxue(config)#interface fastethernet 0/0     !路由器接口配置模式
router_jiaoxue(config-if)#ip address 192.168.0.1 255.255.255.0
                                                      !路由器管理接口 IP 地址
router_jiaoxue(config-if)#no shutdown                 !激活路由器 fa 0/0 端口
```

第二步:配置远程设备的远程登录密码。

```
router_jiaoxue(config)#line vty 0 4                   !路由器线路配置模式
router_jiaoxue(config-line)#login                     !配置远程登录
router_jiaoxue(config-line)#password hrbfu            !设置路由器远程登录密码为"hrbfu"
router_jiaoxue(config-line)#end
```

第三步:配置路由器特权模式密码。

```
router_jiaoxue(config)#enable secret fu               !特权模式密码为"fu"
```

或者:

```
router_jiaoxue(config)#enable password  fu
```

第四步：从本地连接到远程设备。

```
router#telnet 192.168.0.1                    !建立到远程设备的 Telnet 会话
Trying 192.168.0.1 ... Open
User Access Verification                     !远程设备的登录界面
Password:                                    !password 输入"hrbfu"
```

6.2.10　配置连接超时

可以通过配置设备的连接超时时间，控制该设备已经建立的连接（包括已连接，以及该设备到远程终端的会话），当空闲时间超过设置值，没有任何输入输出信息时，中断此连接。

1. 连接超时

已连接的会话在指定时间内没有任何输入，被连接端将中断此连接。在 Line 配置模式下，命令格式为：

```
exec-timeout minutes [seconds]
```

其中，minutes 为超时的分钟数；seconds 为超时的秒数。

用 no exec-timeout 命令可以取消 Line 下连接的超时设置。

配置举例：设置超时时间为 10min。

```
router_jiaoxue#configure terminal
router_jiaoxue(config)#line vty 0            !进入 Line 配置模式
router_jiaoxue(config-line)#exec-timeout 10  !设置超时时间为 10min
```

2. 会话超时

如果当前 Line 上已经建立了到远程终端的会话，在指定时间内没有任何输入，将中断会话并恢复终端为空闲状态。

在 Line 配置模式下，命令格式为：

```
session-timeout minutes [output]
```

其中，minutes 为超时的分钟数；output 表示是否将输出数据也作为输入来判断超时。

用 no session-timeout 命令可以取消 Line 下到远程终端的会话超时时间设置。

配置举例：设置到远程终端的超时时间为 10min。

```
router_jiaoxue#configure terminal
router_jiaoxue(config)#line vty 0              !进入 Line 配置模式
router_jiaoxue(config-line)#session-timeout 10 !设置超时时间为 10min
```

6.2.11　批处理执行文件中的命令

在配置设备时，如果需要在 CLI 界面输入较多的命令来实现某个功能，可以将这些配置命令按配置步骤写在一个批处理文件中，在配置时，执行批处理文件，就可以将相关的配置一次性执行完毕。

在特权模式下,执行批处理文件的命令格式为:

```
execute {[flash:] filename}
```

其中,filename 为批处理文件名;flash:为文件路径。

配置举例:批处理文件 config_ip.text 用于配置主机名及端口 IP 地址,文件内容如下。

```
configure terminal
hostname router_jiaoxue
interface fa 0/0
ip add 192.168.0.1 255.255.255.0
end
```

执行的结果如下。

```
router#execute flash:config_ip.text
executing script file config_ip.text …
executing done
router#configure terminal
Enter configuration commands, one per line. End with CNTL/Z.
router(config)#hostname router_jiaoxue
router_jiaoxue(config)#interface fa 0/0
router_jiaoxue(config-if)#ip address 192.168.0.1 255.255.255.0
router_jiaoxue(config-if)#end
```

批处理文件先在终端设备上编辑完毕,然后通过 TFTP 传输到设备的 Flash 中,文件的内容必须按照 CLI 命令的配置顺序来编辑,配置过程中的一些交互式命令,需要在批处理文件中预先写入相应的回答,保证命令能够正常执行。批处理文件的大小不能超过 128KB,超过 128KB 的批处理文件,需要将文件分成多个小于 128KB 的文件。

6.2.12　配置文件的管理

在特权模式下,命令格式为:

```
copy running-config startup-config          !保存配置文件命令之一
write memory                                !保存配置文件命令之二
write                                       !保存配置文件命令之三
show running-config                         !查看运行配置
show startup-config                         !查看 NVRAM 中的配置文件
delete flash:config.text                    !删除初始配置文件
```

6.2.13　查看系统信息

可以通过命令查看版本信息、设备信息等内容。

1. 查看系统、版本信息

系统信息主要包括系统硬件版本、系统软件版本、系统上电时间、系统描述、系统 Ctrl 层软件版本、系统 Boot 层软件版本等。

在特权模式下,命令格式为:

```
show version
```

2. 显示硬件信息

设备的硬件信息主要包括物理设备信息、设备上的插槽和模块信息。物理设备信息包括：设备的描述、设备拥有的插槽数量。插槽信息包括：插槽在设备上的编号、插槽上模块的描述、插槽所插模块包括的物理端口数、插槽最多可能包含的端口的最大个数。

在特权模式下,命令格式为：

```
show version devices                              !显示当前设备信息
show version slots                                !显示当前插槽和模块信息
```

6.3　路由器的端口配置

6.3.1　端口简介

路由器有两种端口类型：物理端口和逻辑端口。物理端口就是在路由器上实际存在的硬件端口,如以太网端口、同步串行端口、异步串行端口、E1 端口、ISDN 端口等;逻辑端口就是虚拟的、在路由器上没有实际存在的硬件端口,逻辑端口可以与物理端口关联,也可以独立存在,如 Dialer 端口、NULL 端口、Loopback 端口、子接口等。对于网络协议而言,对待物理端口和逻辑端口是一样的。根据不同厂商、不同产品型号,路由器大致的端口类型如表 6-6 所示。

表 6-6　路由器端口类型

端口类型		端口名称	标　　准
物理端口	以太网端口	FastEthernet GigabitEthernet Aggregate Port	IEEE 802.3
	同步串行端口	Serial	V.24、V.35、X.21、EIA/TIA-449、EIA-530
	异步串行端口	Async	EIA/TIA RS-232
	E1/CE1 端口	E1	G.704、G.706、G.732、G.775
	ISDN S/T 端口	BRI	ITU-T I.430
	ISDN U 端口	BRI	G.961、ANSI T1.601
逻辑端口	Dialer 端口	Dialer	—
	NULL 端口	NULL	—
	Loopback 端口	Loopback	—
	子接口	例如：Serial 0.1	—

6.3.2　端口基本配置

1. 进入指定的接口配置模式

配置每个端口,首先进入全局配置模式,然后再进入指定接口配置模式,命令格式如下。

```
interface interface-type interface-number
```

其中,interface-type 为端口类型;interface-number 为端口编号,编号规则如下。

同步端口、以太端口、ISDN 端口,端口编号由槽号及端口号组成,如第 2 槽上所插同步端口模块的第三个端口表示为:Serial 2/3。

对于 E1/CE1 端口,端口编号由槽号、端口号以及通道组号组成,如第 2 槽上所插 E1/CE1 模块的第三个端口的第一个通道组表示为:Serial 2/3∶1。

异步串行端口和辅助端口属于 Async 端口,端口编号规则是,辅助端口的端口号在异步串行端口之后。例如,设备插入一块 8 端口异步端口子卡,异步串行端口的 1~8 端口号分别是 Async 1~Async 8,辅助端口是 Async 9,如果设备上没插任何异步串行端口模块,那么辅助端口的端口编号是 Async 1。

配置举例:进入快速以太网端口第 0 槽的第 1 个端口。

```
router_jiaoxue#config terminal
router_jiaoxue(config)#interface fa 0/1
```

2. IP 地址配置

除了 NULL 端口,每个端口都可配置 IP 地址,在接口配置模式下,命令格式为:

```
ip address ip-address ip-mask
```

其中,ip-address 为具体的 IP 地址;ip-mask 为 IP 地址对应的掩码。

用 no ip address 命令可以删除该端口的 IP 地址。

3. 端口描述配置

在接口配置模式下,命令格式为:

```
description interface-description
```

其中,interface-description 为具体的描述字符串,最大支持 80 个字符。

用 no description 命令可以删除描述。

4. 最大传输单元配置

最大传输单元(Maximum Transmission Unit,MTU)的配置是在接口配置模式下,命令格式为:

```
mtu bytes
```

其中,bytes 为要配置的 MTU 值,取值范围为 64~1530B。

用 no mtu 命令可以恢复 MTU 的默认值。

5. 带宽 Bandwidth 配置

Bandwidth 主要用于一些路由协议计算路由量度,修改端口带宽不会影响物理端口的数据传输速率。

在接口配置模式下,命令格式为:

```
bandwidth kilobits
```

其中,kilobits 为每秒钟带宽,单位为 kb/s。

用 no bandwidth 命令可以取消 Bandwidth 的设置。

6. 显示端口状态

在特权模式下,命令格式为:

```
show interface [serial|async|fastEthernet| …]
```

其中,serial｜async｜fastEthernet｜…为可选的端口类型。

7. 端口的关闭和激活

在特权模式下,关闭端口的命令格式为:

```
shutdown
```

用 no shutdown 命令激活端口。

8. 配置举例

```
router_jiaoxue(config)#interface fa 0/0
router_jiaoxue(config-if)#description first_router
router_jiaoxue(config-if)#ip address 192.168.1.1 255.255.255.0
router_jiaoxue(config-if)#no shutdown
```

6.3.3　以太网端口配置

以太网端口配置比较简单,最基本的就是配置端口的 IP 地址,其他的参数使用默认值即可。

1. 进入以太网接口配置模式

在全局配置模式下,命令格式为:

```
interface fastethernet interface-number
interface gigabitethernet interface-number
```

其中,interface-number 为端口编号。

2. IP 地址配置

在接口配置模式下,命令格式为:

```
ip address ip-address ip-mask [secondary]
```

其中,ip-address 为 IP 地址;ip-mask 为 IP 地址对应的掩码;以太网端口支持多个 IP 地址,用 secondary 关键字指出除第一个 IP 地址之外的其他 IP 地址。

用 no ip address [ip-address ip-mask [secondary]]命令可以取消端口的 IP 地址。

3. MAC 地址配置

默认情况下,每个路由器的以太网端口都有一个 MAC 地址。以太网端口的 MAC 地址可以修改,但必须保证同一局域网上 MAC 地址的唯一性。

在接口配置模式下,命令格式为:

```
mac-address mac-address
```

其中,**mac-address** 为要配置的新 MAC 地址,MAC 地址的修改会影响局域网内的通信,一般情况下,不建议修改。

用 no mac-address 命令可以取消 MAC 地址的修改。

4. 显示端口状态

在特权模式下,命令格式为:

```
show interface fastethernet interface-number
show interface gigabitethernet interface-number
```

5. 以太网端口配置示例

```
router_jiaoxue#config terminal
router_jiaoxue(config)#interface fa 0/0
router_jiaoxue(config-if)#ip address 192.168.1.1 255.255.255.0
router_jiaoxue(config-if)#no shutdown
```

6.3.4 广域网端口配置

广域网(Wide Area Network,WAN)端口就是连接广域网的端口。按照线路类型划分,广域网一般分为 X.25 网、帧中继网、异步传输模式(Asynchronous Transfer Mode, ATM)网以及 ISDN 网等类型。路由器能够提供相应的 WAN 端口,包括异步串行端口以及同步串行端口等。

1. 异步串行端口

异步串行端口的硬件端口可以是异步端口和辅助端口,端口名为 Async,工作在专线方式或拨号方式下。拨号方式下,异步串行端口外接 Modem 或 ISDN 终端适配器(Terminal Adapter,TA)作为拨号接口使用。

异步串行端口可以封装串行线路互联网协议(Serial Line Internet Protocol,SLIP)或点对点协议(Point-to-Point Protocol,PPP)两种数据链路层协议,网络层只支持 IP 协议。下面以专线方式为例介绍异步串行端口的配置。

在专线方式下配置异步串行端口,需要对异步串行端口和异步线路的参数进行配置,配置内容包括:进入异步串行端口配置模式(必须配置),配置链路封装协议(必须配置),配置链路建立方式(必须配置),配置 MTU(可选配置),配置异步线路波特率(可选配置),配置异步线路流控方式(可选配置),配置异步线路校验模式(可选配置),配置异步线路停止位(可选配置),配置异步线路数据位(可选配置)。

(1) 进入异步串行端口配置模式。

在全局配置模式下,命令格式为:

```
interface async async-number
```

其中,async-number 为端口编号。

(2) 链路层封装协议配置。

在异步接口配置模式下,命令格式为:

```
encapsulation {ppp|slip}
```

其中,默认封装的协议是 slip。

（3）链路建立方式配置。

专线方式采用专用方式（Dedicated）建立链路，即异步线路一旦连通，直接自启动链路层协议建立链路。拨号方式也可以采用专用方式。

在异步接口配置模式下，命令格式为：

```
async mode dedicated
```

（4）MTU 配置。

在异步接口配置模式下，命令格式为：

```
mtu mtu-size
```

其中，mtu-size 为要配置的 MTU，单位是 B，默认为 1500B。

用 no mtu 命令可以恢复默认值。

（5）异步线路波特率配置。

异步端口在专线方式下使用时，波特率必须和相连接的设备的波特率相同。

在异步线路配置模式下，命令格式为：

```
speed speed-number
```

其中，speed-number 为要配置的波特率，默认值为 9600b/s。

（6）异步线路流控方式配置。

异步线路支持三种流控方式：硬件流控、软件流控及无流控。

硬件流控，异步线路的数据发送由硬件信号控制。线路发送数据时端口自动检测 CTS 信号，有 CTS 信号就正常发送，无 CTS 信号就停止发送。

软件流控，异步线路的数据发送由软件信号控制。线路发送数据时端口自动检测软件流控信号，收到流控字符 XOFF（0x13）时关闭本端发送接口，收到流控字符 XON（0x11）时打开本端发送接口。

在异步线路配置模式下，命令格式为：

```
flowcontrol {none|hardware|software}
```

其中，默认值为无流控，如果对应的异步端口配置了 IP 协议或者其他协议，建议配置成硬件流控。

（7）异步线路校验模式配置。

异步线路支持三种校验方式：奇校验、偶校验、无校验。

在异步线路配置模式下，命令格式为：

```
parity {even|none|odd}
```

其中，默认值为无校验。

（8）异步线路停止位配置。

异步线路支持的停止位包括 1、1.5、2 位。

在异步线路配置模式下，命令格式为：

```
stopbits {1|1.5|2}
```

其中,默认值为 2。

(9) 异步线路数据位配置。

异步线路支持四种数据位：5、6、7、8。

在异步线路配置模式下,命令格式为：

```
databits {5|6|7|8}
```

其中,默认值为 8。

(10) 显示异步串行端口的状态。

在特权模式下,命令格式为：

```
show line [ line-name ] line-number
```

其中,line-name 为要显示状态的线路名称；line-number 为线路号。

```
show interfaces [interface-name interface-number]
```

其中,interface-name 为要显示状态的端口名称；interface-number 为端口编号。

2. 同步串行端口

不同厂商对同步串行端口的称谓有所不同,锐捷路由器的同步串行端口称为 Serial。

(1) 同步串行端口具有以下特性。

① 支持多种封装协议如 PPP、帧中继、X.25、HDLC 以及 LAPB 等；

② 工作在 DTE 和 DCE 两种方式下。一般情况下,路由器作为 DTE 设备,接受 DCE 设备提供的时钟。但在背靠背直连的情况下,一端的路由器可作为 DCE 设备,提供内部时钟,供另一端作为 DTE 设备的路由器接受。

③ 同步串行端口支持多种类型的外接电缆,包括：EIA/TIA-232、V.35、X.21、EIA/TIA-449、EIA-530,相应地可外接多种电缆线如 V.24,V.35,X.21,RS-449,530 等。外接的电缆线能够被自动识别,可以通过执行 show interface serial 命令查看同步串行端口的当前外接电缆类型等信息。

(2) 同步串行端口的配置内容包括：进入指定同步串行端口的配置模式,链路封装协议配置,同步口时钟速率配置,MTU 配置。

① 进入指定同步串行端口的配置模式。

在全局配置模式下,命令格式为：

```
interface serial interface-number
```

其中,interface-number 为端口编号。

② 链路封装协议配置。

在同步串行端口上用哪种帧格式传输数据链路层的数据是由封装协议来确定的。不同厂商、不同型号的路由设备在支持的封装协议上有所不同,锐捷产品支持五种封装协议,包括 PPP、帧中继、LAPB、X.25 及 HDLC。

在接口配置模式下,命令格式为：

```
encapsulation {frame-relay|hdlc|lapb|ppp|x25}
```

其中,默认值为 hdlc。

③ 同步串行端口时钟速率配置。

同步串行端口作 DCE 设备时,需要向 DTE 设备提供时钟;同步串行端口作为 DTE 设备时,需要接受 DCE 设备提供的时钟。两个同步串行端口相连时,线路上的时钟速率由 DCE 端决定,因此当同步串行端口工作在 DCE 方式下,需要配置同步时钟速率。

在接口配置模式下,命令格式为:

```
clock rate clockrate
```

其中,clockrate 为要设置的同步串行端口 DCE 端的时钟速率,默认值为 9600b/s,路由设备背对背连接时通常设置为 64 000b/s。时钟速率的设置必须确保物理端口连接电缆的支持,如 V.24 电缆最高只支持 128kb/s 的速率。

④ MTU 配置。

在接口配置模式下,命令格式为:

```
mtu mtu-size
```

其中,默认值为 1500B。

用 no mtu 命令可以恢复默认值。

⑤ 显示同步串行端口状态。

在特权模式下,命令格式为:

```
show interface serial interface-number
```

3. CE1 端口

CE1 端口有两种工作模式: E1 模式及 CE1 模式。

工作在 E1 模式时不划分时隙,相当于一个数据带宽为 2.048Mb/s 的端口,其逻辑特性与同步串行端口相同,支持多种封装协议如 PPP、FR、X.25、HDLC 及 LAPB 等。

工作在 CE1 模式时,通道将把 2.048Mb/s 的数据带宽分为 32 个时隙,每时隙带宽 64kb/s。32 个时隙分别对应标识 0～31,其中,时隙 0 传送 CE1 帧同步信号,有效进行数据传输的时隙为 1～31。因此,最多能够配置 31 个 Channel-Group,每个 Channel-Group 至少配置 1 个时隙,最多配置 31 个时隙。时隙可以空闲或被某一个 Channel-Group 占用,不能重复分配给多个 Channel-Group。分配好时隙的 Channel-Group 就是一个逻辑接口,其逻辑特性与同步串行端口相同,其数据带宽为:占用的时隙数×64kb/s。CE1 端口的配置内容包括:进入指定 CE1 端口的配置模式,设置 CE1 端口的时隙分配方式,设置 Channel-Group 工作参数,设置同步时钟源,设置帧校验方式,设置线路编解码格式,设置允许或禁止本地自环,设置 E1 或 CE1 工作模式,设置 E1 工作参数。

(1) 进入指定 CE1 端口的配置模式。

在全局配置模式下,命令格式为:

```
controller e1 slot-number/port-number
```

其中,slot-number 为插槽编号;port-number 为端口编号。

(2) E1 或 CE1 模式选择。

在 CE1 接口配置模式下,命令格式为:

using {ce1|e1}

用 no using 命令可以恢复默认工作模式 CE1。

(3) CE1 端口的时隙分配方式配置。

在 CE1 接口配置模式下,命令格式为:

channel-group chan-num timeslots timeslot-range

其中,chan-num 为通道组编号,范围为 0~30;timeslot-range 为指定的时隙编号,范围为 1~31,不需要连续。

用 no channel-group chan-num 命令可以取消时隙分配。

配置举例: 在 e1 1/0 端口下,将时隙 1、2、4 分配给通道组 0,系统在同步串行端口下生成一个逻辑端口。

```
router_jiaoxue(config)#controller e1 1/0
router_jiaoxue(config-controller)#channel-group 0 timeslots 1-2 4
```

将生成逻辑端口 serial 1/0:0,该端口的逻辑特性与同步串行端口相同。

(4) Channel-Group 参数配置。

在全局配置模式下,进入指定 Channel-Group 逻辑接口的配置模式,命令格式为:

interface serial slot-number /port-number:chan-num

对 Channel-Group 逻辑端口的配置与同步串行端口相同。

(5) 同步时钟源配置。

当两个 CE1 端口直接互连时,必须指定同步时钟源。一个 CE1 端口提供同步时钟时,另一个 CE1 端口从数据接收线上获取时钟,作为本地数据收发的同步时钟。当 CE1 端口与设备相连接时,通常由设备端提供同步时钟。

在 CE1 接口配置模式下,命令格式为:

clock source {line|internal}

用 no clock source 命令可以恢复 CE1 端口同步时钟源的默认设置。

(6) E1 参数配置。

当 CE1 端口工作在 E1 模式下时,系统自动生成一个 E1 逻辑端口:

serial slot-number/port-number:0

在全局配置模式下,进入指定 E1 逻辑端口的配置模式,命令格式为:

interface serial slot-number/port-number:0

其中,slot-number/port-number: 0 为系统自动生成的逻辑端口的编号,E1 逻辑端口的配置方式与同步串行端口相同。

(7) 显示 CE1 端口状态。

在特权模式下,显示 CE1 端口相关状态信息,命令格式为:

show controller e1 [slot-number/port-number]

在特权模式下，显示指定的 Channel-Group 逻辑端口的状态信息，命令格式为：

```
show interface serial slot-number/port-number:chan-num
```

在特权模式下，显示指定的 E1 逻辑端口的状态信息，命令格式为：

```
show interface serial slot-number/port-number:0
```

配置举例：显示端口状态。

```
router_jiaoxue#show controller e1              !显示全部 CE1 信息
router_jiaoxue#show controller e1 1/0          !显示指定 CE1 信息
router_jiaoxue#show interface serial 1/0:0     !显示 Channel-Group 的信息
router_jiaoxue#show interface serial 1/1:0     !显示指定 E1 信息
```

（8）CE1 端口配置举例。

① CE1 配置。

配置 E1 端口 E1 1/0 为 CE1 模式，划分为两个通道：通道 1 和通道 10。通道 1 占用时隙 1,3,5,7,9，通道 10 占用时隙 2,4,6,8,10，线路时钟为默认设置，具体配置如下。

```
router_jiaoxue(config)#controller e1 1/0               !进入 CE1 配置模式
router_jiaoxue(config-controller)#using ce1
                !选择 CE1 工作模式。CE1 为默认配置，只有当前为 e1 模式时，才进行此配置
router_jiaoxue(config-controller)#channel-group 1 timeslots 1,3,5,7,9
router_jiaoxue(config-controller)#channel-group 10 timeslots 2,4,6,8,10
```

以上配置完成后，系统自动生成如下逻辑端口。

```
interface s 1/0:1
interface s 1/0:10。
```

② E1 配置。

配置 E1 端口 E1 1/0 为 E1 模式。首先清除 CE1 的参数配置，即先将 31 个时隙释放，然后再将端口配置为 E1 模式。具体配置如下。

```
router_jiaoxue(config)#controller e1 1/0
router_jiaoxue(config-controller)#no channel-group 1
router_jiaoxue(config-controller)#no channel-group 10
router_jiaoxue(config-controller)#using e1
```

如果该路由器没有配置过 CE1 模式参数，则配置如下。

```
router_jiaoxue(config)#controller e1 1/0
router_jiaoxue(config-controller)#using e1
```

以上配置完成后，系统自动生成如下逻辑端口。

```
interface s 1/0:0。
```

6.3.5　逻辑端口配置

路由器产品一般提供环回（Loopback）端口、空（NULL）端口、拨号（Dialer）端口、子接

口等逻辑端口。

1. Loopback 端口

Loopback 端口是完全软件模拟的设备本地端口,永远处于 UP 状态。发往 Loopback 端口的数据包将会在设备本地处理,包括路由信息。Loopback 端口的 IP 地址可以用来作为 OSPF 路由协议的设备标识、实施反向 Telnet 或者作为远程 Telnet 访问的网络端口等。配置一个 Loopback 端口类似于配置一个以太网端口,可以把它看作一个虚拟的以太网端口。

在全局配置模式下,命令格式为:

```
interface loopback loopback-interface-number
```

其中,loopback-interface-number 为要创建的 Loopback 的端口号,配置 Loopback 端口的参数方式同配置以太网端口一样。

用 no interface loopback loopback-interface-number 命令可以删除 Loopback 端口配置。

2. Dialer 端口

可以通过 Dialer 端口实现按需拨号路由(Dial-on Demand Routing,DDR)功能。

在全局配置模式下,命令格式为:

```
interface dialer dialer-number
```

其中,dialer-number 为要创建的拨号端口编号。

用 no interface dialer dialer-number 命令可以删除已创建的 Dialer 端口。

3. 子接口

子接口是在单个物理端口上衍生出来并依附于该物理端口的逻辑端口。路由设备一般允许在单个物理端口上配置多个子接口,同属于一个物理端口的多个逻辑端口在工作时共享物理端口的配置参数,但又有各自的链路层与网络层配置参数,子接口一般用来实现不同 VLAN 或不同网段间的路由转发。可以配置子接口的物理端口包括:以太网端口、封装帧中继的广域网端口、封装 X.25 的广域网端口等,本书主要介绍在以太网端口下配置子接口。

以太网端口子接口的配置顺序依次为:创建逻辑端口-子接口,封装 VLAN 协议,为子接口配置 IP 地址。

进入或创建子接口,在全局配置模式下,命令格式为:

```
interface fastethernet slot-number/interface-number.subinterface-number
```

其中,slot-number/interface-number 为槽号/物理端口序号;subinterface-number 为子接口在该物理端口上的序号,二者之间由"."连接。

用 no interface fastethernet slot-number/interface-number.subinterface-number 命令可以删除以太网子接口,其中,Sub_interface_number 为子接口编号。

封装 VLAN 协议,在子接口配置模式下,命令格式为:

```
encapsulation dot1q vlanid
```

其中,vlanid 为具体的 VLAN ID。

配置子接口 IP 地址。封装 VLAN ID 后,必须为封装 VLAN ID 的以太网子接口配置

IP 地址。在子接口配置模式下,命令格式为:

```
ip address ip-address mask
```

其中,ip-address 一般是一个 VLAN 内主机连接其他 VLAN 主机的网关地址;mask 为 IP
地址对应的掩码。

配置举例:网络拓扑结构如图 6-8 所示,在一台路由器的以太网端口上划分两个
VLAN,一个 VLAN 连接 192.168.0.0/24 网段的主机,一个 VLAN 连接 192.168.1.0/24 网
段的主机;路由器以太网端口封装 IEEE 802.1q 为两个 VLAN 间的主机提供路由转发功
能,从而实现 PC1 与 PC4 的互通。

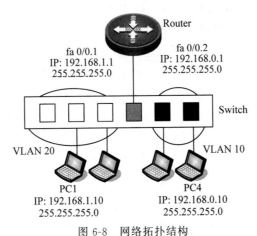

图 6-8　网络拓扑结构

```
#Router 配置命令
router#conf t
router(config)#hostname router_jiaoxue
router_jiaoxue(config)#interface fa 0/0
router_jiaoxue(config-if)#no shutdown
router_jiaoxue(config-if)#interface fa 0/0.1        !在 fa 0/0 端口下创建子接口
router_jiaoxue(config-subif)#encapsulation dot1q 20
                                                    !封装 IEEE 802.1q,VLAN ID 为 20
router_jiaoxue(config-subif)#ip addr 192.168.1.1 255.255.255.0
                                                    !配置子接口 IP 地址
router_jiaoxue(config-subif)#no shutdown            !激活子接口
router_jiaoxue(config-subif)#interface fa 0/0.2     !在 fa 0/0 端口下创建子接口
router_jiaoxue(config-subif)#encapsulation dot1q 10
                                                    !封装 IEEE 802.1q,VLAN ID 为 10
router_jiaoxue(config-subif)#ip addr 192.168.0.1 255.255.255.0
                                                    !配置子接口 IP 地址
router_jiaoxue(config-subif)#no shutdown            !激活子接口
router_jiaoxue(config-subif)end
#Switch 配置命令
switch#conf t
switch(config)#hostname switch_jiaoxue
```

```
switch_jiaoxue(config)#vlan 10
switch_jiaoxue(config-vlan)#vlan 20
switch_jiaoxue(config-vlan)#exit
switch_jiaoxue(config)#int fa 0/2
switch_jiaoxue(config-if)#switchport mode access
switch_jiaoxue(config-if)#switchport access vlan 20
switch_jiaoxue(config-if)#int fa 0/6
switch_jiaoxue(config-if)#switchport mode access
switch_jiaoxue(config-if)#switchport access vlan 10
switch_jiaoxue(config-if)#int fa 0/4
switch_jiaoxue(config-if)#switchport mode trunk
switch_jiaoxue(config-if)#end
switch_jiaoxue#
#PC1 的配置
主机 IP 地址:192.168.1.10
子网掩码:255.255.255.0
网关 IP 地址:192.168.1.1
子网掩码:255.255.255.0
#PC4 的配置
主机 IP 地址:192.168.0.10
子网掩码:255.255.255.0
网关 IP 地址:192.168.0.1
子网掩码:255.255.255.0
```

6.4　路由器口令恢复

在配置路由器过程中,可以设置以下三种口令。

(1) 控制台访问口令。

(2) 远程终端访问口令。

(3) 特权模式访问口令。

口令的设置方式在前面章节已讲述,本节介绍在口令遗忘的情况下,如何恢复默认设置。不同厂商、不同型号的路由设备,恢复口令技术不完全相同,下面以锐捷公司的 RSR 系列路由器为例说明恢复口令的过程。

口令恢复分为保留配置文件恢复和不保留配置文件恢复两种情况。

6.4.1　不保留配置文件

1. 恢复原理

路由器启动过程中会读取配置文件 Config.text,路由器设置的几种口令均保存在 Config.text 文件中。系统启动过程中进入到设备的 Bootload 模式,把配置文件删除重启后,系统在启动过程中查找不到 Config.text 文件,就会以出厂配置进入系统。

2. 设备连接

路由器通过 Console 端口连接到计算机,进入计算机的“超级终端”界面,然后重启路由器。

3. 操作步骤

（1）重启路由器，进入 Boot 层或 Ctrl 层的命令行模式。

RSR77 系列、RSR77-X 系列和 RSR50E-40 是进入 Ctrl 模式进行密码恢复，而其他 RSR 系列路由器是进入 Boot 模式进行口令恢复。

RSR 路由器进入 Boot 层时，新的版本是直接进入命令行模式，而老版本是进入菜单模式。菜单模式下使用 Ctrl+Q 组合键进入命令行模式。

① 新版本进入 Boot/Ctrl 层的命令行模式。

重启路由器，在出现"Press Ctrl+C to enter Boot ..."或"Press Ctrl+C to enter Ctrl ..."时，按 Ctrl+C 组合键，即可进入 Boot 层或 Ctrl 层的命令行模式，此时设备会出现"BootLoader>"或"Ctrl>"提示符。

② 老版本进入 Boot 层的命令行模式。

重启路由器，在出现"Press Ctrl+C to enter Boot Menu ..."时，按 Ctrl+C 组合键，可进入 Boot 层下的菜单模式；在 Boot 层菜单模式下，按 Ctrl+Q 组合键，即可进入 Boot 层的命令行模式，设备会出现"BootLoader>"提示符。

（2）删除配置文件。

在提示符下，用 Delete 命令删除配置文件。

```
bootloader>delete config.text
```

注意：老版本的命令为 rm config.text

（3）加载主程序，出厂配置启动设备。

```
bootloader>load
```

重启路由器后，参数恢复到了出厂设置，启动完成后可以根据需要做配置。

6.4.2　保留配置文件

1. 恢复原理

路由器启动过程中会读取配置文件 Config.text，路由器设置的几种口令均保存在 Config.text 文件中。进入到设备的 Bootload 模式，把配置文件名称改成其他名字后，系统在启动过程中查找不到 Config.text 文件，就会以出厂配置进入系统。进入系统后再把配置文件名称改回 Config.text，重新设置相应的口令保存，下次进入系统时就可以使用新口令了。

2. 设备连接

路由器通过 Console 端口连接到计算机，进入计算机的"超级终端"界面，重启路由器。

3. 操作步骤

（1）进入 BootLoader>提示符，步骤与 6.4.1 节相同。

（2）重命名配置文件。

```
bootloader>rename config.text config.bak
```

（3）加载主程序，用出厂配置启动设备。

```
bootloader>load
```

（4）恢复配置文件。

```
router#copy flash:config.bak flash:config.text
router#copy startup-config running-config
```

（5）设置新口令并保存。

```
router_jiaoxue#configure terminal
router_jiaoxue(config)#enable secret fu          !配置口令 fu
router_jiaoxue(config)#line vty 0 4
router_jiaoxue(config-line)#password hrbfu  !配置远程登录口令 hrbfu
router_jiaoxue(config-line)#login           !启动远程登录认证
router_jiaoxue(config)#exit
router_jiaoxue(config)#line console 0            !进入控制台线路配置模式
router_jiaoxue(config-line)#login                !启动登录认证
router_jiaoxue(config-line)#password fu          !配置控制台登录口令 fu
router_jiaoxue#write                             !保存配置
```

重启路由器后，以新密码进入系统，其他原有配置不变。

实验 6-1　路由器基本配置

【实验要求】

（1）练习路由器的三种配置模式。
（2）配置路由器的设备名称。
（3）端口的基本配置。
（4）查看路由器的系统和配置信息。

【实验步骤】

1. 路由器命令行操作模式

```
router>en                                !进入特权模式
router#
router#configure terminal                !进入全局配置模式
router(config)#
router(config)#interface fa 0/0          !进入路由器 fa 0/0 端口模式
router(config-if)#
router(config-if)#exit                   !退回到上一级操作模式
router(config)#
router(config-if)#end                    !直接退回到特权模式
router#
```

2. 路由器命令行的基本功能

```
router>?                         !显示当前模式下所有可执行的命令
router#co?                       !显示当前模式下所有以 co 开头的命令
router#show?                     !显示 show 命令后可执行的参数
router#conf t           !路由器命令行支持命令的简写，该命令代表 Configure Terminal
```

```
router#con                                    !(按 Tab 键自动补齐 Configure)路由器支持命令自动补齐
router(config-if)#^Z                          !Ctrl+Z 退回到特权模式
```

3. 路由器设备名称的配置

```
router>en                                     !进入特权模式
router#configure terminal
router(config)#hostname arouter_2             !配置路由器的设备名称为 arouter_2
arouter_2(config)#
```

4. 端口的基本配置

```
arouter_2(config)#interface s 2/0             !进入 s 2/0 端口配置模式
arouter_2(config-if)#ip address 192.168.1.1  255.255.255.0    !配置 IP 地址
arouter_2(config-if)#clock rate 64000
                                              !DCE 设备配置时钟频率 64 000,DTE 设备不需配置
arouter_2(config-if)#no shutdown              !激活端口
arouter_2(config-if)#exit
arouter_2(config)#exit
arouter_2#show interface s 2/0                !显示路由器 s 2/0 的状态
arouter_2#show ip interface s 2/0             !显示端口 IP 协议的属性
arouter_2#conf t
arouter_2(config)#interface fa 0/0            !进入 fa 0/0 配置模式
arouter_2(config-if)#ip address 192.168.10.1  255.255.255.0       !配置端口 IP 地址
arouter_2(config-if)#no shutdown              !激活端口
arouter_2(config-if)#exit
arouter_2(config)#exit
arouter_2#show interface fa 0/0               !显示路由器 fa 0/0 的状态
arouter_2#show ip interface fa 0/0            !显示端口 IP 协议相关属性
```

5. 查看路由器的系统和配置信息

```
arouter_2#show version                        !显示版本信息
arouter_2#show ip route                       !显示路由表信息
arouter_2#show running-config                 !显示当前生效的配置信息
```

实验 6-2 单臂路由实现 VLAN 互通

【实验要求】
网络拓扑如图 6-9 所示。
(1) 在二校区,两台二层交换机分别接入 PC1~PC4,同时划分三个 VLAN。
(2) VLAN 间通过单臂路由实现互通。
(3) IP 地址使用 172.21.0.0/16 地址段,其余自行规划。

【实验步骤】
1. IP 地址规划
划分 4 个网段。

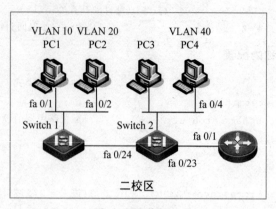

图 6-9 网络拓扑

VLAN 10:172.21.0.0/18
PC1: 172.21.0.10/18,Gateway IP:172.21.0.1/18
VLAN 20:172.21.64.0/18
PC2:172.21.64.10/18,Gateway IP:172.21.64.1/18
VLAN 40:172.21.192.0/18
PC4:172.21.192.10/18,Gateway IP:172.21.192.1/18

2. 配置命令

```
#Router 配置
router#conf
router(config)#hostname arouter_2
arouter_2(config)#interface fa 0/1
arouter_2(config-if)#no shutdown
arouter_2(config-if)#interface fa 0/1.1              !在 fa 0/1 下创建子接口
arouter_2(config-subif)#encapsulation dot1q 10      !封装 IEEE 802.1q,VLAN ID 为 10
arouter_2(config-subif)#ip addr 172.21.0.1 255.255.192.0     !配置子接口 IP 地址
arouter_2(config-subif)#no shutdown                 !激活子接口
arouter_2(config-subif)#interface fa 0/1.2          !在 fa 0/1 下创建子接口
arouter_2(config-subif)#encapsulation dot1q 20      !封装 IEEE 802.1q,VLAN ID 为 20
arouter_2(config-subif)#ip addr 172.21.64.1 255.255.192.0    !配置子接口 IP 地址
arouter_2(config-subif)#no shutdown                 !激活子接口
arouter_2(config-subif)#interface fa 0/1.4          !在 fa 0/1 下创建子接口
arouter_2(config-subif)#encapsulation dot1q 40      !封装 IEEE 802.1q,VLAN ID 为 40
arouter_2(config-subif)#ip addr 172.21.192.1 255.255.192.0    !配置子接口 IP 地址
arouter_2(config-subif)#no shutdown                 !激活子接口
arouter_2(config-subif)end
#switch1 的配置
switch#conf t
switch(config)#hostname aswitch_21
aswitch_21(config)#vlan 10
aswitch_21(config-vlan)#vlan 20
aswitch_21(config-vlan)#exit
```

```
aswitch_21(config)#int fa 0/1
aswitch_21(config-if)#switchport mode access
aswitch_21(config-if)#switchport access vlan 10
aswitch_21(config-if)#int fa 0/2
aswitch_21(config-if)#switchport mode access
aswitch_21(config-if)#switchport access vlan 20
aswitch_21(config-if)#int fa 0/24
aswitch_21(config-if)#switchport mode trunk
aswitch_21(config-if)#end
aswitch_21#
#switch2 的配置
switch#conf t
switch(config)#hostname aswitch_22
aswitch_22(config)#vlan 40
aswitch_22(config-vlan)#exit
aswitch_22(config)#int fa 0/4
aswitch_22(config-if)#switchport mode access
aswitch_22(config-if)#switchport access vlan 40
aswitch_22(config-if)#int range fa 0/23 - 24
aswitch_22(config-if-range)#switchport mode trunk
aswitch_22(config-if-range)#end
aswitch_22#
#PC1 的配置
主机 IP 地址:172.21.0.10
子网掩码:255.255.192.0
网关 IP 地址:172.21.0.1
子网掩码:255.255.192.0
#PC2 的配置
主机 IP 地址:172.21.64.10
子网掩码:255.255.192.0
网关 IP 地址:172.21.64.1
子网掩码:255.255.192.0
#PC4 的配置
主机 IP 地址:172.21.192.10
子网掩码:255.255.192.0
网关 IP 地址:172.21.192.1
子网掩码:255.255.192.0
```

【测试方案】

(1) PC1 能够 ping 通 172.21.0.1。

(2) PC2 能够 ping 通 172.21.64.1。

(3) PC4 能够 ping 通 172.21.192.1。

(4) PC1、PC2、PC4 能够互相 ping 通。

实验 6-3　基于路由器的 VRRP 配置

【实验要求】

网络拓扑如图 6-10 所示。

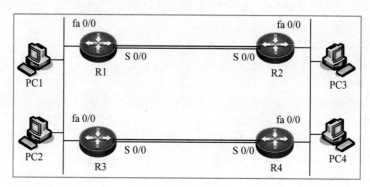

图 6-10　网络拓扑

（1）R1 和 R3 实现路由备份。

（2）如果 PC1 到 R1 的链路或者 R1 到 R2 的链路断掉，仍然能够正常通信。

（3）IP 地址自行规划。

【实验步骤】

```
#路由器 R1 的配置
router>en
router#conf t
router(config)#hostname R1
R1(config)#interface fa 0/0
R1(config-if)#ip address 192.168.1.1 255.255.255.0
R1(config-if)#vrrp 1 priority 120
R1(config-if)#vrrp 1 ip 192.168.1.254
R1(config-if)#vrrp 1 track s 0/0 30
R1(config-if)#no shut
R1(config-if)#int s 0/0
R1(config-if)#clock rate 64000
R1(config-if)#ip add 10.0.0.1 255.0.0.0
R1(config-if)#no shut
R1(config-if)#exit
R1(config)#ip route 192.168.2.0 255.255.255.0 10.0.0.2
#路由器 R2 的配置
router>en
router#conf t
router(config)#hostname R2
R2(config)#interface fa 0/0
R2(config-if)#ip address 192.168.2.1 255.255.255.0
```

```
R2(config-if)#no shut
R2(config-if)#int s 0/0
R2(config-if)#ip add 10.0.0.2 255.0.0.0
R2(config-if)#no shut
R2(config-if)#exit
R2(config)#ip route 192.168.1.0 255.255.255.0 10.0.0.1
#路由器 R3 的配置
router>en
router#conf t
router(config)#hostname R3
R3(config)#interface fa 0/0
R3(config-if)#ip address 192.168.1.2 255.255.255.0
R3(config-if)#vrrp 1 ip 192.168.1.254
R3(config-if)#no shut
R3(config-if)#int s 0/0
R3(config-if)#clock rate 64000
R3(config-if)#ip add 172.16.0.1 255.255.0.0
R3(config-if)#no shut
R3(config-if)#exit
R3(config)#ip route 192.168.2.0 255.255.255.0 172.16.0.2
#路由器 R4 的配置
router>en
router#conf t
router(config)#hostname R4
R4(config)#interface fa 0/0
R4(config-if)#ip address 192.168.2.2 255.255.255.0
R4(config-if)#no shut
R4(config-if)#int s 0/0
R4(config-if)#ip add 172.16.0.2 255.255.0.0
R4(config-if)#no shut
R4(config-if)#exit
R4(config)#ip route 192.168.1.0 255.255.255.0 172.16.0.1
#分别在 R1 及 R3 上显示 VRRP 组的状态
R1#show vrrp brief
R3#show vrrp brief
```

【测试方案】

(1) PC1 能够 ping 通 PC3。

(2) 切断 PC1 到 R1 的链路,PC1 能够 ping 通 PC3。

(3) 切断 R1 到 R2 的链路,PC1 能够 ping 通 PC3。

习题

1. 从用户模式进入特权模式的命令是(   )。

A. router＞enable　　　　　　　　B. router＃enable

C. router＞disable　　　　　　　　D. router＃disable

2. 为路由器配置远程登录密码 abc 的命令是(　　　)。

A. router＃enable password abc

B. router(config)＃enable password abc

C. router(config)＃password abc

D. router(config)＃enable secret level 15 0 abc

3. 默认同步串行端口的时钟频率为(　　　)。

A. 64 000 Hz　　　　　B. 9600 Hz　　　　　C. 57 600 Hz　　　　　D. 32 768 Hz

4. 为路由器配置远程登录密码 abc 的命令是(　　　)。

A. router(config)＃line vty 0 4

　router(config-line)＃password abc

B. router(config)＃line vty 0 4

　router(config-line)＃password abc

　router(config-line)＃login

C. router(config)＃line vty 0 4

　router(config-line)＃enable password abc

D. router(config)＃line vty 0 4

　router(config-line)＃enable password abc

　router(config-line)＃login

5. 为路由器端口配置 IP 地址 192.168.1.1/24 的命令是(　　　)。

A. router(config-if)＃ip address 192.168.1.1

B. router(config)＃ip address 192.168.1.1 255.255.255.0

C. router(config-if)＃ip address 192.168.1.1 255.255.255.0

D. router(config-if)＃ip address 192.168.1.1 0.0.0.255

第 7 章　IP 路由协议及配置

网络中的数据通信,本质上就是信息从一个网络传送到另外一个网络的过程,这个过程是由网络层的设备如路由器主导实现的。网络层的核心任务就是路由,路由的实现需要依赖相应的路由选择协议(简称路由协议),具体的路由协议由相应的算法来确定。路由选择,就是确定一条信息如何从一个网络到达另外一个网络的过程。

路由过程包括两项最基本的内容,即路径寻址和数据包转发。路径寻址就是判定到达目的地的最佳路径,由路由选择算法来实现。数据包转发就是在路由器判断出最佳路径后,通过路由表中的相应信息,将数据包从路由器的某个端口发送出去。

为了完成这项工作,在路由器中保存着各种传输路径的相关数据——路由表(Routing Table)供路由选择时使用。路由表可以由网络管理员固定设置好,称为静态路由;也可以由网络设备根据路由算法动态生成,称为动态路由。

网络层的协议如 IP、DECnet、AppleTalk、Novell NetWare 等都是可被路由协议。可被路由协议和路由协议是互相独立又互相配合的两个不同的概念,可被路由协议使用路由协议建立维护的路由表进行数据分组的寻径,路由协议利用可被路由协议提供的功能来发布路由协议数据分组。

由于 TCP/IP 的普及性,大多数网络均采用 IP 组网方式,因此本书如未特别说明,一般指 IP 路由协议,即基于网络层 IP 协议的路由选择协议。

7.1　常用路由协议

典型的路由选择有两种方式:静态路由和动态路由。

7.1.1　静态路由

静态路由是指由网络管理员手工配置的路由信息。除非人为修改,否则静态路由不会改变。在所有路由类型中,静态路由优先级最高,即当路由表中同时存在具有相同目的网络的动态路由和静态路由时,先执行静态路由。

静态路由的优点是,除了简单、高效、可靠外,由于不需要在路由设备间交互,所以它的网络安全保密性高。

静态路由的缺点是,一方面,网络管理员难以全面地了解整个网络的拓扑结构;另一方面,当网络的拓扑结构和链路状态发生变化时,路由器中的静态路由信息需要大范围地调整,调整工作的难度和复杂度比较高。

默认路由是指路由表中未直接列出目的网络的转发路径,通常用于在不确定的情况下指示数据分组的下一跳地址。

默认路由是静态路由的一种特殊形式,根据定义可知,默认路由的优先级最低。

7.1.2　动态路由

1. 动态路由

动态路由是指利用路由器上运行的动态路由协议定期和其他路由器交换路由信息，根据从其他路由器上学习到的路由信息自动建立的路由。

2. 动态路由选择协议分类

动态路由选择协议按照路由算法通常分为两种类型：距离矢量路由协议和链路状态路由协议。

1）距离矢量路由协议

距离矢量路由协议中数据分组每经过一个路由器称为一跳，这种协议将到达远程网络的跳数作为判断是否是最佳路由的依据。典型的距离矢量路由协议如路由信息协议（Routing Information Protocols，RIP）、内部网关路由协议（Interior Gateway Routing Protocol，IGRP）。

2）链路状态路由协议

路由器的链路状态信息称为链路状态，包括：链路开销、链路带宽、端口的 IP 地址及掩码、链路上的邻接路由等信息。路由器通过收集区域内所有路由的链路状态，根据状态信息生成网络拓扑结构。典型的链路状态路由协议如开放最短路径优先（Open Shortest Path First，OSPF）、中间系统-中间系统（Intermediate System-to-Intermediate System，IS-IS）。

动态路由选择协议按照路由更新时是否携带子网掩码信息，又分为有类路由协议与无类路由协议。

1）有类路由协议

路由信息传送时，不含路由的掩码信息，如 RIP、IGRP。

2）无类路由协议

路由信息传送时，包含路由的掩码信息，支持可变长子网掩码（Variable-Length Subnet Masking，VLSM），如 OSPF、IS-IS。

3. 管理距离

管理距离（Administrative Distance，AD）是指一种路由协议的路由可信度。每一种路由协议按可靠性从高到低，依次分配一个信任等级，这个信任等级就叫作管理距离。

对于两种不同的路由协议到一个目的地的路由信息，通过 AD 的值衡量接收来自相邻路由器上路由选择信息的可信度，AD 值越低，则路由优先级越高。管理距离的范围为 0～255，0 是最可信赖的，255 表示未知网络。不同路由协议的 AD 值不同，如表 7-1 所示静态路由的 AD 值为 1。

表 7-1　管理距离

序　号	路 由 来 源	默认管理距离值
1	直连网络	0
2	静态路由	1
3	External BGP	20

序　　号	路 由 来 源	默认管理距离值
4	IGRP	100
5	OSPF 路由	110
6	IS-IS 路由	115
7	RIP 路由	120
8	Internal BGP	200
9	不可达路由	255

1) 不同路由协议发现路由的选择

若某个路由器配置了 RIP 和 IGRP 两种协议,两种协议都学习了到达某一网络的路由。因为 RIP 的管理距离为 120,IGRP 的管理距离为 100,所以路由表中只会出现由 IGRP 学习到的路由。

2) 同一种路由协议发现路由的选择

若某路由器学习了到达某一远程网络的两条路由都采用同一种协议(如 IGRP),即两条路由具有相同的 AD 值,则路由协议的度量值将作为判断到达目的网络的路由的优劣的依据。度量值可以是跳数、带宽、延迟、负载、最大传输单元,或是其中几种的组合度量,依不同协议而有所不同。

7.2　静态路由及配置

1. 静态路由

静态路由是指手工配置的路由。在不能通过动态路由协议自学到目标网络的路由环境下,需要配置静态路由。通过配置静态路由使数据包能够按照预定的路径传送到达指定的目的网络。

在全局配置模式下,命令格式为:

```
ip route network mask {ip-address|interface-type interface-number [ip-address]}
```

其中,network 为本设备非直连目的网段地址;mask 为子网掩码;{ip-address|interface-type interface-number [ip-address]}这部分参数描述了静态路由的转发路径;ip-address 为转发端口的 IP 地址;interface-type interface-number [ip-address]为本地端口的类型、编号及 IP 地址。描述静态路由转发路径的方式有两种:一种是指向本地端口(即数据包从本地某端口发出),另一种是转发端口,即指向下一跳路由器直连接口的 IP 地址(即将数据包交给 X.X.X.X)。

在配置静态路由时,每个路由设备有多少非直连网段,就需要配置同样数量的静态路由条目。

配置举例: router_jiaoxue(config) # ip route 192.168.1.0 255.255.255.0 10.0.0.1

在此例中,描述静态路由转发路径的方式是指向转发端口。

用 no ip route network mask 命令可以删除静态路由。如果没有执行删除动作,将永久保留静态路由。但可以用动态路由协议学到的更好路由来替代静态路由,更好的路由是指管理距离更小的路由,包括静态路由在内所有的路由都携带管理距离的参数。

当一个端口处于 Down 状态时,所有指向该端口的路由将全部从路由表中消失;当找不到静态路由下一跳地址的转发路由时,该静态路由也可以指向本地端口。

配置举例: router_jiaoxue(config)＃ip route 192.168.1.0 255.255.255.0 s 0/0

在此例中,描述静态路由转发路径的方式是指向本地端口 s 0/0 端口。

2. 默认路由

在网络环境下,为了保证每台路由设备都能够转发所有的数据包,通常给没有确切路由的数据包配置默认路由。当所有已知路由信息都查不到数据包如何转发时,按默认路由进行转发。默认路由可以通过动态路由协议进行传播,也可以在每台路由设备上手工配置。

默认路由的产生有两种方法:手工配置默认路由或手工配置默认网络。

1) 手工配置默认路由

将 IP 地址 0.0.0.0/0 作为目的网段地址的路由条目称为默认路由,默认路由可以匹配所有的 IP 地址,属于最不精确的匹配。默认路由是静态路由的一种特殊形式。

在全局配置模式下,命令格式为:

```
ip route 0.0.0.0 0.0.0.0 {ip-address|interface-type interface-number [ip-address]}
```

其中,0.0.0.0 是目的网段地址及掩码;{ip-address│interface-type interface-number ［ip-address]}描述了转发路径,此部分与静态路由配置相同。

配置举例: 为路由器配置默认路由。

```
router_jiaoxue(config)#ip route 0.0.0.0 0.0.0.0 s 0/0
```

在此例中,描述默认路由转发路径的方式是指向本地端口 s 0/0 端口。

```
router_jiaoxue(config)#ip route 0.0.0.0 0.0.0.0 10.0.0.1
```

在此例中,描述默认路由转发路径的方式是指向转发端口的 IP 地址。

2) 手工配置默认网络

多数的内部网关路由协议,都有一个将默认路由传播到整个路由域的机制。要传播默认路由的路由设备必须具有默认路由。RIP 传播默认路由的配置参见"7.3 RIP 及配置",OSPF 路由协议传播默认路由的配置本书不涉及。

当路由设备有默认路由时,不管是动态路由协议学习到的还是手工配置产生的,当执行 show ip route 命令时,路由表中的 Gateway of Last Resort 会显示最后网关的信息。一个路由表可能会有多条网络路由为候选默认路由,但只有最好的默认路由才能成为 Gateway of Last Resort。

7.3 RIP 及配置

7.3.1 RIP 概述

RIP(Routing Information Protocols)是应用较早、使用较广泛的内部网关协议

(Interior Gateway Protocol,IGP),在小型及同介质网络中得到了广泛应用。

　　RIP 采用距离矢量(Distance-Vector,DV)算法,是一种距离矢量协议。RIP 有 RIPv1 和 RIPv2 两个版本,RIPv1 在 RFC1058 文档中定义,RIPv2 在 RFC2453 文档中定义,RIPv2 支持明文认证、MD5 密文认证和支持 VLSM。锐捷的 RGNOS 软件同时支持这两个版本。

　　RIP 使用 UDP 报文交换路由信息,UDP 端口号是 520。通常情况下,RIPv1 报文为广播报文;而 RIPv2 报文为组播报文,组播地址为 224.0.0.9。RIP 每隔 30s 向外发送一次更新报文,如果设备经过 180s 没有收到来自对端的路由更新报文则将所有来自此设备的路由信息设为不可达,路由进入不可达状态后,120s 内仍未收到更新报文就将这些路由从路由表中删除。

　　RIP 使用跳数来衡量到达目的地的距离,称为路由量度。在 RIP 中,设备到与它直接相连网络的跳数为 0;通过一个设备可达的网络的跳数为 1,其余以此类推,不可达网络的跳数为 16。

　　运行 RIP 的设备,可以从邻居路由器学到默认路由,也可以自己产生默认路由。当满足以下条件之一时,路由器就可以通过 Default-Information Originate 命令引入默认路由,并通告给邻居设备:配置了 IP Default-Network、其他路由协议学到默认路由或配置了静态默认路由。

　　RIP 将向指定的网络端口发送更新报文,如果端口的网络没有与 RIP 路由进程关联,该端口就不会通告任何更新报文。

　　锐捷的 RIP 采用水平分割(Split Horizon)等手段防止形成路由环路。

7.3.2　RIP 配置任务

　　RIP 配置任务如下。

　　(1) 创建 RIP 路由进程(必需)。

　　(2) RIP 报文单播配置(可选)。

　　(3) 水平分割配置(可选)。

　　(4) 定义 RIP 版本(可选)。

　　(5) 配置路由汇聚功能(可选)。

　　(6) RIP 认证配置(可选)。

　　(7) RIP 时钟调整(可选)。

　　(8) RIP 路由源地址验证配置(可选)。

　　(9) RIP 端口状态控制(可选)。

　　(10) IP 端口通告默认路由(可选)。

　　(11) RIP 端口通告超网路由(可选)。

7.3.3　RIP 的默认配置

　　RIP 默认配置如表 7-2 所示。

表 7-2　RIP 默认配置

序号	功能特性	默认值
1	网络端口	端口运行 RIP 时，默认接收 RIPv1 和 RIPv2 报文，发送 RIPv1 报文。 端口发送 RIPv1 报文时： 　　默认以广播方式发送报文； 　　默认不发送超网路由。 端口发送 RIPv2 报文时： 　　默认以多播方式发送报文； 　　默认将路由自动汇聚成有类路由； 　　默认发送超网路由。 默认开启水平分割
2	定时器	默认情况下： 　　更新时间为 30s； 　　无效时间为 180s； 　　清除时间为 120s
3	自动汇聚	启动

7.3.4　配置 RIP

1. 创建 RIP 路由进程

设备要运行 RIP，首先要创建 RIP 路由进程，然后定义与 RIP 路由进程关联的网络。在全局配置模式下，创建 RIP 路由进程命令格式为：

```
router rip
```

在路由进程配置模式下，定义关联网络命令格式为：

```
network network-number
```

其中，network-number 参数为路由器直连网段的网段地址。

2. 配置水平分割

多台路由设备连接在 IP 广播型网络上，运行距离矢量路由协议时，有必要采用水平分割机制以避免路由环路的形成。水平分割可以防止设备将某些路由信息从学习到这些路由信息的端口再通告出去。对于非广播多路访问网络（如帧中继、X.25 网络），水平分割可能造成部分路由设备学习不到全部的路由信息，在这种情况下，可能需要关闭水平分割功能。如果一个端口配置了多 IP 地址，也要注意水平分割的问题。

配置 poisoned-reverse 参数后，将启用带毒性逆转的水平分割，路由器仍然会将路由信息从学习到这些路由信息的端口通告出去，但是将路由信息的度量值设置为不可达。

要关闭或启用水平分割，在接口配置模式下，命令格式为：

```
no ip rip split-horizon                              !关闭水平分割
ip rip split-horizon                                 !启用水平分割
```

要关闭或打开带毒性逆转的水平分割，在接口配置模式下，命令格式为：

```
no ip rip split-horizon poisoned-reverse             !关闭带毒性逆转的水平分割
```

```
ip rip split-horizon poisoned-reverse              !启用带毒性逆转的水平分割
```

其中,所有端口都默认配置为启用不带毒性逆转的水平分割。

3. RIP 版本

锐捷路由设备支持 RIPv1 和 RIPv2,可以通过配置,只接收和发送 RIPv1 的数据包,或者只接收和发送 RIPv2 的数据包。

在路由进程配置模式下,配置软件只接收和发送指定版本的数据包,命令格式为:

```
version {1|2}
```

可以根据需要更改每个端口的版本。要配置端口只发送哪个版本的数据包,在接口配置模式下,命令格式为:

```
ip rip send version 1                              !只发送 RIPv1 数据包
ip rip send version 2                              !只发送 RIPv2 数据包
ip rip send version 1 2                            !发送 RIPv1 和 RIPv2 数据包
```

配置端口只接收哪个版本的数据包,在接口配置模式下,命令格式为:

```
ip rip receive version 1                           !只接收 RIPv1 数据包
ip rip receive version 2                           !只接收 RIPv2 数据包
ip rip receive version 1 2                         !接收 RIPv1 和 RIPv2 数据包
```

4. 配置默认网络

配置默认网络的目的是为了产生默认路由,通过 Default-Network 产生默认路由需要满足以下条件:该默认网络不是直连端口网络,但在路由表中可到达。默认网络总是以"＊"开头,表示它是默认路由的候选者。如果默认网络中有 Connected 路由但没有下一跳路由,则默认路由要求是静态路由。

在全局配置模式下,命令格式为:

```
ip default-network network
```

其中,network 为默认网络的网络号,默认配置为 0.0.0.0/0。

用 no ip default-network network 命令可以删除默认网络。

配置举例:将 192.168.10.0 网段设为默认网络,由于配置了到达该网段的静态路由,所以设备将自动产生一条默认路由。

```
router_jiaoxue(config)#ip route 192.168.10.0 255.255.255.0 s 0/0
router_jiaoxue(config)#ip default-network 192.168.10.0
```

将 192.168.10.0 网段设为默认网络,只要当 192.168.10.0 出现在路由表中,该路由将成为默认路由。

```
router_jiaoxue(config)#ip default-network 192.168.10.0
```

5. 配置路由汇聚功能

RIP 路由自动汇聚就是当子网路由穿越有类网络边界时,将自动汇聚成有类网络路由。RIPv2 默认情况下将进行路由自动汇聚,RIPv1 不支持该功能。

RIPv2 路由自动汇聚功能提高了网络的伸缩性和有效性。如果有汇聚路由存在,在路由表中看不到包含在汇聚路由内的子路由,可以大大缩小路由表的规模。

通告汇聚路由会比通告单独的每条路由更有效率,主要原因如下。

(1) 当查找 RIP 数据库时,汇聚路由会得到优先处理。

(2) 当查找 RIP 数据库时,任何子路由将被忽略,减少了处理时间。

如果需要看到具体的子网路由,而不是汇聚后的网络路由,可以关闭路由自动汇聚功能。

在 RIP 路由进程配置模式下,命令格式为:

```
auto-summary                            !启用路由自动汇聚
no auto-summary                         !关闭路由自动汇聚
```

如果需要,可以在端口上配置路由自动汇聚功能。在某个端口下配置路由汇聚到指定的有类子网范围,在接口模式下,命令格式为:

```
ip rip summary-address ip-address ip-network-mask
```

其中,ip-address 为指定的有类子网 IP 地址;ip-network-mask 为对应的子网掩码。

用 no ip rip summary-address ip-address ip-network-mask 命令可以取消端口路由自动汇聚功能。

7.3.5　RIP 配置举例

网络拓扑如图 7-1 所示。

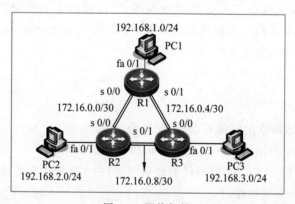

图 7-1　网络拓扑

组网需求:R1、R2、R3 三个路由器之间交互 RIP 信息,使得任意两个主机之间能够互通。

```
#配置 R1
router>enable
router#configure terminal
router(config)#hostname R1
R1(config)#interface fa 0/1
R1(config-if)#ip address 192.168.1.1 255.255.255.0
```

```
R1(config-if)#no shutdown
R1(config-if)#exit
R1(config)#interface s 0/0
R1(config-if)#ip address 172.16.0.1 255.255.255.252
R1(config-if)#clock rate 64000
R1(config-if)#no shutdown
R1(config-if)#exit
R1(config)#interface s 0/1
R1(config-if)#ip address 172.16.0.5 255.255.255.252
R1(config-if)#clock rate 64000
R1(config-if)#no shutdown
R1(config-if)#exit
R1(config)#router rip                      !创建 RIP 路由进程
R1(config-router)#version 2                !定义 RIP 版本号为 2
R1(config-router)#no auto-summary          !关闭路由自动汇聚
R1(config-router)#network 172.16.0.0       !定义关联网络,R1 的直连网段
R1(config-router)#network 172.16.0.4
R1(config-router)#network 192.168.1.0
#配置 R2
router>enable
router#configure terminal
router(config)#hostname R2
R2(config)#interface fa 0/1
R2(config-if)#ip address 192.168.2.1 255.255.255.0
R2(config-if)#no shutdown
R2(config-if)#exit
R2(config)#interface s 0/0
R2(config-if)#ip address 172.16.0.2 255.255.255.252
R2(config-if)#no shutdown
R2(config-if)#exit
R2(config)#interface s 0/1
R2(config-if)#ip address 172.16.0.9 255.255.255.252
R2(config-if)#clock rate 64000
R2(config-if)#no shutdown
R2(config-if)#exit
R2(config)#router rip                      !创建 RIP 路由进程
R2(config-router)#version 2                !定义 RIP 版本号为 2
R2(config-router)#no auto-summary          !关闭路由自动汇聚
R2(config-router)#network 172.16.0.0       !定义关联网络,R2 的直连网段
R2(config-router)#network 172.16.0.8
R2(config-router)#network 192.168.2.0
#配置 R3
router>enable
router#configure terminal
router(config)#hostname R3
```

```
R3(config)#interface fa 0/1
R3(config-if)#ip address 192.168.3.1 255.255.255.0
R2(config-if)#no shutdown
R3(config-if)#exit
R3(config)#interface s 0/0
R3(config-if)#ip address 172.16.0.6 255.255.255.252
R3(config-if)#no shutdown
R3(config-if)#exit
R3(config)#interface s 0/1
R3(config-if)#ip address 172.16.0.10 255.255.255.252
R3(config-if)#no shutdown
R3(config-if)#exit
R3(config)#router rip                    !创建 RIP 路由进程
R3(config-router)#version 2              !定义 RIP 版本号为 2
R3(config-router)#no auto-summary        !关闭路由自动汇聚
R3(config-router)#network 172.16.0.4     !定义关联网络,R3 的直连网段
R3(config-router)#network 172.16.0.8
R3(config-router)#network 192.168.3.0
#显示配置信息:
#在 R1 上查看路由表
R1#show ip route
#在 R2 上查看路由表
R2#show ip route
#在 R3 上查看路由表
R3#show ip route
```

7.4　OSPF 协议及配置

7.4.1　OSPF 协议简介

OSPF(Open Shortest Path First)协议是 IETF OSPF 工作组开发的一种基于链路状态的内部网关路由协议。OSPF 版本 2(OSPFv2)在 RFC2328 中定义,运行在 IPv4 下。OSPF 是专为 IP 协议开发的路由协议,直接运行在 IP 层上,协议号为 89,采用组播方式进行 OSPF 包交换,组播地址为 224.0.0.5(全部 OSPF 设备)和 224.0.0.6(指定设备)。

OSPF 路由协议利用链路状态(Link-State,LS)算法,建立和计算到每个目标网络的最短路径,是典型的链路状态协议。以下内容描述了链路状态算法的工作过程。

(1) 初始化阶段,路由器发现邻接关系,产生链路状态通告(Link State Advertisement,LSA),向邻居发送 LSA 数据包,链路状态通告包含该路由器的全部链路状态。

(2) LSA 扩散阶段,所有路由器通过组播的方式交换链路状态信息,每台路由器接收到链路状态更新报文时,将复制一份到本地数据库,然后再传播给其他路由器,每个路由器都得到相同拓扑结构的数据库。

(3) 当每台路由器都有一份完整的链路状态数据库时,应用 Dijkstra 算法针对所有目标网络计算最短路径树,内容包括:目标网络、下一跳地址和花费,是 IP 路由表的关键

部分。

（4）创建路由表，列出最优路径列表。

（5）维护其他拓扑结构和状态细节数据库。

如果没有链路花费、网络增删变化，OSPF 将会十分安静。如果网络发生了任何变化，OSPF 将通过链路状态进行通告，但只通告变化的链路状态，变化涉及的路由器将重新运行 Dijkstra 算法，生成新的最短路径树。

一组运行 OSPF 路由协议的设备，组成了 OSPF 路由域的自治域系统。一个自治域系统是指由一个组织机构控制管理的所有设备，自治域系统内部只运行一种 IGP 路由协议，自治域系统之间通常采用边界网关协议（Border Gateway Protocol，BGP）进行路由信息交换。不同的自治域系统可以选择相同的 IGP 路由协议，如果要连接到互联网，每个自治域系统都需要向相关组织申请自治域系统编号。

当 OSPF 路由域规模较大时，一般采用分层结构，即将 OSPF 路由域分割成几个区域（Area），区域之间通过一个骨干区域互联，每个非骨干区域都需要直接与骨干区域连接。

在 OSPF 路由域中，根据设备的部署位置，有以下三种设备角色。

（1）区域内部路由，该路由的所有端口网络都属于一个区域。

（2）区域边界路由（Area Border Routers，ABR），该路由的端口网络至少属于两个区域，其中一个必须为骨干区域。

（3）自治域边界路由（Autonomous System Boundary Routers，ASBR），是 OSPF 路由域与外部路由域进行路由交换的必经之路。

7.4.2　配置 OSPF 协议

1. 创建 OSPF 路由进程

创建 OSPF 路由进程，并定义与该 OSPF 路由进程关联的网段 IP 地址范围，以及该网段地址所属的 OSPF 区域。OSPF 路由进程只在属于该网段地址的端口发送、接收 OSPF 报文，并且对外通告该端口的链路状态。创建 OSPF 路由进程步骤如下。

在全局配置模式下，命令格式为：

```
ip routing                                    !启用路由功能
router ospf [process_id]                      !运行 OSPF,进入 OSPF 配置模式
network address wildcard-mask area area-id
                    !定义属于一个区域的地址范围,即本路由器直连网段的网段地址
```

其中，process_id 为创建的 OSPF 进程编号；wildcard-mask 是 32b 通配符，与掩码取值相反，称为"反掩码"，即取"1"表示不比较该比特位，取"0"表示比较该比特位；area-id 为定义一个区域编号。

用 no router ospf process-id 命令可以关闭 OSPF 协议。

配置举例：配置路由器 R1，创建单区域，LAN 端口直连网段地址 192.168.1.0/24，WAN 端口直连网段地址 10.0.0.0/8。

```
R1(config)#router ospf 1                      !路由进程编号 1
R1(config-router)#network 192.168.1.0 0.0.0.255 area 0
```

```
R1(config-router)#network 10.0.0.0 0.255.255.255 area 0
R1(config-router)#end
```

2. 配置 OSPF 端口参数

可以根据实际应用的需要设置某些特定的端口参数,一些参数的设置必须保证与该端口相邻接的路由设备的相应参数一致,这些参数通过 ip ospf hello-interval、ip ospf dead-interval、ip ospf authentication、ip ospfauthentication-key 和 ip ospf message-digest-key 五个接口参数进行设置,当使用这些命令时应该注意邻居设备也有同样的配置。

配置步骤:

```
router_jiaoxue(config)#ip routing          !启用路由功能
router_jiaoxue(config)#interface interface-id   !接口配置模式
router_jiaoxue(config-if)#
```

配置 OSPF 端口参数,在接口配置模式下,命令格式为:

```
ip ospf cost cost-value                    !定义端口费用
ip ospf retransmit-interval seconds        !配置链路状态重传间隔
ip ospf transmit-delay seconds             !配置链路状态更新报文传输过程的估计时间
ip ospf hello-interval seconds    !配置 hello 报文发送间隔,对于整个网络的节点,该值相同
ip ospf dead-interval seconds     !配置相邻设备失效间隔,对于整个网络的节点,该值相同
ip ospf priority number           !配置优先级,用于选举指派路由(DR)和备份指派路由(BDR)
ip ospf authentication [message-digest|null]  !配置端口的认证方式
ip ospf authentication-key [0|7] key       !配置端口文本认证的密码
ip ospf message-digest-key keyid md5 [0|7] key  !配置端口的 MD5 加密认证的密码
ip ospf database-filter all out
       !阻止端口泛洪链路状态更新报文;默认情况下,OSPF 将接收的 LSA 信息从属于同一区间的所
       !有端口上泛洪出去,除了接收该 LSA 信息的端口
```

使用 no 的命令格式,可以删除上述设置或恢复默认值。

3. 配置 OSPF 以适应不同物理网络

根据不同传输介质的性质,OSPF 将网络分为以下三种类型。

(1) 广播式网络(以太网,令牌环,FDDI)。

(2) 非广播式网络(帧中继,X.25)。

(3) 点到点网络(HDLC,PPP,SLIP)。

在接口配置模式下,配置网络类型的命令格式为:

```
ip ospf network {broadcast|non-broadcast|point-to-point|}
```

其中,对应不同的链路封装类型,默认情况下的网络类型如下。

(1) 点到点网络类型:PPP、SLIP、帧中继的点到点子接口、X.25 的点到点子接口封装。

(2) 非广播网络类型:帧中继、X.25 封装(点到点子接口除外)。

(3) 广播网络类型:以太网封装。

配置时需要注意两端网络类型必须一致。

7.4.3 OSPF 配置举例

组网需求:整个自治域被划分为两个区域——区域 0 和区域 1。路由设备均运行

OSPF 协议,通过 OSPF 的基本配置,使得每台路由器都能学习到自治系统中所有网段的路由,网络拓扑如图 7-2 所示。

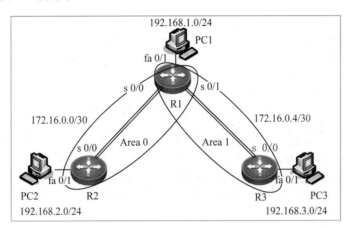

图 7-2 多区域 OSPF 拓扑

```
#配置 R1
R1(config)#interface fa 0/1
R1(config-if)#ip address 192.168.1.1 255.255.255.0
R1(config-i)#no shutdown
R1(config-i)#exit
R1(config)#interface s 0/0
R1(config-if)#ip address 172.16.0.1 255.255.255.252
R1(config-if)#clock rate 64000
R1(config-i)#no shutdown
R1(config-if)#exit
R1(config)#interface s 0/1
R1(config-if)#ip address 172.16.0.5 255.255.255.252
R1(config-if)#clock rate 64000
R1(config-i)#no shutdown
R1(config-if)#exit
R1(config)#router ospf 1
R1(config-router)#network 192.168.1.0 0.0.0.255 area 0
R1(config-router)#network 172.16.0.0 0.0.0.3 area 0
R1(config-router)#network 172.16.0.4 0.0.0.3 area 1
#配置 R2
R2(config)#interface fa 0/1
R2(config-if)#ip address 192.168.2.1 255.255.255.0
R2(config-if)#no shutdown
R2(config-if)#exit
R2(config)#interface s 0/0
R2(config-if)#ip address 172.16.0.2 255.255.255.252
R2(config-if)#no shutdown
R2(config-if)#exit
R2(config)#router ospf 1
```

```
R2(config-router)#network 192.168.2.0 0.0.0.255 area 0
R2(config-router)#network 172.16.0.0 0.0.0.3 area 0
#配置 R3
R3(config)#interface fa 0/1
R3(config-if)#ip address 192.168.3.1 255.255.255.0
R3(config-if)#no shutdown
R3(config-if)#exit
R3(config)#interface s 0/0
R3(config-if)#ip address 172.16.0.6 255.255.255.252
R3(config-if)#no shutdown
R3(config-if)#exit
R3(config)#router ospf 1
R3(config-router)#network 192.168.3.0 0.0.0.255 area 1
R3(config-router)#network 172.16.0.4 0.0.0.3 area 1
#显示 R1 的 OSPF 路由信息
R1#show ip route
```

7.5 BGP 及配置

7.5.1 BGP 概述

BGP(Border Gateway Protocol)是一种不同自治系统的路由设备之间进行通信的外部网关协议(Exterior Gateway Protocol,EGP),主要功能是在不同的自治系统(Autonomous Systems,AS)之间交换网络可达信息,并通过协议自身机制来消除路由环路。BGP 使用 TCP 作为传输协议,通过 TCP 的可靠传输机制保证 BGP 的传输可靠性。运行 BGP 的路由器称为 BGP Speaker,建立了 BGP 会话连接(BGP Session)的 BGP Speakers 之间被称作对等体(BGP Peers)。

BGP Speaker 之间建立对等体的模式有两种:IBGP(Internal BGP)和 EBGP(External BGP)。IBGP 是指在相同 AS 内建立的 BGP 连接,EBGP 是指在不同 AS 之间建立的 BGP 连接。二者的作用不同,EBGP 是完成不同 AS 之间路由信息的交换,IBGP 是完成路由信息在本 AS 内的过渡。

7.5.2 运行 BGP

运行 BGP 功能,在全局配置模式下,命令格式为:

```
ip routing                              !首先启用路由功能
router bgp as-number                    !打开 BGP,配置 AS 号,进入 BGP 配置模式
```

其中,as-number 为要配置的 AS 编号,取值范围 1～4 294 967 295;默认情况下没有运行 BGP。

用 no router bgp 命令可以关闭 BGP。

7.5.3 向 BGP 中注入路由信息

刚开始运行时,BGP 的路由信息是空的。向 BGP 注入路由信息有以下两种方法。

（1）通过 Network 命令手工向 BGP 注入路由信息。

（2）通过和 IGP 的交互，从 IGP 注入路由信息。

以下介绍手工注入路由信息。

通过 Network 命令手工注入路由信息，在 BGP 配置模式下，命令格式为：

```
network network-number mask network-mask    !配置本 AS 内需要注入 BGP 路由表的网络
```

用 no network network-number mask network-mask 命令可以取消要发送的网络。如果配置的 network 信息是标准的 A、B、C 类网络地址，可以不使用该命令的 mask 选项。

network 命令用来将 IGP 的路由注入 BGP 的路由表中，公告的 network 可以是直连路由、静态路由和动态路由。

对外部网关协议来说，network 命令表示将要公告的网络，和内部网关协议，如 OSPF、RIP 不同，后者用 network 命令来确定路由更新发往哪里。

7.5.4　配置 BGP 对等体（组）

BGP 作为一个外部网关协议，BGP Speaker 必须知道谁是其对等体（BGP Peer）。BGP Speaker 之间建立连接关系的模式有两种：IBGP（Internal BGP）和 EBGP（External BGP）。通过 BGP Peer 所在的 AS 和本 BGP Speaker 所在的 AS 来判断 BGP Speakers 之间建立的是哪种连接模式。

正常情况下，建立 EBGP 连接的 BGP Speakers 之间要求物理上的直接相连，而建立 IBGP 连接的 BGP Speakers 可以在 AS 内的任何地方。

配置 BGP 对等体，在 BGP 配置模式下，命令格式为：

```
neighbor {address|peer-group-name} remote-as as-number
```

其中，address 是 BGP Peer 的地址；peer-group-name 是 BGP Peer-Group 的名字；as-number 的范围是 1～4 294 967 295。

用 no neighbor {address|peer-group-name}命令可以删除一个对等体或对等体组。

对 BGP Speaker 来说，许多对等体的配置信息（包括执行的路由策略等）都相同，为了简化配置，提高效率，推荐使用 BGP 对等体组。

创建 BGP 对等体组，在 BGP 配置模式下，命令格式为：

```
neighbor peer-group-name peer-group
```

其中，peer-group-name 为要创建的对等体组的名称。

配置 BGP 的对等体组，在 BGP 配置模式下，命令格式为：

```
neighbor peer-group-name remote-as as-number
```

其中，as-number 的范围是 1～4 294 967 295。

设置 BGP 对等体为 BGP 对等体组成员，在 BGP 配置模式下，命令格式为：

```
neighbor address peer-group peer-group-name
```

其中，address 是 BGP Peer 的地址；peer-group-name 是 BGP Peer-Group 的名字。

用 no neighbor address peer-group 命令可以删除对等体组中某一成员。

用 no neighbor peer-group-name peer-group 命令可以删除整个对等体组。

用 no neighbor peer-group-name remote-as 命令可以删除对等体组的所有成员和对等体组的 AS 号。

如果一个对等体组没有配置 remote-as，那么每个成员都可以使用 neighbor remote-as 命令单独配置。默认情况下，对等体组的每个成员继承对等体组的所有配置。

7.5.5 BGP 最优路由的选择

最优路由的选举是 BGP 的一个重要环节，BGP 依次按如下顺序选取，选出结果立即终止。

（1）如果路由表项无效，则该路由表项不参与最优路由的选举（无效的表项包括下一跳无法到达的表项以及处于振荡中的表项）。

（2）Local_PREF 属性值高的路由。

（3）由本 BGP Speaker 生成的路由（本 BGP Speaker 生成的路由包括 Network 命令、Redistribute 命令和 Aggregate 命令生成的路由）。

（4）AS 长度最短的路由。

（5）Origin 属性值最低的路由。

（6）MED 值最小的路由。

（7）EBGP 路径优先级高于 IBGP 路径和 AS 联盟内的路由，IBGP 路径和 AS 联盟内的路由的优先级同样高。

（8）到达下一跳的 IGP Metric 最小的路由。

（9）从 EBGP 路由中选举接收较早的路由。

（10）公告该路由的 BGP Speaker 的 Router ID 小的路由。

（11）群(Cluster)长度大的路由。

（12）选举邻居地址大的路由。

7.5.6 配置 BGP 的路由聚合

BGPv4 支持无类别域间路由(Classless Inter-Domain Routing,CIDR)，能够创建聚合表项，以减小 BGP 路由表的大小。在 BGP 配置模式下，命令格式为：

```
aggregate-address address mask
```

其中，address 为要配置的聚合 IP 地址；mask 为相应的子网掩码。默认情况下，BGP 是同时公告聚合前后的所有路径信息，如果希望只公告聚合后的路径信息，使用 aggregate-address address mask summary-only 命令。

用 no aggregate-address address mask 命令可以删除聚合地址的配置。

实验 7-1 静态路由配置(一)

【实验要求】

网络拓扑如图 7-3 所示。

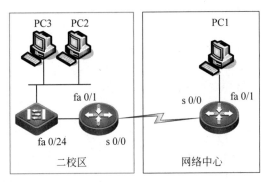

图 7-3　网络拓扑

（1）二校区到网络中心，两台路由器通过专线直连，一台二层交换机分别接入PC2、PC3。

（2）网络中心 IP 地址使用 172.30.0.0/16 段。

（3）二校区 IP 地址使用 172.21.0.0/16 段。

（4）路由器间 IP 地址自行规划。

（5）用静态路由实现 PC 间互通。

（6）暂不考虑广域网封装协议。

【实验步骤】

1. IP 规划

```
# PC
PC1:172.30.0.10/16,Gateway IP:172.30.0.1/16
PC2:172.21.0.10/16,Gateway IP:172.21.0.1/16
#路由器
二校区路由 arouter_2:
fa 0/1 172.21.0.1/16
s 0/0 192.168.1.1/30
主校区路由 arouter_1:
fa 0/1 172.30.0.1/16
s 0/0 192.168.1.2/30
```

2. 设备配置

```
#Arouter_2
router#conf
router(config)#hostname arouter_2
arouter_2(config)#interface fa 0/1
arouter_2(config-if)#ip addr 172.21.0.1 255.255.0.0
arouter_2(config-if)#no shutdown
arouter_2(config-if)#interface s 0/0
arouter_2(config-if)#ip address 192.168.1.1 255.255.255.252
arouter_2(config-if)#clock rate 64000
arouter_2(config-if)#no shutdown
```

```
arouter_2(config-if)#exit
arouter_2(config)#ip route 172.30.0.0 255.255.0.0 192.168.1.2
                    !配置静态路由(或用命令行:ip route 172.30.0.0 255.255.0.0 s 0/0)
arouter_2#show ip route
arouter_2#show ip interface brief
arouter_2#show interface s 0/0
#Arouter_1
router#conf
router(config)#hostname arouter_1
arouter_1(config)#interface fa 0/1
arouter_1(config-if)#ip addr 172.30.0.1 255.255.0.0
arouter_1(config-if)#no shutdown
arouter_1(config-if)#interface s 0/0
arouter_1(config-if)#ip address 192.168.1.2 255.255.255.252
arouter_1(config-if)#no shutdown
arouter_1(config-if)#exit
arouter_1(config)#ip route 172.16.0.0 255.255.0.0 192.168.1.1
                    !配置静态路由(或用命令行:ip route 172.16.0.0 255.255.0.0 s 0/0)
arouter_1#show ip route
arouter_1#show ip interface brief
arouter_1#show interface s 0/0
#PC1 的配置
主机 IP 地址:172.30.0.10
子网掩码:255.255.0.0
网关 IP 地址:172.30.0.1
子网掩码:255.255.0.0
#PC2 的配置
主机 IP 地址:172.16.0.10
子网掩码:255.255.0.0
网关 IP 地址:172.16.0.1
子网掩码:255.255.0.0
```

【注意事项】

(1) 如果两台路由器通过串口直接互连,则必须在其中一端(DCE 端路由器)设置时钟频率,否则链路不通。此实验将 V.35 电缆的 DCE 端连接到 arouter_2 上。

(2) 当路由器和主机直接相连时,需要使用交叉线,锐捷路由器设备的以太网端口支持 MDI/MDIX,使用直连线也可以连通。

【测试方案】

PC1、PC2 能够互相 ping 通。

实验 7-2　静态路由配置(二)

【实验要求】

网络拓扑如图 7-4 所示。

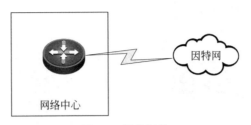

图 7-4　网络拓扑

（1）出口路由器与因特网连接。

（2）用默认路由实现因特网访问。

（3）出口路由器外网端口 IP 地址为 211.10.1.1/30。

（4）此实验暂不考虑封装广域网协议。

【实验步骤】

1. IP 地址规划

出口路由：内网端口使用 LAN 内的规划 IP 地址，外网端口使用申请的公网地址。

```
fa 0/1 172.30.0.254/16
s 0/0 211.10.1.1/30
```

2. 设备配置

```
router#conf
router(config)#hostname erouter
erouter(config)#interface fa 0/1
erouter(config-if)#ip addr 172.30.0.254 255.255.0.0
erouter(config-if)#no shutdown
erouter(config-if)#interface s 0/0
erouter(config-if)#ip address 211.10.1.1 255.255.255.252
erouter(config-if)#no shutdown
erouter(config-if)#exit
erouter(config)#ip route 0.0.0.0 0.0.0.0 211.10.1.2
                !配置默认路由(或用命令行:ip route 0.0.0.0 0.0.0.0 s 0/0)
```

实验 7-3　RIP 路由配置(一)

【实验要求】

网络拓扑如图 7-5 所示。

（1）二校区到网络中心，两台路由器通过专线直连，一台二层交换机分别接入 PC2、PC3。

（2）PC2 属于 VLAN 20，PC3 属于 VLAN 30。

（3）网络中心 IP 地址使用 172.30.0.0/16 网段。

（4）二校区 IP 地址使用 172.21.0.0/16 网段。

（5）路由器间 IP 地址自行规划。

（6）用 RIPv2 路由实现 PC 间互通。

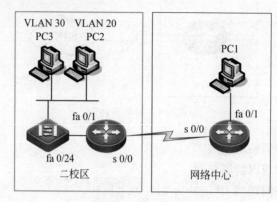

图 7-5　网络拓扑

【实验步骤】

1. IP 地址规划

```
# PC
PC1:172.30.0.10/16,Gateway IP:172.30.0.1/16
VLAN 20:172.21.64.0/18
PC2:172.21.64.10/18,Gateway IP:172.21.64.1/18
VLAN 30:172.21.128.0/18
PC3:172.21.128.10/18,Gateway IP:172.21.128.1/18
#路由器
二校区路由 arouter_2:
fa 0/1.2 172.21.64.1/18
fa 0/1.3 172.21.128.1/18
s 0/0 192.168.1.1/30
主校区路由 arouter_1:
fa 0/1 172.30.0.1/16
s 0/0 192.168.1.2/30
```

2. 设备配置

```
#配置 Arouter_2
router#conf
router(config)#hostname arouter_2
arouter_2(config)#interface fa 0/1
arouter_2(config-if)#no shutdown
arouter_2(config-if)#interface fa 0/1.2                    !创建子接口
arouter_2(config-subif)#encapsulation dot1q 20            !封装
arouter_2(config-subif)#ip addr 172.21.64.1 255.255.192.0  !配置子接口地址
arouter_2(config-subif)#no shutdown
arouter_2(config-subif)#interface fa0/1.3
arouter_2(config-subif)#encapsulation dot1q 30
arouter_2(config-subif)#ip addr 172.21.128.1 255.255.192.0
```

```
arouter_2(config-subif)#no shutdown
arouter_2(config-if)#interface s 0/0
arouter_2(config-if)#ip address 192.168.1.1 255.255.255.252
arouter_2(config-if)#clock rate 64000
arouter_2(config-if)#no shutdown
arouter_2(config)#router rip                          !启用 RIP
arouter_2(config-router)#network 172.21.64.0          !声明直连网段
arouter_2(config-router)#network 172.21.128.0
arouter_2(config-router)#network 192.168.1.0
arouter_2(config-router)#version 2
arouter_2(config-router)#no auto-summary
arouter_2#show ip route
#配置 Arouter_1
router#conf
router(config)#hostname arouter_1
arouter_1(config)#interface fa 0/1
arouter_1(config-if)#ip addr 172.30.0.1 255.255.0.0
arouter_1(config-if)#no shutdown
arouter_1(config-if)#interface s 0/0
arouter_1(config-if)#ip address 192.168.1.2 255.255.255.252
arouter_1(config-if)#no shutdown
arouter_1(config-if)#exit
arouter_1(config)#router rip
arouter_1(config-router)#network 172.30.0.0
arouter_1(config-router)#network 192.168.1.0
arouter_1(config-router)#version   2
arouter_1(config-router)#no auto-summary
arouter_1#show ip route
arouter_1#show ip interface brief
arouter_1#show interface s 0/0
#配置 Aswitch_22
switch#conf t
switch(config)#hostname aswitch_22
aswitch_22(config)#vlan 20
aswitch_22(config-vlan)#vlan 30
aswitch_22(config-vlan)#exit
aswitch_22(config)#int fa 0/2
aswitch_22(config-if)#switchport mode access
aswitch_22(config-if)#switchport access vlan 20
aswitch_22(config-if)#int fa 0/3
aswitch_22(config-if)#switchport mode access
aswitch_22(config-if)#switchport access vlan 30
aswitch_22(config-if)#int fa 0/24
aswitch_22(config-if)#switchport mode trunk
aswitch_22(config-if)#end
```

```
aswitch_22#
#配置 PC
#PC1 的配置
主机 IP 地址:172.30.0.10
子网掩码:255.255.0.0
网关 IP 地址:172.30.0.1
子网掩码:255.255.0.0
#PC2 的配置
主机 IP 地址:172.21.64.10
子网掩码:255.255.192.0
网关 IP 地址:172.21.64.1
子网掩码:255.255.192.0
#PC3 的配置
主机 IP 地址:172.21.128.10
子网掩码:255.255.192.0
网关 IP 地址:172.21.128.1
子网掩码:255.255.192.0
```

【测试方案】

PC1、PC2、PC3 能够互相 ping 通。

实验 7-4 RIP 路由配置(二)

【实验要求】

网络拓扑如图 7-6 所示。

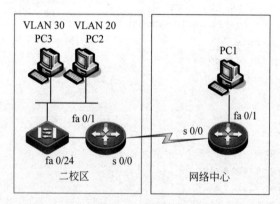

图 7-6 网络拓扑

(1) 二校区到网络中心,两台路由器通过专线直连,一台三层交换机分别接入 PC2、PC3。

(2) PC2 属于 VLAN 20,PC3 属于 VLAN 30,Switch 的 fa 0/24 属于 VLAN 40。

(3) 网络中心 IP 地址使用 172.30.0.0/16 网段。

(4) 二校区 IP 地址使用 172.21.0.0/16 网段。

(5) 路由器间 IP 地址自行规划。

(6) 用 RIPv2 路由实现 PC 间互通。

【实验步骤】

1. IP 地址规划

\# PC

PC1:172.30.0.10/16,Gateway IP:172.30.0.1/16

VLAN 20:172.21.64.0/18

PC2:172.21.64.10/18,Gateway IP:172.21.64.1/18

VLAN 30:172.21.128.0/18

PC3:172.21.128.10/18,Gateway IP:172.21.128.1/18

VLAN 40:172.21.192.1/18

\# 路由器

二校区路由 arouter_2:

fa 0/1 172.21.192.2/18

s 0/0 192.168.1.1/30

主校区路由 arouter_1:

fa 0/1 172.30.0.1/16

s 0/0 192.168.1.2/30

2. 设备配置

\# 配置 Aswitch_22

```
switch#configure terminal
switch(config)#hostname aswitch_22
aswitch_22(config)#vlan 20
aswitch_22(config-vlan)#exit
aswitch_22(config)#vlan 30
aswitch_22(config-vlan)#exit
aswitch_22(config)#interface fa 0/2
aswitch_22(config-if)#switchport access vlan 20
aswitch_22(config-if)#exit
aswitch_22(config)#interface fa 0/3
aswitch_22(config-if)#switchport access vlan 30
aswitch_22(config-if)#exit
aswitch_22(config)#interface fa 0/24
aswitch_22(config-if)#switchport access vlan 40
aswitch_22(config-if)#exit
aswitch_22(config)#interface vlan 20
aswitch_22(config-if)#ip address 172.21.64.1 255.255.192.0
aswitch_22(config-if)#no shutdown
aswitch_22(config-if)#exit
aswitch_22(config)#interface vlan 30
aswitch_22(config-if)#ip address 172.21.128.1 255.255.192.0
aswitch_22(config-if)#no shutdown
aswitch_22(config)#interface vlan 40
aswitch_22(config-if)#ip address 172.21.192.1 255.255.192.0
aswitch_22(config-if)#no shutdown
```

```
aswitch_22(config)#ip routing                                    !启用三层路由功能
aswitch_22(config)#router rip                                    !启用 RIP
aswitch_22(config-router)#network 172.21.64.0                    !声明直连网段
aswitch_22(config-router)#network 172.21.128.0
aswitch_22(config-router)#network 172.21.192.0
aswitch_22(config-router)#version 2
aswitch_22#show ip route
aswitch_22#show vlan
aswitch_22#show ip interface
#配置 Arouter_2
router#conf
router(config)#hostname arouter_2
arouter_2(config)#interface fa 0/1
arouter_2(config-if)#ip addr 172.21.192.2 255.255.192.0
arouter_2(config-if)#no shutdown
arouter_2(config-if)#interface s 0/0
arouter_2(config-if)#ip address 192.168.1.1 255.255.255.252
arouter_2(config-if)#clock rate 64000
arouter_2(config-if)#no shutdown
arouter_2(config)#router rip
arouter_2(config-router)#network 172.21.192.0
arouter_2(config-router)#network 192.168.1.0
arouter_2(config-router)#version 2
arouter_2(config-router)#no auto-summary
arouter_2#show ip route
#配置 Arouter_1
router#conf
router(config)#hostname arouter_1
arouter_1(config)#interface fa 0/1
arouter_1(config-if)#ip addr 172.30.0.1 255.255.0.0
arouter_1(config-if)#no shutdown
arouter_1(config-if)#interface s 0/0
arouter_1(config-if)#ip address 192.168.1.2 255.255.255.252
arouter_1(config-if)#no shutdown
arouter_1(config-if)#exit
arouter_1(config)#router rip
arouter_1(config-router)#network 172.30.0.0
arouter_1(config-router)#network 192.168.1.0
arouter_1(config-router)#version 2                              !使用 RIPv2
arouter_1(config-router)#no auto-summary
arouter_1#show ip route
arouter_1#show ip interface brief
arouter_1#show interface s 0/0
#配置 PC
#PC1 的配置
主机 IP 地址:172.30.0.10
子网掩码:255.255.0.0
```

网关 IP 地址:172.30.0.1
子网掩码:255.255.0.0
PC2 的配置
主机 IP 地址:172.21.64.10
子网掩码:255.255.192.0
网关 IP 地址:172.21.64.1
子网掩码:255.255.192.0
PC3 的配置
主机 IP 地址:172.21.128.10
子网掩码:255.255.192.0
网关 IP 地址:172.21.128.1
子网掩码:255.255.192.0

【测试方案】

PC1、PC2、PC3 能够互相 ping 通。

实验 7-5　OSPF 路由配置

【实验要求】

网络拓扑如图 7-7 所示。

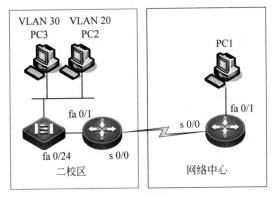

图 7-7　网络拓扑

(1) 二校区到网络中心,两台路由器通过专线直连,一台三层交换机分别接入 PC2、PC3。

(2) PC2 属于 VLAN 20,PC3 属于 VLAN 30,Switch 的 fa 0/24 属于 VLAN 40。

(3) 网络中心 IP 地址使用 172.30.0.0/16 网段。

(4) 二校区 IP 地址使用 172.21.0.0/16 网段。

(5) 路由器间 IP 地址自行规划。

(6) 用 OSPF 路由实现 PC 间互通。

【实验步骤】

1. IP 地址规划

PC
PC1:172.30.0.10/16,Gateway IP:172.30.0.1/16

VLAN 20:172.21.64.0/18

PC2:172.21.64.10/18,Gateway IP:172.21.64.1/18

VLAN 30:172.21.128.0/18

PC3:172.21.128.10/18,Gateway IP:172.21.128.1/18

VLAN 40:172.21.192.0/18

#路由器

二校区路由 arouter_2:

fa 0/1 172.21.192.2/18

s 0/0 192.168.1.1/30

主校区路由 arouter_1:

fa 0/1 172.30.0.1/16

s 0/0 192.168.1.2/30

2. 设备配置

```
#配置 Aswitch_22
switch#configure terminal
switch(config)#hostname aswitch_22
aswitch_22(config)#vlan 20
aswitch_22(config-vlan)#exit
aswitch_22(config)#vlan 30
aswitch_22(config-vlan)#exit
aswitch_22(config)#interface fa 0/2
aswitch_22(config-if)#switchport access vlan 20          !创建 VLAN 接口
aswitch_22(config-if)#exit
aswitch_22(config)#interface fa 0/3
aswitch_22(config-if)#switchport access vlan 30
aswitch_22(config-if)#exit
aswitch_22(config)#interface fa 0/24
aswitch_22(config-if)#switchport access vlan 40
aswitch_22(config-if)#exit
aswitch_22(config)#interface vlan 20
aswitch_22(config-if)#ip address 172.21.64.1 255.255.192.0
aswitch_22(config-if)#no shutdown
aswitch_22(config-if)#exit
aswitch_22(config)#interface vlan 30
aswitch_22(config-if)#ip address 172.21.128.1 255.255.192.0
aswitch_22(config-if)#no shutdown
aswitch_22(config)#interface vlan 40
aswitch_22(config-if)#ip address 172.21.192.1 255.255.192.0
aswitch_22(config-if)#no shutdown
aswitch_22(config)#ip routing
aswitch_22(config)#router ospf                           !启用 OSPF 协议
aswitch_22(config-router)#network 172.21.64.0 0.0.63.255 area 0
                                    !声明本设备的直连网段,并分配区域号
aswitch_22(config-router)#network 172.21.128.0 0.0.63.255 area 0
```

```
aswitch_22(config-router)#network 172.21.192.0 0.0.63.255 area 0
aswitch_22(config-router)#version 2
aswitch_22#show ip route
aswitch_22#show vlan
aswitch_22#show ip interface
```
#配置 Arouter_2
```
router#conf
router(config)#hostname arouter_2
arouter_2(config)#interface fa 0/1
arouter_2(config-if)#ip addr 172.21.192.2 255.255.192.0
arouter_2(config-if)#no shutdown
arouter_2(config-if)#interface s 0/0
arouter_2(config-if)#ip address 192.168.1.1 255.255.255.252
arouter_2(config-if)#clock rate 64000
arouter_2(config-if)#no shutdown
arouter_2(config)#router ospf
arouter_2(config-router)#network 172.21.192.0 0.0.63.255 area 0
arouter_2(config-router)#network 192.168.1.0 0.0.0.255 area 0
arouter_2(config-router)#version 2
arouter_2(config-router)#no auto-summary
arouter_2#show ip route
```
#配置 Arouter_1
```
router#conf
router(config)#hostname arouter_1
arouter_1(config)#interface fa 0/1
arouter_1(config-if)#ip addr 172.30.0.1 255.255.0.0
arouter_1(config-if)#no shutdown
arouter_1(config-if)#interface s 0/0
arouter_1(config-if)#ip address 192.168.1.2 255.255.255.252
arouter_1(config-if)#no shutdown
arouter_1(config-if)#exit
arouter_1(config)#router ospf
arouter_1(config-router)#network 172.30.0.0 0.0.255.255 area 0
arouter_1(config-router)#network 192.168.1.0 0.0.0.255 area 0
arouter_1(config-router)#version 2
arouter_1(config-router)#no auto-summary
arouter_1#show ip route
arouter_1#show ip interface brief
arouter_1#show interface s 0/0
```
#配置 PC
#PC1 的配置
主机 IP 地址:172.30.0.10
子网掩码:255.255.0.0
网关 IP 地址:172.30.0.1
子网掩码:255.255.0.0

\# PC2 的配置

主机 IP 地址:172.21.64.10

子网掩码:255.255.192.0

网关 IP 地址:172.21.64.1

子网掩码:255.255.192.0

\# PC3 的配置

主机 IP 地址:172.21.128.10

子网掩码:255.255.192.0

网关 IP 地址:172.21.128.1

子网掩码:255.255.192.0

【测试方案】

PC1、PC2、PC3 能够互相 ping 通。

习题

1. 默认路由是(　　　)。

    A. 一种静态路由 　　　　　　　　B. 所有非路由数据包在此进行转发

    C. 最后求助的网关 　　　　　　　　D. 以上都是

2. 静态路由是(　　　)。

    A. 手工输入到路由表中且不会被路由协议更新

    B. 一旦网络发生变化就被重新计算更新

    C. 路由器出厂时就已经配置好的

    D. 通过其他路由协议学习到的

3. 如果将一个新的办公子网掩码加入到原来的网络中,那么需要手工配置 IP 路由表,应输入的命令是(　　　)。

    A. ip route 　　　　B. route ip 　　　　C. show ip route 　　　D. show route

4. RIP 有几个版本?它是基于什么路由算法?最大跳数为几跳?(　　　)

    A. 2,链路状态,16 　　　　　　　　B. 1,链路状态,15

    C. 2,距离向量,15 　　　　　　　　D. 1,距离向量,16

5. 在路由表中 0.0.0.0 代表什么意思?(　　　)

    A. 静态路由 　　　　B. 动态路由 　　　　C. 默认路由 　　　　D. RIP 路由

第8章 网络地址转换与访问控制列表

8.1 网络地址转换

由于使用分类编址方案,以及因特网的飞速发展,可供使用的公网地址几乎已经耗尽了。但是,在每一类地址中都有一些地址段被指派为专用,这些地址只能用在局域网内部,不能直接与外部因特网连接,因为这些地址是非注册的地址。这些地址包括 A 类、B 类和 C 类。

(1) A 类:10.X.X.X。

(2) B 类:172.16.X.X~172.31.X.X。

(3) C 类:192.168.X.X。

在实际工作中也会在局域网内部使用这些专用的私有地址,但是还能够畅游因特网,这是如何实现的呢?

网络地址转换(Network Address Translation,NAT)就是将网络地址从一个地址空间转换到另外一个地址空间的一个行为。转换方法是在内部网络中使用内部私有地址,通过 NAT 把内部私有地址转换成合法的公有 IP 地址,在因特网上使用。经过 NAT 转换后,一个本地私有 IP 地址对应了一个全局公有 IP 地址。

8.1.1 NAT 概述

随着接入因特网的计算机数量不断增加,IP 地址的短缺已成为十分突出的问题。在因特网服务提供商(Internet Service Provider,ISP)那里,即使是拥有几百台计算机的大型局域网用户,当他们申请公有 IP 地址时,所能够分配到的也不过是几个或十几个 IP 地址,一般用户几乎申请不到整段的 C 类 IP 地址,这样少的 IP 地址根本无法满足网络用户的需求,于是就产生了 NAT 技术。NAT 技术在 1994 年被提出。

1. NAT 实现方式

NAT 的实现方式有三种,即静态地址转换(Static Address Translation)、动态地址转换(Dynamic Address Translation)和网络端口地址转换(Network Port Address Translation,NPAT)。

静态地址转换是指将内部网络的私有 IP 地址转换为公有 IP 地址,IP 地址是一对一的,某个私有 IP 地址只能转换为某个公有 IP 地址。这种转换方案并不能达到节约公有 IP 地址的目的,但实现简单。在实际应用中,经常借助于静态地址转换,实现外部网络对内部网络中某些特定设备(如 WWW 服务器)的访问。

动态地址转换是指将内部网络的私有 IP 地址转换为公有 IP 地址时,公有 IP 地址并不是固定的,而是随机地从地址池中未使用的公有 IP 地址动态分配的。具体方法是首先确定一个公有 IP 地址池,在这个地址池中有多个公有 IP 地址。当一个内部的私有地址访问具有公有 IP 地址的外部网络时，从地址池中动态分配一个未使用的公有 IP 地址，在私有 IP 地址和公有 IP 地址之间形成一种临时性的映射关系，并保存这种映射关系，然后用公有地址替换私有地址，进行外部网络访问。通信结束后，NAT 将解除这种临时性的映射关系，释放公有 IP 地址。动态地址转换提高了公有 IP 地址的利用率，当 ISP 提供的公有 IP 地址少于网络内部的计算机数量时，可以采用动态地址转换的方式。

网络端口地址转换是把多个内部地址映射为一个公有 IP 地址，但以不同的协议端口号与不同的内部私有地址相对应，即"内部私有地址＋内部端口"与"外部公有地址＋外部端口"之间的转换。NPAT 也被称为"多对一"的 NAT，或者叫端口地址转换（Port Address Translations，PAT）、地址复用（Address Overloading）。NPAT 与动态 NAT 不同，它将内部连接映射到外部网络中的一个单独的 IP 地址上，同时在该地址上加上一个由 NAT 设备选定的 TCP 或 UDP 端口号，通过转换 TCP 或 UDP 端口号以及地址来提供并发性。

NPAT 的主要优势在于，能够使用一个公有 IP 地址获得通用性。当通信采用 TCP 或 UDP 时，NPAT 允许一台内部主机访问多台外部主机，或者多台内部主机访问同一台外部主机，相互之间不会发生冲突。内部网络的所有主机均可共享一个合法的公有 IP 地址实现对因特网的访问，从而可以最大限度地节约 IP 地址资源。同时，又可隐藏网络内部的所有主机，有效避免来自因特网的攻击。目前网络中应用最多的就是网络端口地址转换方式，这种方式的主要缺点在于其通信仅限于 TCP 或 UDP。

NPAT 分为静态 NPAT 和动态 NPAT 两种。

2. NAT 工作原理

借助于 NAT 技术，私有地址的内部网络通过路由器发送数据包时，私有地址被替换成合法的公有 IP 地址，一个局域网只需要使用少量的公有 IP 地址（甚至是 1 个）即可实现私有地址与因特网的通信需求。

在配置了 NAT 功能的路由设备上，NAT 自动修改 IP 报文的源 IP 地址和目的 IP 地址，如图 8-1 所示。

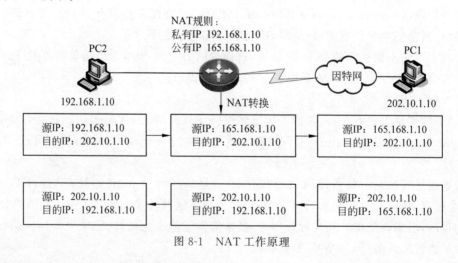

图 8-1　NAT 工作原理

在图 8-1 中，内网主机 PC2 具有私有 IP 地址 192.168.1.10，外网主机 PC1 具有公有 IP 地址 202.10.1.10。PC2 访问 PC1 过程如下。

（1）PC2 发送数据包,封装的源 IP 地址为自身的地址 192.168.1.10,目的 IP 地址为将要访问的主机 PC1 的 IP 地址 202.10.1.10。

（2）数据包到达配置了 NAT 的路由器。

（3）路由器按照 NAT 转换规则,建立 IP 地址的映射关系,并将源 IP 地址(私有 IP 地址 192.168.1.10)替换为公有 IP 地址 165.168.1.10 封装发送。此时,数据包内封装的源 IP 地址为 165.168.1.10,目的 IP 地址为 202.10.1.10。

（4）PC2 收到源 IP 地址为 165.168.1.10、目的 IP 地址为 202.10.1.10 的数据包。

（5）PC2 发送应答数据包,根据接收数据包的 IP 地址,封装的应答数据包的源 IP 地址为自身的 IP 地址 202.10.1.10,目的 IP 地址为 165.168.1.10。

（6）路由器收到应答数据包,根据之前建立的 IP 地址映射关系,将目的 IP 地址 165.168.1.10 替换回私有 IP 地址 192.168.1.10,源地址不变,封装并发送。

（7）PC2 接收 PC1 的应答数据包。

在整个过程中,出口路由器根据配置的规则进行 IP 地址的检测并进行转换。

8.1.2　NAT 配置

当内部网络需要与外部网络互通时,通过配置 NAT 可以将内部私有 IP 地址转换成全局唯一公有 IP 地址。可以配置静态或动态的 NAT 功能实现内外网互联互通的目的。

1. 静态 NAT 配置

静态 NAT 是建立内部本地地址和内部全局地址的一对一永久映射。当外部网络需要通过固定的全局可路由地址访问内部主机时,静态 NAT 就显得十分重要。

配置静态 NAT,具体步骤如下。

（1）进入连接内网的端口,定义该端口连接内部网。

在全局配置模式下,命令格式为:

```
interface interface-type interface-number
```

其中,interface-type 为端口类型;interface-number 为端口编号,如 fa 0/1,此端口配置内部本地地址;

```
ip nat inside
```

此命令行定义该端口连接的是内部网络。

（2）进入连接外网的端口,定义该端口连接外部网。

在全局配置模式下,命令格式为:

```
interface interface-type interface-number
ip nat outside
```

此命令行定义该端口连接的是外部网络,如因特网,此端口配置内部全局地址。

（3）定义内部源地址静态转换关系。

在全局配置模式下,命令格式为:

```
ip nat inside source static local-address global-address [permit-inside]
```

此命令的功能是配置内部本地地址与内部全局地址的映射关系。static 表示静态地址转换；local-address 为内部本地地址；global-address 为内部全局地址；可选关键字 permit-inside 表示允许内网用户用 global-address 访问 local-address 表示的设备，此关键字仅适用于路由设备。

2. 动态 NAT 配置

动态 NAT 是建立内部本地地址和内部全局地址池的临时映射关系，过一段时间没有用就会删除映射关系。配置动态 NAT，具体步骤如下。

（1）定义全局 IP 地址池。

在全局配置模式下，命令格式为：

```
ip nat pool pool-name start-address end-address {netmask mask |prefix-length
prefix-length}
```

其中，pool-name 为字符串表示的 IP 地址池名称；start-address 为 IP 地址池的开始地址；end-address 为 IP 地址池的结束地址；{netmask mask | prefix-length **prefix-length**} 为二选一参数，mask 为 IP 地址的掩码；**prefix-length** 为掩码位数。

配置举例：ip nat pool funet 200.10.1.1 200.10.1.10 netmask 255.255.255.0，或者：ip nat pool funet 200.10.1.1 200.10.1.10 prefix-length 24。

（2）定义访问列表，只有匹配该列表的内部本地地址才能被转换。

在全局配置模式下，命令格式为：

```
access-list access-list-number permit ip-address wildcard
```

其中，access-list-number 为访问列表编号；ip-address 为可以被转换的内部本地地址；wildcard 为该 IP 地址的反向掩码。

（3）定义内部源地址动态转换关系。

在全局配置模式下，命令格式为：

```
ip nat inside source list access-list-number pool pool-name
```

其中，access-list-number 为访问列表编号；pool-name 为字符串表示的 IP 地址池名称。

（4）定义该端口连接内部网络。

在接口配置模式下，命令格式为：

```
interface interface-type interface-number
ip nat inside
```

（5）定义该端口连接外部网络。

在接口配置模式下，命令格式为：

```
interface interface-type interface-number
ip nat outside
```

注意：访问列表的定义，请参看 8.2 节。访问列表最后一个规则是否定全部。访问列表不能定义太宽，要尽量准确，否则将出现不可预知的结果。

配置举例：内部源地址匹配访问列表 1 的数据包才会建立 NAT 转换记录，本地全局地址从 NAT 地址池 Funet 中分配,地址范围为 202.10.10.2～202.10.10.10。

```
router_jiaoxue(config)#interface fa 0/0
router_jiaoxue(config-if)#ip address 192.168.1.10 255.255.255.0
router_jiaoxue(config-if)#no shutdown
router_jiaoxue(config-if)#ip nat inside
router_jiaoxue(config-if)#interface s 0/0
router_jiaoxue(config-if)#ip address 202.10.10.1 255.255.255.0
router_jiaoxue(config-if)#no shutdown
router_jiaoxue(config-if)#ip nat outside
router_jiaoxue(config-if)#exit
router_jiaoxue(config)#ip nat pool funet 202.10.10.2 202.10.10.10 netmask 255.
255.255.0
router_jiaoxue(config)#ip nat inside source list 1 pool funet
router_jiaoxue(config)#access-list 1 permit 192.168.1.0 0.0.0.255
```

3. 静态 NPAT 配置

静态 NPAT 一般应用在将内部网指定主机的指定端口映射到全局地址的指定端口上。
配置静态 NPAT,步骤如下。

(1) 定义内部源地址静态转换关系。

在全局配置模式下,命令格式为:

```
ip nat inside source static {UDP|TCP} local-address port global-address port
[permit-inside]
```

其中,{UDP|TCP}为二选一参数;local-address 为内部本地地址;port 为内部本地地址对应
的端口号;global-address port 为内部全局地址及端口号;可选关键字 permit-inside 表示允
许内网用户用 global-address 访问 local-address 表示的设备,此关键字仅适用于路由设备。

(2) 定义该端口连接内部网络。

在接口配置模式下,命令格式为:

```
router_jiaoxue(config)#interface interface-type interface-number
router_jiaoxue(config-if)#ip nat inside
```

(3) 定义该端口连接外部网络。

在接口配置模式下,命令格式为:

```
router_jiaoxue(config)#interface interface-type interface-number
router_jiaoxue(config-if)#ip nat outside
```

配置举例:静态 NPAT 一般用于构建虚拟服务器。虚拟服务器指在 NAT 内网建设服
务器,然后通过静态 NPAT 映射到外网,用户访问该服务器映射的公有 IP 地址时,就被转
换到内网相应的服务器上。

将一台内网的 WWW 服务器 192.168.1.10 映射到公有 IP 地址 202.10.10.1 的 80 端口
上,配置命令如下。

```
router_jiaoxue(config)#interface fa 0/0
```

```
router_jiaoxue(config-if)#ip address 192.168.1.1 255.255.255.0
router_jiaoxue(config-if)#no shutdown
router_jiaoxue(config-if)#ip nat inside
router_jiaoxue(config-if)#interface s 0/0
router_jiaoxue(config-if)#ip address 202.10.10.10 255.255.255.0
router_jiaoxue(config-if)#no shutdown
router_jiaoxue(config-if)#ip nat outside
router_jiaoxue(config-if)#exit
router_jiaoxue(config)#ip nat inside source static tcp 192.168.1.10 80 202.10.10.1 80
```

4. 动态 NPAT 配置

配置动态 NPAT,步骤如下。

(1) 定义全局 IP 地址池,对于动态 NPAT,一般只定义一个 IP 地址。

在全局配置模式下,命令格式为:

```
router_jiaoxue(config)#ip nat pool pool-name start-address end-address {netmask
mask |prefix-length prefix-length}
```

(2) 定义访问列表,只有匹配该列表的地址才能被转换。

在全局配置模式下,命令格式为:

```
router_jiaoxue(config)#access-list access-list-number permit ip-
address wildcard
```

(3) 定义源地址动态转换关系。

在全局配置模式下,命令格式为:

```
router_jiaoxue(config)#ip nat inside source list access-list-number {[pool pool-
name] |[interface interface-type interface-number]} overload
```

其中,pool pool-name、interface interface-type interface-number 参数为二选一,既可以用地址池,也可以用外网端口。用外网端口参数,表示使用外网端口的公有 IP 地址进行地址转换;overload 表示允许地址复用,对于锐捷产品,有无此参数均可。

(4) 定义该端口连接内部网络。

在接口配置模式下,命令格式为:

```
router_jiaoxue(config)#interface interface-type interface-number
router_jiaoxue(config-if)#ip nat inside
```

(5) 定义该端口连接外部网络。

在接口配置模式下,命令格式为:

```
router_jiaoxue(config)#interface interface-type interface-number
router_jiaoxue(config-if)#ip nat outside
```

NPAT 可以使用地址池中的 IP 地址,也可以直接使用外网端口的 IP 地址。通常情况下,一个 IP 地址最多可以提供 64 512 个 NAT 地址转换,因此一个地址就可以满足一个网络的地址转换需要,如果地址不够,地址池可以多定义几个地址。

配置举例：内部源地址匹配访问列表 1 的数据包才会建立 NAT 转换记录，本地全局地址从 NAT 地址池 Funet 中分配，地址池只定义 202.10.10.2 一个 IP 地址。

```
router_jiaoxue(config)#interface fa 0/0
router_jiaoxue(config-if)#ip address 192.168.1.1 255.255.255.0
router_jiaoxue(config-if)#no shutdown
router_jiaoxue(config-if)#ip nat inside
router_jiaoxue(config-if)#interface s 0/0
router_jiaoxue(config-if)#ip address 202.10.10.1 255.255.255.0
router_jiaoxue(config-if)#no shutdown
router_jiaoxue(config-if)#ip nat outside
router_jiaoxue(config-if)#exit
router_jiaoxue(config-if)#ip nat pool funet 202.10.10.2 202.10.10.2 netmask 255.
255.255.0
router_jiaoxue(config-if)#ip nat inside source list 1 pool funet overload
router_jiaoxue(config-if)#access-list 1 permit 192.168.1.0 0.0.0.255
router_jiaoxue#show ip nat translations    !显示 NAT 映射表,查看是否正确建立转换记录
```

以下为显示内容。

```
Pro Inside global Inside local Outside local Outside global
tcp 202.10.10.2:2063 192.168.1.5:2063 168.168.1.10:23 168.168.1.10:23
```

5. 构建本地服务器配置示例

本地服务器是指利用网络设备将一个或多个在内部建设的服务器映射成网络服务器，从而使得广域网上的用户可以访问。如图 8-2 所示，在内网建设了三台服务器（DNS 服务器、WWW 服务器以及 Mail 服务器），为了实现广域网用户可以访问这三个架设在内网的服务器，需要配置静态 NAT 功能，同时配置动态 NPAT，以实现内网用户访问外网功能。

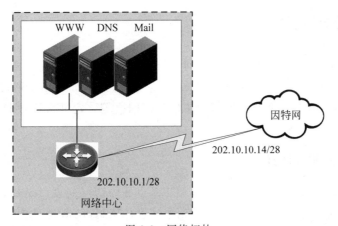

图 8-2　网络拓扑

配置命令如下：

```
router>enable
router#config terminal
```

```
router(config)#hostname erouter
erouter(config)#interface s 0/0
erouter(config-if)#ip address 202.10.10.1 255.255.255.240
erouter(config-if)#no shutdown
erouter(config-if)#ip nat outside
erouter(config-if)#interface fa 0/1
erouter(config-if)#ip address 192.168.1.1 255.255.255.0
erouter(config-if)#no shutdown
erouter(config-if)#ip nat inside
erouter(config-if)#exit
erouter(config)#ip route 0.0.0.0 0.0.0.0 202.10.10.14
                                            !配置默认路由以访问因特网
erouter(config)#access-list 1 permit any    !配置 NAT 应用的访问列表
erouter(config)#ip nat inside source list 1 interface s 0/0
            !配置动态 NPAT,用外网端口的 IP 地址转换,使内网普通用户可以访问外网
erouter(config)#ip nat inside source static tcp 192.168.1.11 53 202.10.10.11 53
                                            !配置 DNS 的静态映射
erouter(config)#ip nat inside source static tcp 192.168.1.12 80 202.10.10.12 80
                                            !配置 WWW 的静态映射
erouter(config)#ip nat inside source static tcp 192.168.1.13 25 202.10.10.13 25
                                            !配置 Mail 的 SMTP 静态映射
erouter(config)#ip nat inside source static tcp 192.168.1.13 110 202.10.10.13 110
                                            !配置 Mail 的 POP3 协议静态映射
erouter(config)#end
erouter#
erouter#write                               !保存配置
```

8.2 访问控制列表

为了确保网络安全,通常对网络的访问进行限制。例如,可以定义某种规则,限制用户访问一些服务(如只允许访问 WWW 和 Mail 服务,其他服务如 Telnet 则禁止),或者仅允许在特定的时间段内访问,或者只允许部分主机访问网络等。定义规则限制网络访问的方式通过访问控制列表来实现。

8.2.1 访问控制列表概述

访问控制列表(Access Control Lists,ACL),也称为访问列表(Access Lists)。ACL 通过定义一些规则对通过网络设备端口的数据报文进行控制,包括允许或丢弃。ACL 由一系列的表项组成,称为访问控制列表表项(Access Control Entry,ACE)。每个访问控制列表表项都申明了满足该表项的匹配条件及行为。访问列表规则可以针对数据报文的源地址、目标地址、上层协议、时间区域等信息。

1. 配置设备

访问列表一般配置在以下位置的网络设备上。

（1）内网和外网之间的设备。

（2）网络间交界部分的设备。

（3）接入控制端口的设备。

以上设备通常指路由器、三层交换机或防火墙，本书以路由器为例进行讲解。

如果在路由器上配置 ACL，则时钟设备（DCE）和 ACL 最好不在同一台路由器上配置。

2. 相关术语

（1）输入 ACL（Inbound ACL）。

在路由器端口接收到报文时，先检查报文是否与该端口输入 ACL 的某一条 ACE 相匹配，再根据路由策略转发到相应端口。

（2）输出 ACL（Outbound ACL）。

对于数据包，路由器先根据路由策略转发到相应端口，准备从某一端口输出报文时，再检查报文是否与该端口输出 ACL 的某一条 ACE 相匹配。

输入、输出是相对的两个方向，是相对于设备而言的。输入是指数据从外部通过连接端口进入到设备内部，输出是指数据从路由器内部通过连接端口转发到外部。每个端口都可以设置输入和输出两个方向的 ACL，但每个方向只能应用一个 ACL。

（3）过滤字段。

在制定不同的过滤规则时，多条规则可能同时被应用，也可能只应用其中几条。只要是符合某条 ACE，就按照该 ACE 定义的规则处理报文（Permit 或 Deny）。ACL 的 ACE 根据以太网报文的某些字段来过滤以太网报文，这些字段如下。

♯二层字段（Layer 2 Fields）：48 位的源 MAC 地址、48 位的目的 MAC 地址和 16 位的二层类型字段。

♯三层字段（Layer 3 Fields）：源 IP 地址、目的 IP 地址和协议类型。

♯四层字段（Layer 4 Fields）：TCP 的源端口、目的端口和 UDP 的源端口、目的端口。

（4）过滤域。

过滤域是指在生成一条 ACE 时，根据报文中的哪些字段对报文进行识别、分类。

（5）过滤域模板。

过滤域模板就是过滤字段的集合。例如，在生成某一条 ACE 时希望根据报文的目的 IP 地址对报文进行识别、分类，而在生成另一条 ACE 时，希望根据报文的源 IP 地址和 TCP 的源端口过滤，这两条 ACE 就分别使用了不同的过滤域模板。

（6）规则（Rules）。

规则指 ACE 过滤域模板对应的值。例如，有一条 ACE 内容为：permit tcp host 192.168.1.1 any eq telnet。在这条 ACE 中，过滤域模板为字段的集合，包括源 IP 地址、IP 协议、目的 TCP 端口，对应的规则分别是：源 IP 地址为 host 192.168.1.1，IP 协议为 TCP，TCP 目的端口为 telnet。

3. 匹配过程

（1）ACL 语句的执行必须严格按照顺序，从第一条语句开始比较。

（2）先比较第一行，再比较第二行，直到最后一行。

（3）从第一行起，一旦一个数据包的报头跟表中的某个条件判断语句相匹配，那么后面的语句就将被忽略，不再进行检查。

（4）默认每个 ACL 中最后一行是隐含的拒绝（Deny Any），如果之前没找到一条许可（Permit）语句，意味着数据包将被丢弃，所以每个 ACL 必须至少要有 1 行 Permit 语句。

（5）输入 ACL 的匹配过程如图 8-3 所示。

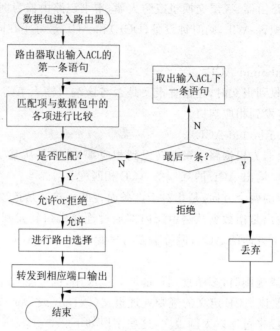

图 8-3　输入 ACL 的匹配过程

（6）输出 ACL 的匹配过程如图 8-4 所示。

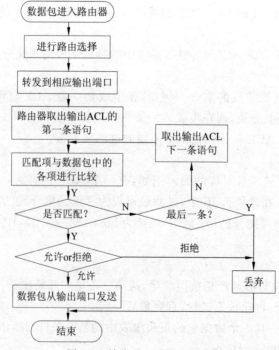

图 8-4　输出 ACL 的匹配过程

4. 通配符掩码

通配符掩码（Wildcard Mask）通过标记 0 和 1 告诉设备应该匹配到哪位，它的作用与子网掩码类似，都是与 IP 地址共同作用，来确定某个网段或某个具体的主机，0 代表必须精确匹配，1 代表任意值。通配符掩码由 32 位二进制组成，用点分十进制表示，与子网掩码不同的是，它的高位是连续的 0，低位是连续的 1，跟子网掩码刚好相反，也称为反掩码。目前，大多数设备可以使用 0 或 1 不连续的通配符掩码，如 0.255.0.32。如表 8-1 所示列出了部分通配符掩码的含义。

表 8-1　通配符掩码示例

通配符掩码	二　进　制	含　　义
0.0.0.0	00000000 00000000 00000000 00000000	全为 0 说明 32 位都必须进行精确匹配，它只表示一个具体的 IP 地址，可用 host 代替
0.0.0.3	00000000 00000000 00000000 00000011	前 30 位需要匹配
0.0.0.255	00000000 00000000 00000000 11111111	前 24 位需要匹配
0.0.63.255	00000000 00000000 00111111 11111111	前 18 位需要匹配
0.0.255.255	00000000 00000000 11111111 11111111	前 16 位需要匹配
0.255.255.255	00000000 11111111 11111111 11111111	前 8 位需要匹配
255.255.255.255	11111111 11111111 11111111 11111111	全为 1 说明 32 位中所有位都不需匹配，表示允许任意 IP 地址，可用 Any 代替

IP 地址与通配符掩码的作用规则是：32 位的 IP 地址与 32 位的通配符掩码逐位比对，通配符掩码为 0 的位要求 IP 地址对应的二进制位必须精确匹配，通配符掩码为 1 的位对应的 IP 地址二进制位不必匹配。

在表 8-2 中，通配符掩码前 30 位为 0，表示对应的 IP 地址前 30 位必须精确匹配，即必须保持原数值不变，后两位的通配符掩码为 1，表示对应的 IP 地址后两位可以为任意值。因此，表 8-2 中 IP 地址与通配符掩码匹配的结果是 192.168.1.0/30 这个网段内的所有主机，即 192.168.1.1/30 和 192.168.1.2/30。

表 8-2　IP 地址与通配符掩码的作用规则

	十　进　制	二　进　制
IP 地址	192.168.1.0	11000000 10101000 00000001 00000000
子网掩码	255.255.255.252	11111111 11111111 11111111 11111100
通配符掩码	0.0.0.3	00000000 00000000 00000000 00000011

5. 配置 ACL 的注意事项

（1）利用 ACL 过滤数据包，必须把 ACL 应用到需要过滤的路由器的端口上，并且要定义过滤的方向。

（2）注意 ACL 语句的顺序，尽量把作用范围小的语句放在前面。路由器在确定允许还是拒绝数据包时，按语句创建的顺序进行比较，找到匹配的语句后，便不再检查其他语句。假设创建了一条语句，它允许所有的数据通过，则后面的语句将不被检查。例如：

```
access-list 101 deny ip any any
access-list 101 permit tcp 192.168.1.0 0.0.0.255 eq telnet any
```

由于第一条语句拒绝了所有的 IP 数据包,所以 192.168.1.0/24 主机的 Telnet 报文将被拒绝,因为路由器检查到报文和第一条语句匹配,便不再检查后面的语句。

(3) 新添加的表项只能被追加在 ACE 的末尾,语句被创建以后,无法单独删除,只能删除整个访问列表。如果必须要改变语句的顺序或 ACE 的功能,请先删除已存在的 ACL,然后创建新的 ACL。

(4) 标准 ACL 只匹配源地址,如果需要精准匹配请使用扩展 ACL。

(5) 标准 ACL 尽量靠近目的位置,由于标准 ACL 使用源地址过滤,将其靠近源位置会影响数据包流向其他端口,扩展 ACL 尽量靠近过滤源位置。

(6) 每个 ACL 的末尾隐含着一条"拒绝所有数据"的规则语句,如果数据包与任何规则都不匹配,将被拒绝。例如:

```
access-list 1 permit host 192.168.1.10
```

此列表只允许源主机为 192.168.1.10 的数据包通过,其他主机都将被拒绝。因为这条访问列表最后隐含一条规则语句: access-list 1 deny any。

又如: access-list 1 deny host 192.168.1.10

如果列表只包含以上这条语句,则任何数据包通过该端口都将被拒绝。

8.2.2 访问控制列表类型

1. 编号访问控制列表及配置

1) 编号访问控制列表

要在设备上配置 ACL,必须为其指定一个唯一的编号,以便在协议内部能够唯一标识,如表 8-3 所示列出了可以使用的编号范围。

表 8-3　ACL 协议及编号

序号	协　议	编　号　范　围
1	标准 IP	1~99,1300~1999
2	扩展 IP	100~199,2000~2699, 2900~3899

ACL 根据编号范围的不同,分为两种主要的访问列表:标准访问控制列表和扩展访问控制列表。

(1) 标准访问列表(Standard Access Lists):标准 ACL 使用源 IP 地址做过滤匹配。

(2) 扩展访问列表(Extended Access Lists):扩展 ACL 比较源 IP 地址、目标 IP 地址、三层的协议、四层的端口号及时间区域做过滤匹配。

2) 编号访问列表的配置

编号访问列表的配置包括定义访问列表和将访问列表应用于端口并声明过滤方向。

(1) 编号标准 ACL 配置。

定义访问列表,在全局配置模式下,命令格式为:

```
access-list access-list-id {deny|permit} {source-address wildcard-mask|host
source-address|any}
```

其中,access-list-id 为访问列表的编号,范围如表 8-3 所示;{deny|permit}为二选一关键字,表示拒绝还是允许;{source-address wildcard-mask|host source-address|any }为三选一参数:source-address 为源 IP 地址,必须和通配符掩码联合使用;wildcard-mask 为通配符掩码;如果采用 host 关键字,相当于通配符掩码为 0.0.0.0;参数 source-address 为一个具体的源 IP 地址;关键字 any 表示匹配任意 IP 地址,相当于通配符掩码为 255.255.255.255。

将访问列表应用在端口的输入或输出方向,在接口配置模式下,命令格式为:

```
ip access-group access-list-id {in|out}
```

其中,access-list-id 为已定义的访问列表的编号;{in|out}为二选一关键字,表示过滤方向是输入还是输出。

显示访问列表,在特权用户模式下,命令格式为:

```
show access-lists [access-list-id]
```

其中,access-list-id 为已定义的访问列表的编号,可选参数,不指定则显示所有 ACL 的配置。

配置举例:拓扑如图 8-5 所示,在路由器上配置 ACL,实现 PC2 不能访问 172.31.0.0 网段,PC1 能访问的功能(假设设备其他命令已配置完毕,只考虑 ACL 的配置)。

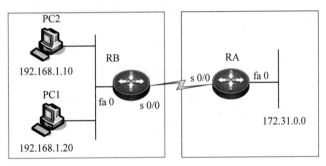

图 8-5　网络拓扑

因为只对 PC1 和 PC2 访问 172.31.0.0 网段进行控制,使用标准 ACL 就可以实现。原则上标准 ACL 应用在离目的端近的端口上,所以在 RA 的 fa 0 端口应用 ACL 即可。

```
# RA 配置
router# conf t
router(config)# access-list 1 deny host 192.168.1.10
router(config)# access-list 1 permit any
router(config)# interface fa 0
router(config-if)# ip access-group 1 out
```

(2) 编号扩展 ACL 配置。

定义访问列表,在全局配置模式下,命令格式为:

```
access-list access-list-id {deny|permit} protocol {source-address source-
```

wildcard| host source-address|any} [source-port] {destination-address destination-wildcard|host destination- address|any} [destination-port][time-range time-range-name]

其中,access-list-id 为访问列表的编号,范围参看表 8-3;{deny | permit}二选一关键字,表示拒绝还是允许;protocol 为需要被过滤的协议类型,可以是 IP、TCP、UDP、ICMP、IGMP、EIGRP、OSPF、GRE 中的一个,也可以是代表 IP 协议的 0～255 编号;{source-address source-wildcard | host source-address|any }为三选一参数:source-address 为源 IP 地址,必须和通配符掩码联合使用;source-wildcard 为通配符掩码;如果采用 host 关键字,相当于通配符掩码为 0.0.0.0;参数 source-address 为一个具体的源 IP 地址;关键字 any 表示匹配任意 IP 地址,相当于通配符掩码为 255.255.255.255;source-port 为源端口号,范围是 0～65 535,protocol 参数值是 TCP 或者 UDP 时,可以指定过滤的源端口号范围。源端口号可以是单一的某个端口,也可以是一个端口范围。端口范围运算符如表 8-4 所示;{destination-address destination-wildcard|host destination-address | any}为三选一参数;destination-address 为目的 IP 地址,必须和通配符掩码联合使用;destination-wildcard 为通配符掩码;如果采用 host 关键字,相当于通配符掩码为 0.0.0.0;参数 destination-address 为一个具体的目的 IP 地址;关键字 any 表示匹配任意 IP 地址,相当于通配符掩码为 255.255.255.255;destination-port 为目的端口号,指定方法与源端口号相同;选择关键字 time-range,则 time-range-name 为 time-range 的名字。

表 8-4 端口范围运算符

运算符及语法	含 义	举 例
eq portnumber	等于,用于指定具体端口	eq 80 或 eq www
gt portnumber	大于,用于指定大于某个端口的一个端口范围	gt 1024
lt portnumber	小于,用于指定小于某个端口的一个端口范围	lt 1024
neq portnumber	不等于,用于排除某个具体的端口	neq 80
range portnumber1 portnumber2	指位于两个端口号之间的一个端口范围	range 21 80

将访问列表应用在端口的输入或输出方向,在接口配置模式下,命令格式为:

ip access-group access-list-id {in|out}

其中,access-list-id 为已定义的访问列表的编号;{in|out}为二选一关键字,表示过滤方向是输入还是输出。

显示访问列表,在特权用户模式下,命令格式为:

show access-lists [access-list-id]

其中,access-list-id 为已定义的访问列表的编号,可选参数,不指定则显示所有 ACL 的配置。

配置举例:拓扑如图 8-6 所示,在路由器上配置 ACL,实现 PC1、PC2 能访问 WWW 服务器,不能访问 Mail 服务器。(假设设备其他命令已配置完毕,只考虑 ACL 的配置。)

因为需要对目的端的访问进行控制,所以使用扩展 ACL 实现。原则上,扩展 ACL 应用在离源端近的端口上,所以在 RB 的 fa 0 端口应用 ACL,过滤方向为 In。

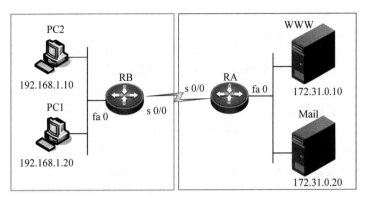

图 8-6　网络拓扑

```
#RB 的配置
router#conf t
router(config)#access-list 101 permit tcp 192.168.1.0 0.0.0.255 host 172.31.0.10
eq 80
router(config)#access-list 101 deny tcp 192.168.1.0 0.0.0.255 host 172.31.0.20
eq 25
router(config)#access-list 101 deny tcp 192.168.1.0 0.0.0.255 host 172.31.0.20
eq 110
router(config)#access-list 101 permit ip any any
router(config)#int f 0
router(config-if)#ip access-group 101 in
```

2. 命名访问控制列表及配置

命名访问列表(Named Access Lists)是创建标准和扩展访问列表的另外一种方法,它允许使用命名的方法来创建和应用标准或者扩展访问列表,便于对访问列表标识。

命名访问列表和编号访问列表的工作原理相同,配置步骤相同,语法相似,在编号 ACL 中的匹配项也能在命名 ACL 中使用,但是二者有一些区别。

(1) 命名访问列表是一个全局命令,将使用者带入到命名列表的子模式,在该子模式下建立匹配和拒绝/允许动作的相关语句。

(2) 命名访问列表允许删除个别语句,当命名 ACL 中的某条语句需要被删除时,只需删除该语句即可,而编号 ACL 需要删除整个 ACE。

(3) 建立命名 ACL 的命令是 ip access-list,在命令中用关键字 standard 和 extended 来表示命名标准 ACL 及命名扩展 ACL。

命名访问列表的配置包括命名标准 ACL 配置和命名扩展 ACL 配置。

(1) 命名标准 ACL 配置。

定义访问列表并进入 Access-List 配置模式,在全局配置模式下,命令格式为:

```
ip access-list standard name
```

其中,name 为字符串表示的名字。输入该行命令后,进入命令列表的子模式,即 Access-

List 配置模式。

```
{deny|permit} {source-address source-wildcard|host source-address|any}
```

其中,关键字{deny|permit}为二选一,表示该命令行在 Access-List 配置模式下声明一个或多个拒绝或允许的语句以确定数据包是被丢弃还是转发;{source-address source-wildcard|host source-address|any}为三选一参数;source-address 为源 IP 地址,必须和通配符掩码联合使用;source-wildcard 为通配符掩码;如果采用 host 关键字,相当于通配符掩码为 0.0.0.0;参数 source-address 为一个具体的源 IP 地址;关键字 any 表示匹配任意 IP 地址,相当于通配符掩码为 255.255.255.255。

将访问列表应用在端口的输入或输出方向,在接口配置模式下,命令格式为:

```
ip access-group name {in|out}
```

其中,name 为已定义的访问列表的名字;{in|out}为二选一关键字,表示过滤方向是输入还是输出。

显示访问列表,在特权用户模式下,命令格式为:

```
show access-lists [name]
```

其中,name 为已定义的访问列表的名字,可选参数,不指定则显示所有 ACL 的配置。

配置举例:拓扑如图 8-7 所示,三层交换机实现 VLAN 间互通,并在三层交换机上配置 ACL,实现 VLAN 20 主机不能访问 VLAN 30 主机的功能。

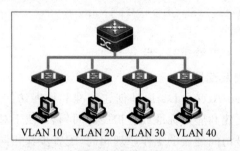

VLAN 10　VLAN 20　VLAN 30　VLAN 40

图 8-7　网络拓扑

在三层交换机上配置 SVI 接口,实现 VLAN 间通信;需要对源地址访问控制,建立命名标准 ACL 并应用在 VLAN 30 的入口方向。

```
#VLAN配置,四台接入交换机配置类似
switch#conf t
switch(config)#vlan 10
switch(config-vlan)#exit
switch(config)#int fa 0/1
switch(config-if)#switchport mode access
switch(config-if)#switchport access vlan 10
switch(config-if)#exit
switch(config)#int fa 0/24
switch(config-if)#switchport mode trunk
```

```
switch(config-if)#end
#三层交换机配置
switch#conf t
switch(config)#vlan 10
switch(config-vlan)#exit
switch(config)#vlan 20
switch(config-vlan)#exit
switch(config)#vlan 30
switch(config-vlan)#exit
switch(config)#vlan 40
switch(config-vlan)#exit
switch(config)#int vlan 10
switch(config-if)#ip add 172.16.0.0 255.255.0.0
switch(config-if)#no shutdown
switch(config-if)#int vlan 20
switch(config-if)#ip add 172.17.0.0 255.255.0.0
switch(config-if)#no shutdown
switch(config-if)#int vlan 30
switch(config-if)#ip add 172.18.0.0 255.255.0.0
switch(config-if)#no shutdown
switch(config-if)#int vlan 40
switch(config-if)#ip add 172.19.0.0 255.255.0.0
switch(config-if)#no shutdown
switch(config-if)#int range fa 0/21 - 24
switch(config-range-if)#switchport mode trunk
switch(config-if)#exit
#在三层交换机上定义 ACL
switch(config)#ip access-list standard vlancom
switch(config-std-nacl)#deny 172.17.0.0 0.0.255.255
switch(config-std-nacl)#permit ip any any
switch(config-std-nacl)#exit
#将访问列表应用在 VLAN 30 的输入方向
switch(config)#int vlan 30
switch(config-if)#ip access-group vlancom in
switch(config-if)#end
#显示 ACL 配置
switch#show access-list vlancom
```

（2）命名扩展 ACL 配置。

定义访问列表并进入 access-list 配置模式，在全局配置模式下，命令格式为：

```
ip access-list extended name
```

其中，name 为字符串表示的名字。输入该行命令后，进入命令列表的子模式，即 Access-List 配置模式。

```
{deny|permit} protocol {source-address source-wildcard|host source-address|
```

```
any} [operator1 source-port] {destination-address destination-wildcard|host
destination-address|any} [operator2 destination-port]
```

其中,关键字{deny|permit}为二选一,表示该命令行在 Access-List 配置模式下声明一个或多个拒绝或允许的语句以确定数据包是被丢弃还是转发;protocol 为需要被过滤的协议类型,可以是 IP、TCP、UDP、ICMP、IGMP、EIGRP、OSPF、GRE 中的一个,也可以是代表 IP 协议的 0~255 编号;{source-address source-wildcard|host source-address|any}为三选一参数;source-address 为源 IP 地址,必须和通配符掩码联合使用;source-wildcard 为通配符掩码;如果采用 host 关键字,相当于通配符掩码为 0.0.0.0;参数 source-address 为一个具体的源 IP 地址;关键字 any 表示匹配任意 IP 地址,相当于通配符掩码为 255.255.255.255;操作符 operator1 只能是 eq;source-port 为源端口;{destination-address destination-wildcard|host destination-address|any}为三选一参数;destination-address 为目的 IP 地址,必须和通配符掩码联合使用;destination-wildcard 为通配符掩码;如果采用 host 关键字,相当于通配符掩码为 0.0.0.0;参数 destination-address 为一个具体的目的 IP 地址;关键字 any 表示匹配任意 IP 地址,相当于通配符掩码为 255.255.255.255;操作符 operator2 只能是 eq;destination-port 为目的端口。

将访问列表应用在端口的输入或输出方向,在接口配置模式下,命令格式为:

```
ip access-group name {in|out}
```

其中,name 为已定义的访问列表的名字;{in|out}为二选一关键字,表示过滤方向是输入还是输出。

显示访问列表,在特权用户模式下,命令格式为:

```
show access-lists [name]
```

其中,name 为已定义的访问列表的名字,为可选参数,不指定则显示所有 ACL 的配置。

配置举例:拓扑如图 8-8 所示,三层交换机实现 VLAN 互通,并在三层交换机上配置 ACL,实现 VLAN 20 的主机不能访问 VLAN 30 内的 Mail 主机,Mail 主机的 IP 地址为 172.18.0.100/16。

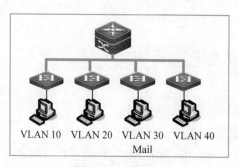

图 8-8 网络拓扑

在三层交换机上配置 SVI 接口,实现 VLAN 间通信;需要对应用协议实行访问控制,建立命名扩展 ACL 并应用在 VLAN 30 的入口方向,设备其他命令已配置完毕,只考虑 ACL 的配置。

```
#在三层交换机上定义 ACL
switch(config)#ip access-list extended vlancom
switch(config-ext-nacl)#deny tcp 172.17.0.0 0.0.255.255 host 172.18.0.100 eq 25
switch(config-ext-nacl)#deny tcp 172.17.0.0 0.0.255.255 host 172.18.0.100 eq 110
switch(config-ext-nacl)#permit ip any any
switch(config-ext-nacl)#exit
#将访问列表应用在 VLAN 30 的输入方向
switch(config)#int vlan 30
switch(config-if)#ip access-group vlancom in
switch(config-if)#end
#显示 ACL 配置
switch#show access-list vlancom
```

3. 基于时间区域的访问控制列表及配置

在实际应用中,可以使 ACL 基于时间运行,例如,让 ACL 在一个星期的某些时间段内生效。基于时间区域的 ACL 能够应用于编号 ACL 或者命名 ACL。为了实现基于时间的 ACL,需要配置一个 Time-Range 接口指明日期或者时间范围,Time-Range 的实现依赖于系统时钟。Time-Rang 接口通过名称来标识,然后将之与相应的 ACL 关联起来即可。

配置基于时间的 ACL 步骤如下。

(1) 设置路由器时钟(可选)。

(2) 定义 Time-Rang 接口。

(3) 定义绝对时间区间(可选)。

(4) 定义周期时间(可选)。

(5) 将 Time-Rang 与 ACL 关联。

1) 设置路由器时钟

在特权模式下,命令格式为:

```
clock set hh:mm:ss month day year
```

其中,hh:mm:ss month day year 为需要设置的系统日期与时间。

```
clock updata-calender
```

其中,此命令更新上一步设置的路由器日期与时间,设置才会生效。

2) 定义 Time-Rang 接口

在全局配置模式下,命令格式为:

```
time-range time-range-name
```

其中,time-range-name 为 time-range 的名字,长度为 1～32 个字符,不能包含空格。

3) 定义绝对时间区间

在 Time-Range 接口配置模式下,命令格式为:

```
absolute [start start-time start-date] [end end-time end-date]
```

其中,start-time、end-time 为指定的开始和结束时间,24 小时制,格式为"hh:mm";start-date、end-date 为指定的开始和结束日期,格式为"day/month/year";省略关键字 start 及其参数时,表示与之相关联的 ACL 语句立即生效,并一直作用到关键字 end 处日期及时间为止;省略关键字 end 及其参数,表示与之关联的 ACL 在关键字 start 处表示的日期及时间处开始生效,并且永远有效,直到删除该 ACL;绝对的运行时间区间只能设置一个或不设置,基于 Time-Range 的应用将仅在这个时间区间内有效。绝对时间区间的定义如表 8-5 所示。

表 8-5　常用的绝对时间区间定义

时间区间定义	含　义
absolute start 8:00	配置当日 8:00 生效
absolute start 8:00 1 january 2018	2018 年 1 月 1 日 8:00 生效
absolute end 17:00	配置时生效直到当日 17:00 结束
absolute end 17:00 1 january 2018	配置时生效直到 2018 年 1 月 1 日 17:00 结束
absolute start 8:00 end 17:00	配置当日 8:00 生效当日 17:00 结束
absolute start 8:00 1 january 2018 end 17:00 31 december 2018	2018 年 1 月 1 日 8:00 生效直到 2018 年 12 月 31 日 17:00 结束

4)定义周期时间

在 Time-Range 接口配置模式下,命令格式为:

```
periodic day-of-the-week time to [day-of-the-week] time
```

其中,periodic 是以星期为参数定义时间区间的命令,可以使用大量的参数,范围可以是一个星期中的某一天、某几天的组合,或使用关键字 daily、weekdays、weekend 等。如表 8-6 所示列出了 periodic 可以使用的参数,如表 8-7 所示列出了常用的周期时间区间定义形式。在实际应用中,可以设置一个或多个周期性运行的时间段。如果已经为 Time-Range 设置了一个运行时间区间,则将在时间区间内周期性地生效。

表 8-6　periodic 的参数

参　　数	含　义
monday tuesday wednesday thursday friday saturday sunday	某一天或几天的组合
daily	每天
weekdays	周一到周五
weekend	周六、周日

表 8-7　常用的周期时间区间定义形式

周期时间区间定义	含　义
periodic daily 8:00 to 17:00	每天的 8:00 到 17:00
periodic monday wednesday 8:00 to 17:00	星期一和星期三的 8:00 到 17:00

续表

周期时间区间定义	含　义
periodic monday 8:00 to wednesday 17:00	星期一的 8:00 到星期三的 17:00
periodic weekdays 8:00 to 17:00	星期一的 8:00 到星期五的 17:00
periodic weekend 8:00 to 17:00	星期六的 8:00 到星期日的 17:00

在 Time-Range 中同时使用 absolute 和 periodic 语句,匹配顺序是:首先匹配绝对时间,如果当前系统时间在 absolute 语句定义的时间区间内,则进一步匹配 periodic 语句定义的周期时间区间;如果当前系统时间不在 absolute 语句定义的时间区间内,则不再进一步匹配 periodic 语句定义的周期时间区间。

5) 将 Time-Rang 与 ACL 关联

在全局配置模式下,命令格式为:

```
ip access-list extended access-list-id            !进入扩展 ACL 配置模式
permit ip any any time-range time-range-name
```

配置举例:用时间区域 ACL 配置每周工作时间段内禁止 HTTP 数据。

```
router_jiaoxue(config)#time-range no-http
router_jiaoxue(config-time-range)#periodic weekdays 8:00 to 17:00
router_jiaoxue(config)#end
router_jiaoxue(config)#ip access-list extended 101
router_jiaoxue(config-ext-nacl)#deny tcp any any eq www time-range no-http
router_jiaoxue(config-ext-nacl)#exit
router_jiaoxue(config)#interface fa 0/1
router_jiaoxue(config-if)#ip access-group 101 in
router_jiaoxue(config)#end
#显示 Time-Range 的配置
router_jiaoxue#show time-range
time-range entry: no-http(inactive)
periodic Weekdays 8:00 to 17:00
```

8.2.3　配置案例

配置案例:拓扑结构如图 8-9 所示,需求如下。

(1) 因特网上病毒无处不在,需要封堵各种病毒的常用端口,以保障内网安全。

(2) 只允许内部 PC 访问服务器群,不允许外部 PC 访问服务器群。

(3) 不允许非财务部门 PC 访问财务处 PC;不允许非教务部门 PC 访问教务处 PC。

(4) 不允许教务处人员在工作期间(周一到周五的 8:00—17:00)使用 QQ、MSN 等聊天工具。

配置要点如下。

(1) 通过在核心层设备上连 Router 的端口(本例为 fa 0/1 端口)上设置扩展 ACL 来过滤相关端口的数据包来达到防病毒的目的。

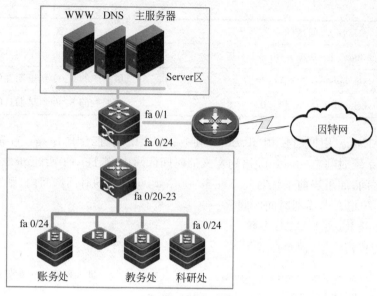

图 8-9　网络拓扑

（2）要求内部 PC 对服务器进行访问，不允许外部 PC 访问服务器，可以通过定义扩展 ACL 并应用到核心层设备的下连汇聚层设备和服务器的接口（本例为 fa 0/24 端口及 fa 0/4 端口）上实现。

（3）要求特定部门间不能互访，可通过定义扩展 ACL 实现（本例中分别在汇聚设备的 fa 0/20、fa 0/22、fa 0/23 上应用扩展 ACL）。

（4）可通过配置时间区间扩展 ACL，限制教务部门在特定时间内使用 QQ/MSN 等聊天工具（本例中在汇聚设备的 fa 0/22 端口上应用时间扩展 ACL）。

具体配置步骤如下。

1. 核心层设备

1）定义防病毒 ACL

网络中的蠕虫病毒会在本地的 UDP 69 端口上建立一个 TFTP 服务器，用来向其他受侵害的系统传送病毒程序。蠕虫选择目标 IP 地址的时候会首先选择受感染系统所在子网的 IP 地址，然后再按照一定算法随机在因特网上选择攻击目标。一旦连接建立，蠕虫会向目标 TCP 的 136、445、593、1025、5554、9995、9996 端口，UDP 的 136、445、593、1433、1434 端口，UDP 和 TCP 的 135、137、138、139 端口发送攻击数据。如果攻击成功，会监听目标系统的 TCP 4444 端口作为后门，然后蠕虫会连接到这个端口，发送 TFTP 命令，回连到发起进攻的主机，将病毒文件传到目标系统上，然后运行它。根据蠕虫的原理，可以使用扩展 ACL 来过滤这些端口的数据包以达到防病毒的目的。

```
cswitch#configure terminal
cswitch(config)#ip access-list extended deny_virus
#以下语句阻止来自内、外网可能被病毒利用的端口报文
cswitch(config-ext-nacl)#deny tcp any any eq 135
cswitch(config-ext-nacl)#deny tcp any eq 135 any
```

```
cswitch(config-ext-nacl)#deny tcp any any eq 136
cswitch(config-ext-nacl)#deny tcp any eq 136 any
cswitch(config-ext-nacl)#deny tcp any any eq 137
cswitch(config-ext-nacl)#deny tcp any eq 137 any
cswitch(config-ext-nacl)#deny tcp any any eq 138
cswitch(config-ext-nacl)#deny tcp any eq 138 any
cswitch(config-ext-nacl)#deny tcp any any eq 139
cswitch(config-ext-nacl)#deny tcp any eq 139 any
cswitch(config-ext-nacl)#deny tcp any any eq 445
cswitch(config-ext-nacl)#deny tcp any eq 445 any
cswitch(config-ext-nacl)#deny tcp any any eq 593
cswitch(config-ext-nacl)#deny tcp any eq 593 any
cswitch(config-ext-nacl)#deny tcp any any eq 1025
cswitch(config-ext-nacl)#deny tcp any eq 1025 any
cswitch(config-ext-nacl)#deny tcp any any eq 5554
cswitch(config-ext-nacl)#deny tcp any eq 5554 any
cswitch(config-ext-nacl)#deny tcp any any eq 9995
cswitch(config-ext-nacl)#deny tcp any eq 9995 any
cswitch(config-ext-nacl)#deny tcp any any eq 9996
cswitch(config-ext-nacl)#deny tcp any eq 9996 any
```
#以下语句阻止来自内、外网可能被病毒利用的 UDP 端口报文
```
cswitch(config-ext-nacl)#deny udp any any eq 69
cswitch(config-ext-nacl)#deny udp any eq 69 any
cswitch(config-ext-nacl)#deny udp any any eq 135
cswitch(config-ext-nacl)#deny udp any eq 135 any
cswitch(config-ext-nacl)#deny udp any any eq 137
cswitch(config-ext-nacl)#deny udp any eq 137 any
```
#中间的配置类似,此处省略
```
cswitch(config-ext-nacl)#deny udp any any eq 1434
cswitch(config-ext-nacl)#deny udp any eq 1434 any
cswitch(config-ext-nacl)#deny icmp any any          !阻止 ICMP 报文
cswitch(config-ext-nacl)#permit ip any any          !允许其他 IP 数据包
cswitch(config-ext-nacl)#exit
```

2)将访问控制列表 Deny_Virus 应用在核心设备上连 Router 的端口上

```
cswitch(config)#interface fa 0/1
cswitch(config-if)#no switchport
cswitch(config-if)#ip address 172.31.0.1 255.255.0.0
cswitch(config-if)#no shutdown
cswitch(config-if)#ip access-group deny_virus in   !将 deny_virus 用于端口输入方向
cswitch(config-if)#exit
```

3)定义只允许内网 PC 访问服务器的访问控制列表 Server_Control

```
cswitch(config)#ip access-list extended server_control
```
#只允许指定内网 IP 网段的 PC 访问主服务器(IP 地址为 172.30.0.100)

```
cswitch(config-ext-nacl)#permit ip 172.16.0.0 0.0.255.255 host 172.30.0.100
cswitch(config-ext-nacl)#permit ip 192.17.0.0 0.0.255.255 host 172.30.0.100
cswitch(config-ext-nacl)#permit ip 192.18.0.0 0.0.255.255 host 172.30.0.100
cswitch(config-ext-nacl)#permit ip 192.19.0.0 0.0.255.255 host 172.30.0.100
cswitch(config-ext-nacl)#deny ip any any
```

4）将访问控制列表 Server_Control 应用在下连汇聚设备和服务器的端口上

```
cswitch(config)#interface fa 0/24
cswitch(config-if)#switch mode trunk
cswitch(config-if)#ip access-group server_control in
```
          !将 ACL 应用于连接汇聚层设备的端口 fa 0/24 的输入方向
```
cswitch(config-if)#exit
cswitch(config)#vlan 10
cswitch(config-vlan)#exit
cswitch(config)#interface fa 0/4
cswitch(config-if)#switch access vlan 10
cswitch(config-if)#exit
cswitch(config)#interface vlan 10
cswitch(config-if)#ip access-group server_control in
```
            !将 ACL 应用于连接服务器端口的输入方向
```
cswitch(config-if)#ip address 172.30.0.1 255.255.255.0
cswitch(config-if)#no shutdown
cswitch(config-if)#end
```

2. 汇聚层设备

1）创建 VLAN

```
dswitch#configure terminal
dswitch(config)#vlan range 2-4
dswitch(config-vlan-range)#exit
```

2）定义 ACL

```
dswitch(config)#ip access-list extended vlan_access1
```
             !定义命名扩展 ACL:Vlan_Access1
```
dswitch(config-ext-nacl)#deny ip 172.16.0.0 0.0.255.255 172.18.0.0 0.0.255.255
```
              !不允许财务处主机访问教务处
```
dswitch(config-ext-nacl)#permit ip any any
dswitch(config)#ip access-list extended vlan_access2
```
             !定义命名扩展 ACL:Vlan_Access2
```
dswitch(config-ext-nacl)#deny ip 172.18.0.0 0.0.255.255 172.16.0.0 0.0.255.255
```
              !不允许教务处主机访问财务处
```
dswitch(config-ext-nacl)#permit ip any any
dswitch(config)#ip access-list extended vlan_access3
```
             !定义命名扩展 ACL:Vlan_Access3
```
dswitch(config-ext-nacl)#deny ip 172.19.0.0 0.0.255.255 172.16.0.0 0.0.255.255
```
              !不允许科研处主机访问财务处

```
dswitch(config-ext-nacl)#deny ip 172.19.0.0 0.0.255.255 172.18.0.0 0.0.255.255
                                    !不允许科研处主机访问教务处
dswitch(config-ext-nacl)#permit ip any any
dswitch(config-ext-nacl)#exit
```

3）将 ACL 应用在相应端口

```
dswitch(config)#interface range fa 0/20 - 23
dswitch(config-range-if)#switchport mode trunk
dswitch(config-range-if)#exit
dswitch(config)#int fa 0/20
dswitch(config-if)#ip access-group vlan_access1 in
                                    !把 ACL 应用到端口 fa 0/20,方向为入
dswitch(configif)#interface fa 0/22
dswitch(config-if)#ip access-group vlan_access2 in
                                    !把 ACL 应用到端口 fa 0/22,方向为入
dswitch(config)#interface fa 0/23
dswitch(config-if)#ip access-group vlan_access3 in
                                    !把 ACL 应用到端口 fa 0/23,方向为入
```

4）定义时间区间

```
#定义周一至周五的 8:00—17:00 的周期时间段
dswitch#configure terminal
dswitch(config)#time-range workday
dswitch(config-time-range)#periodic weekdays 8:00 to 17:00
```

5）定义教务处数据流向规则

```
dswitch#configure terminal
dswitch(config)#ip access-list extended jiaowu         !创建命名扩展 ACL:Jiaowu
#以下语句禁止教务处的所有主机在工作日的 8:00—17:00 使用 QQ、MSN 等聊天工具
dswitch(config-ext-nacl)#deny tcp 172.18.0.0 0.0.255.255 eq 8000 any time-
range workday
dswitch(config-ext-nacl)#deny tcp 172.18.0.0 0.0.255.255 eq 8001 any time-
range workday
dswitch(config-ext-nacl)#deny tcp 172.18.0.0 0.0.255.255 eq 443 any time-
range workday
dswitch(config-ext-nacl)#deny tcp 172.18.0.0 0.0.255.255 eq 1863 any time-
range workday
dswitch(config-ext-nacl)#deny tcp 172.18.0.0 0.0.255.255 eq 4000 any time-
range workday
dswitch(config-ext-nacl)#deny udp 172.18.0.0 0.0.255.255 eq 8000 any time-
range workday
dswitch(config-ext-nacl)#deny udp 172.18.0.0 0.0.255.255 eq 1429 any time-
range workday
dswitch(config-ext-nacl)#deny udp 172.18.0.0 0.0.255.255 eq 6000 any time-
range workday
```

```
dswitch(config-ext-nacl)#deny udp 172.18.0.0 0.0.255.255 eq 6001 any time-
range workday
dswitch(config-ext-nacl)#deny udp 172.18.0.0 0.0.255.255 eq 6002 any time-
range workday
dswitch(config-ext-nacl)#deny udp 172.18.0.0 0.0.255.255 eq 6003 any time-
range workday
dswitch(config-ext-nacl)#deny udp 172.18.0.0 0.0.255.255 eq 6004 any time-
range workday
dswitch(config-ext-nacl)#permit ip any any          !允许其他所有数据
dswitch(config)#interface fa 0/22
dswitch(config-if)#ip access-group jiaowu in        !将 ACL 用在相应端口输入方向
```

实验 8-1　静态 NAT 配置

【实验要求】

网络拓扑如图 8-10 所示。

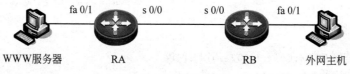

图 8-10　网络拓扑

（1）利用 NAT 实现外网主机访问内网 WWW 服务器。

（2）RA 是内网出口路由器，RB 是因特网路由器（此设备在运营商处），实验中两台路由器通过 V.35 线缆连接。

（3）IP 地址自行规划。

【实验步骤】

1. 出口路由器基本配置

```
router(config)#hostname RA
RA(config)#interface s 0/0
RA(config-if)#ip address 202.18.17.1 255.255.255.0
RA(config-if)#no shutdown
RA(config-if)#exit
RA(config)#interface fa 0/1
RA(config-if)#ip address 192.168.1.254 255.255.255.0
RA(config-if)#no shutdown
RA(config-if)#exit
```

2. 因特网路由器基本配置

```
router(config)#hostname RB
RB(config)#interface s 0/0
RB(config-if)#ip address 202.18.17.2 255.255.255.0
```

```
RB(config-if)#clock rate 64000
RB(config-if)#no shutdown
RB(config-if)#exit
RB(config)#interface fa 0/1
RB(config-if)#ip address 61.8.5.20 255.255.255.0
RB(config-if)#no shutdown
```

3. 在出口路由器上配置默认路由

```
RA(config)#ip route 0.0.0.0 0.0.0.0 s 0/0
```

4. 配置 NAT 映射

```
RA(config)#interface fa 0/1
RA(config-if)#ip nat inside                            !定义 fa 0/1 为内网接口
RA(config)#interface s 0/0
RA(config-if)#ip nat outside                           !定义 s 0/0 为外网接口
RA(config)#ip nat inside source static 192.168.1.10 202.18.17.5 permit-inside
     !静态地址转换,Permit-Inside 表示允许内网用户用 202.18.17.5 访问地址为 192.168.1.10
     !的 WWW 服务器,此关键字仅适用于路由设备
```

【测试方案】

```
RA#show ip nat translations
Pro Inside global      Inside local      Outside local      Outside global
RA#show ip nat statistics
Total translations: 0, max entries permitted: 30000
Peak translations: 1 @00:18:25 ago
Outside interfaces: serial 0/0
Inside interfaces: FastEthernet 0/1
Rule statistics:
[ID:1] inside source static
hit: 0
match (before routing):
ip packet with destination-ip 202.18.17.5
action:
translate ip packet's destination-ip use ip 192.168.1.10
#外网主机能访问内部 WWW 服务器
C:\Documents and Settings>ping 202.18.17.5
Pinging 202.18.17.5 with 32 bytes of data:

Reply from 202.18.17.5: bytes=32 time=21ms TTL=64
Reply from 202.18.17.5: bytes=32 time=21ms TTL=64
Reply from 222.18.17.5: bytes=32 time=20ms TTL=64
Reply from 202.18.17.5: bytes=32 time=20ms TTL=64

Ping statistics for 202.18.17.5:
Packets: Sent = 4, Received = 4, Lost = 0 (0% loss),
```

Approximate round trip times in milli-seconds:

Minimum = 20ms, Maximum = 21ms, Average = 20ms

【注意事项】

(1) 不要把 Inside 和 Outside 应用的端口弄错。

(2) 为使数据包向外转发,要配置默认路由。

实验 8-2 NPAT 配置

【实验要求】

网络拓扑如图 8-11 所示。

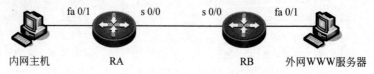

图 8-11 网络拓扑

(1) 利用动态 NPAT 实现内网主机访问因特网。

(2) RA 是内网出口路由器,RB 是因特网路由器(此设备在运营商处),实验中两台路由器通过 V.35 线缆连接。

(3) IP 地址自行规划。

【实验步骤】

1. 出口路由器基本配置

```
router(config)#hostname RA
RA(config)#interface s 0/0
RA(config-if)#ip address 202.10.10.1 255.255.255.240
RA(config-if)#no shutdown
RA(config-if)#exit
RA(config)#interface fa 0/1
RA(config-if)#ip address 192.168.1.254 255.255.255.0
RA(config-if)#no shutdown
RA(config-if)#exit
```

2. 因特网路由器基本配置

```
router(config)#hostname RB
RB(config)#interface s 0/0
RB(config-if)#ip address 202.10.10.2 255.255.255.240
RB(config-if)#clock rate 64000
RB(config-if)#no shutdown
RB(config-if)#exit
RB(config)#interface fa 0/1
RB(config-if)#ip address 61.8.5.20 255.255.255.0
RB(config-if)#no shutdown
```

3. 在出口路由器上配置默认路由

RA(config)#ip route 0.0.0.0 0.0.0.0 s 0/0

4. 配置动态 NPAT 映射

RA(config)#interface fa 0/1

RA(config-if)#ip nat inside   !定义 fa 0/1 为内网接口

RA(config)#interface s 0/0

RA(config-if)#ip nat outside   !定义 s 0/0 为外网接口

RA(config)#ip nat pool funet 202.10.10.3 202.10.10.14 netmask 255.255.255.240

                                       !定义内部全局地址池

RA(config)#access-list 1 permit 192.168.1.0 0.0.0.255!定义允许转换的地址

RA(config)#ip nat inside source list 1 pool funet overload

                             !建立内部私有地址到全局地址的映射关系

【测试方案】

1. 显示 NPAT 配置信息

```
RA#show ip nat translations
Pro Inside global      Inside local      Outside local        Outside global
tcp 202.10.10.3:1104 192.168.1.1:1104 169.254.105.4:139  169.254.105.4:139
tcp 202.10.10.3:1081 192.168.1.1:1081 169.254.105.3:139  169.254.105.3:139
tcp 202.10.10.3:1091 192.168.1.1:1091 169.254.105.3:445  169.254.105.3:445
```

2. 在内部主机上 ping 外部服务器

```
C:\Documents and Settings>ping 61.8.5.13
Pinging 61.8.5.13 with 32 bytes of data:

Reply from 61.8.5.13: bytes=32 time=22ms TTL=64
Reply from 61.8.5.13: bytes=32 time=20ms TTL=64
Reply from 61.8.5.13: bytes=32 time=20ms TTL=64
Reply from 61.8.5.13: bytes=32 time=20ms TTL=64

Ping statistics for 61.8.5.13:
    Packets: Sent = 4, Received = 4, Lost = 0 (0% loss),
Approximate round trip times in milli-seconds:
    Minimum = 20ms, Maximum = 22ms, Average = 20ms
```

实验 8-3 标准访问控制列表配置

【实验要求】

网络拓扑如图 8-12 所示。

（1）掌握路由器上标准 IP 访问控制列表规则及配置，实现网段间相互访问的安全控制。

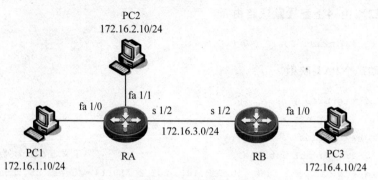

PC2
172.16.2.10/24

fa 1/1

fa 1/0　　s 1/2　　s 1/2　　fa 1/0

172.16.3.0/24

PC1　　　　　　RA　　　　　　RB　　　　PC3
172.16.1.10/24　　　　　　　　　　　　172.16.4.10/24

图 8-12　网络拓扑

（2）RA、RB 两台路由器通过 V.35 线缆连接。

（3）IP 地址自行规划。

【实验步骤】

1. RA 配置

```
router(config)#hostname RA
RA(config)#interface fa 1/0
RA(config-if)#ip address 172.16.1.1 255.255.255.0
RA(config-if)#no shutdown
RA(config-if)#interface fa 1/1
RA(config-if)#ip address 172.16.2.1 255.255.255.0
RA(config-if)#no shutdown
RA(config-if)#interface s 1/2
RA(config-if)#ip add 172.16.3.1 255.255.255.0
RA(config-if)#clock rate 64000
RA(config-if)#no shutdown
RA(config-if)#end
RA#show ip interface brief
Interface                    IP-Address(Pri)      OK?       Status
serial 1/2                   172.16.3.1/24        YES       DOWN
FastEthernet 1/0             172.16.1.1/24        YES       DOWN
FastEthernet 1/1             172.16.2.1/24        YES       DOWN
Null 0                       no address           YES       UP
```

2. RB 配置

```
router(config)#hostname RB
RB(onfig)#interface fa 1/0
RB(config-if)#ip address 172.16.4.1 255.255.255.0
RB(config-if)#no shutdown
RB(config-if)#interface s 1/2
RB(config-if)#ip add 172.16.3.2 255.255.255.0
RB(config-if)#no shutdown
RB(config-if)#end
```

```
RB#show ip interface brief
Interface                   IP-Address(Pri)     OK?     Status
serial 1/2                  172.16.3.2/24       YES     DOWN
FastEthernet 1/0            172.16.4.1/24       YES     DOWN
FastEthernet 1/1            no address          YES     DOWN
Null 0                      no address          YES     UP
```

3. 静态路由配置

```
RA(config)#ip route 172.16.4.0 255.255.255.0 s 1/2      !配置静态路由
RB(config)#ip route 172.16.1.0 255.255.255.0 s 1/2
RB(config)#ip route 172.16.2.0 255.255.255.0 s 1/2
RA#show ip route
Codes:  C - connected, S - static,  R - RIP
        O - OSPF, IA - OSPF inter area
        N1 - OSPF NSSA external type 1, N2 - OSPF NSSA external type 2
        E1 - OSPF external type 1, E2 - OSPF external type 2
        * - candidate default

Gateway of last resort is no set
C    172.16.3.0/24 is directly connected, serial 1/2
C    172.16.3.1/32 is local host.
S    172.16.4.0/24 is directly connected, serial 1/2
```

注意：两台路由器没连接之前只显示如下信息。

```
Codes:  C - connected, S - static,  R - RIP
        O - OSPF, IA - OSPF inter area
        N1 - OSPF NSSA external type 1, N2 - OSPF NSSA external type 2
        E1 - OSPF external type 1, E2 - OSPF external type 2
        * - candidate default
Gateway of last resort is no set

RB#show ip route                                   !在 RB 上显示路由信息
Codes:  C - connected, S - static,  R - RIP
        O - OSPF, IA - OSPF inter area
        N1 - OSPF NSSA external type 1, N2 - OSPF NSSA external type 2
        E1 - OSPF external type 1, E2 - OSPF external type 2
        * - candidate default
Gateway of last resort is no set
S    172.16.1.0/24 is directly connected, serial 1/2
S    172.16.2.0/24 is directly connected, serial 1/2
C    172.16.3.0/24 is directly connected, serial 1/2
C    172.16.3.2/32 is local host.
```

4. 在 RB 上配置标准 ACL

```
RB(config)#access-list 1 deny 172.16.2.0 0.0.0.255       !拒绝 172.16.2.0 网段流量通过
RB(config)#access-list 1 permit 172.16.1.0 0.0.0.255     !允许 172.16.1.0 网段流量通过
```

```
RB#show access-lists 1
Standard IP access list 1 includes 2 items:
    deny   172.16.2.0, wildcard bits 0.0.0.255
    permit 172.16.1.0, wildcard bits 0.0.0.255
```

5. 在端口下应用 ACL

```
RB(config)#interface fa 1/0
RB(config-if)#ip access-group 1 out                         !应用在 fa 1/0 输出方向

RB#show ip interface fa 1/0
FastEthernet 1/0
  IP interface state is: DOWN
  IP interface type is: BROADCAST
  IP interface MTU is: 1500
  IP address is:
    172.16.4.1/24 (primary)
  IP address negotiate is: OFF
  Forward direct-boardcast is: ON
  ICMP mask reply is: ON
  Send ICMP redirect is: ON
  Send ICMP unreachabled is: ON
  DHCP relay is: OFF
  Fast switch is: ON
  Route horizontal-split is: ON
  Help address is: 0.0.0.0
  Proxy ARP is: ON
  Outgoing access list is 1.
  Inbound access list is not set.
```

【测试方案】
（1）172.16.2.10 主机不能 ping 通 172.16.4.10 主机。

（2）172.16.1.10 主机能 ping 通 172.16.4.10 主机。

【注意事项】
（1）访问控制列表的网络掩码是反掩码。

（2）标准访问控制列表要尽量应用在靠近目的地址的接口。

（3）路由器或三层交换机默认允许所有信息通过,而防火墙默认拒绝所有信息,然后对希望提供的服务逐项开放。

（4）从头到尾、从上向下的匹配方式,匹配成功马上停止,执行规则中的 Deny 或 Permit。

（5）一个端口在一个方向上只能应用一组 ACL。

实验 8-4　扩展访问控制列表配置

【实验要求】
网络拓扑如图 8-13 所示。

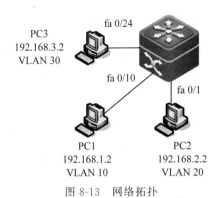

图 8-13　网络拓扑

（1）掌握三层交换机上扩展访问控制列表的规则及配置，实现网段间相互访问的安全控制。

（2）IP 地址自行规划。

【实验步骤】

1. 基本配置

```
switch(config)#vlan 10
switch(config-vlan)#exit
switch(config)#vlan 20
switch(config-vlan)#exit
switch(config)#vlan 30
switch(config-vlan)#exit
switch(config)#interface fa 0/10
switch(config-if)#switchport mode access
switch(config-if)#switchport access vlan 10
switch(config)#interface fa 0/1
switch(config-if)#switchport mode access
switch(config-if)#switchport access vlan 20
switch(config-if)#interface fa 0/24
switch(config-if)#switchport mode access
switch(config-if)#switchport access vlan 30
switch(config-if)#interface vlan 10
switch(config-if)#ip add 192.168.1.1  255.255.255.0
switch(config-if)#no shutdown
switch(config-if)#interface vlan 20
switch(config-if)#ip add 192.168.2.1  255.255.255.0
switch(config-if)#no shutdown
switch(config-if)#interface vlan 30
switch(config-if)#ip add 192.168.3.1  255.255.255.0
switch(config-if)#no shutdown
```

2. 配置扩展 ACL

```
switch(config)#ip access-list extended test
```

```
switch(config-ext-nac1)#deny tcp 192.168.3.0 0.0.0.255 192.168.1.0 0.0.0.255 eq
www                                                   !拒绝 WWW 服务
switch(config-ext-nacl)#permit ip any any             !允许其他服务
switch#show access-lists test
```

3. 在端口上应用 ACL

```
switch(config)#interface vlan 30
switch(config-if)#ip access-group test in
```

4. 在 PC1 上配置 Web 服务器

配置步骤省略。

【测试方案】

（1）主机 PC3 不能访问提供 WWW 服务的 PC1。

（2）主机 PC2 能访问提供 WWW 服务的 PC1。

实验 8-5 基于时间区间的访问控制列表配置

【实验要求】

网络拓扑如图 8-14 所示。

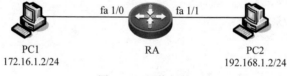

图 8-14 网络拓扑

（1）掌握路由器上基于时间的访问控制列表规则及配置，提高网络的使用效率及安全性。

（2）IP 地址自行规划。

【实验步骤】

1. RA 基本配置

```
RA(config)#interface fa 1/0
RA(config-if)#ip address 172.16.1.1 255.255.255.0
RA(config-if)#no shutdown
RA(config-if)#interface fa 1/1
RA(config-if)#ip address 192.168.1.1 255.255.255.0
RA(config-if)#no shutdown
RA(config-if)#end
RA#show ip interface brief
```

Interface	IP-Address(Pri)	OK?	Status
serial 1/2	no address	YES	DOWN
FastEthernet 1/0	172.16.1.1/24	YES	UP
FastEthernet 1/1	192.168.1.1/24	YES	UP
Null 0	no address	YES	UP

2. 配置路由器时钟

RA#show clock

clock: 2017-7-13 10:10:25

RA#clock set 10:10:30 13 july 2017

RA#clock updata-calender

3. 定义时间区间

RA(config)#time-range test

RA(config-time-range)#absolute start 10:00 13 july 2017 end 17:00 31 july 2017

　　　　　　　　　　　　　　　　　　　　　　　　　　!定义绝对时间段

RA(config-time-range)#periodic daily 5:00 to 8:00　　　　!定义周期时间段

RA(config-time-range)#periodic daily 18:00 to 23:59

　　　　　　　　　　　　　　　　　　　　　　!定义周期时间段, 此处不能写 24:00

RA#show time-range test　　　　　　　　　　　　　　!显示时间区间配置

time-range entry: test (inactive)

　absolute start 10:00 13 July 2017 end 17:00 31 July 2017

　periodic Daily 5:00 to 8:00

　periodic Daily 18:00 to 23:59

4. 定义 ACL

RA(config)#access-list 101 permit ip any host 192.168.1.2

　　　　　　　　　　　　　　　　　!定义扩展 ACL, 允许访问主机 192.168.1.2

RA(config)#access-list 101 permit ip any any time-range test

　　　　　　　　　　　　　　　　　!允许在规定的时间区间访问任何网络

RA#show access-lists 101

Extended IP access list 101 includes 2 items:

　　permit ip any host 192.168.1.2

　　permit ip any any time-range test (inactive)

5. 在端口上应用 ACL

RA(config)#inter fa 1/0

RA(config-if)#ip access-group 101 in

RA#show ip interface fa 1/0

FastEthernet 1/0

　IP interface state is: DOWN

　IP interface type is: BROADCAST

　IP interface MTU is: 1500

　IP address is:

　　172.16.1.1/24 (primary)

　IP address negotiate is: OFF

　Forward direct-boardcast is: ON

　ICMP mask reply is: ON

　Send ICMP redirect is: ON

　Send ICMP unreachabled is: ON

DHCP relay is: OFF

Fast switch is: ON

Route horizontal-split is: ON

Help address is: 0.0.0.0

Proxy ARP is: ON

Outgoing access list is not set.

Inbound access list is 101.

6. 在 PC2 上配置 WWW 服务器（IP 地址 192.168.1.2）

配置步骤省略。

【测试方案】

（1）把路由器的时间分别修改成上班时间和非上班时间，对 WWW 服务器（192.168.1.2）进行访问，都能访问 WWW 服务器。

（2）把 WWW 服务器 IP 更换为 192.168.1.10，上班时间不能访问，但非上班时间可以访问。

【注意事项】

（1）要校正路由器的系统时钟。

（2）Time-Range 接口允许配置一条 Absolute 规则和多条 Periodic 规则。

（3）规则匹配时只要匹配任意一条就认为匹配成功，ACL 先匹配 Absolute，然后匹配 Periodic。

习题

1. 以下哪一条命令实现了内部静态 NAT？（　　　）

A. Router(config)♯ip nat inside source static 192.168.1.1 202.98.100.1

B. Router(config)♯ip nat inside source list 1 pool netwww

C. Router(config)♯ip nat inside source static TCP 192.168.12.3 1026 202.98.100.2 1026

D. Router(config)♯ip nat inside source list 1 pool netwww overload

2. 以下关于动态 NPAT 的描述正确的是（　　　）。

A. 用于实现内部主机地址与公有地址的一对一的映射

B. 对于提供服务的内部主机，需要配置动态 NPAT

C. 用于实现多个内部主机地址与几个公有地址的临时对应关系

D. 用于实现用一个或多个公有地址通过地址＋端口的形式形成与多个内部主机地址的临时对应关系

3. 扩展 IP 访问列表的号码范围是（　　　）。

A. 1～99　　　　　　B. 100～199　　　　C. 800～899　　　　D. 900～999

4. 以下为标准访问列表选项的是（　　　）。

A. access-list 116 permit host 2.2.1.1

B. access-list 1 deny 172.16.10.198

C. access-list 1 permit 172.16.10.198 0.0.0.255

D. access-list standard 1.1.1.1

5. 标准访问控制列表的序列规则范围在（　　）。

A. 1～10　　　　　　　B. 0～99　　　　　　C. 1～99　　　　　　D. 0～100

6. 把一个扩展访问列表 101 应用到接口上,通过以下哪条命令?(　　)

A. permit access-list 101 out　　　　　B. ip access-group 101 out

C. access-list 101 out　　　　　　　　D. apply access-list 101 out

7. 允许来自 192.168.1.0 网络的主机的访问,在 Switch(config-std-nacl)♯模式下,则下列哪个命令行是对的?(　　)

A. deny 192.168.1.0 0.0.0.255

B. deny 192.168.1.0 255.255.255.0

C. permit 192.168.1.0 0.0.0.255

D. permit 192.168.1.0 255.255.255.0

第 9 章　点对点协议 PPP

9.1　广域网接入技术概述

9.1.1　广域网概念

广域网(Wide Area Network,WAN)也称远程网,是指连接广泛的物理范围,覆盖几十千米到几千千米的远距离的计算机网络,可以连接多个城市或国家,提供远距离通信的远程网络,典型的广域网是因特网。

广域网技术主要位于 OSI 参考模型的低三层,分别是物理层、数据链路层和网络层。在实际应用中,本地的局域网是通过广域网接入技术(也称接入网技术)连接到广域网的,起到接入作用的是数据链路层技术。

9.1.2　广域网的数据链路层协议

广域网的数据链路层协议主要定义数据如何封装和传输,分为面向字符型和面向比特型两种。

最早出现的数据链路层的同步协议是面向字符型的同步协议,其典型代表有 ANSI X3.28、ISO 1745 和 IBM 的二进制同步通信(Binary Synchronous Communication,BSC)协议。其中,BSC 使用了 ASCII 码中的 10 个控制字符完成通信控制功能,并规定了数据帧、控制帧的格式以及协议的操作过程。BSC 简单、易实现,但缺点也十分突出。

典型的面向比特型的数据链路层协议是高级数据链路控制协议(High-level Data Link Control,HDLC),它是在 IBM 公司于 20 世纪 70 年代提出的同步数据链路控制规程(Synchronous Data Link Control Protocol,SDLC)基础上,经 ISO 组织修改后提出的,已作为国际标准,得到广泛应用。

虽然 HDLC 协议在计算机网络史上起到了十分重要的作用,但因特网的发展却将点对点协议(Point-to-Point Protocol,PPP)推到了前台。

HDLC 是一个考虑到复杂链路状态特点的协议,自身设计比较复杂。PPP 是一个供用户利用 TCP/IP 访问因特网或两台路由器之间互连的协议,自身设计相对简单。本书将介绍 PPP 的工作过程和配置。

9.2　点对点协议

9.2.1　PPP 协议

用户接入因特网进行数据传输时,应用比较广泛的数据链路层协议是串行线路网际协议(Serial Line Internet Protocol,SLIP)和点对点协议。SLIP 通过直连线路或调制解调器连接 TCP/IP。由于 SLIP 仅支持 IP,无容错控制及授权功能,主要用于低速(不超过 19.2kb/s)的交互性业务,因此它并未成为因特网的标准协议。为了改进 SLIP 的不足,制定了 PPP,PPP 用于实现与 SLIP 一样的目的和作用。PPP 是一种数据链路层协议,为串行链路上传输的数据报定义了一种封装方法,基于 HDLC 标准、遵循 HDLC 族的一般报文格式。PPP 是为了在点对点物理链路(例如 RS232 串口链路、ISDN 线路等)上传输 OSI 参考模型中的网络层报文而设计的,为在点对点连接上传输多协议数据包提供了一个标准方法。在 TCP/IP 中它属于数据链路层协议,替代了原来非标准的第二层协议 SLIP。PPP 除了支持 IP 以外还可以携带其他协议,包括 DECnet 和 Novell 的互联网分组交换协议(Internetwork Packet Exchange,IPX)。

PPP 连接协议包括出错检测和纠正,以及分组验证,这是一个安全性特征,它能确保接收的数据分组确实来自于发送者。这些特性合起来使得通过电话线可以建立更为安全的连接。PPP 是一种被认可的因特网标准协议,所以目前得到最广泛的应用。

1. PPP 协议的组成

PPP 协议是提供在点到点链路上承载网络层数据包的一种链路层协议。PPP 定义了一整套的协议,包括链路控制协议(Link Control Protocol, LCP)、网络层控制协议(Network Control Protocol, NCP)、口令验证协议(Password Authentication Protocol, PAP)和挑战握手验证协议(Challenge-Handshake Authentication Protocol,CHAP)。PPP 协议默认情况下不进行验证配置参数选项的协商,作为一个可选的参数,当点对点线路的两端需要进行验证时才需配置。

PPP 协议主要包括三部分: LCP、NCP 和 PPP 的扩展协议(如多链路协议(Multilink Protocol,MP))。

LCP 是 PPP 的一个子集,负责创建、维护或终止一次物理连接。为了能适应复杂多变的网络环境,PPP 协议提供了一种链路控制协议来配置和测试数据通信链路,它能用来协商 PPP 协议的一些配置参数选项,处理不同大小的数据帧、检测链路环路、一些链路的错误以及终止一条链路。

NCP 根据不同的网络层协议可提供一族网络控制协议,常用的有提供给 TCP/IP 网络使用的 IPCP 网络控制协议和提供给 SPX/IPX 网络使用的 IPXCP 网络控制协议等,常用的是 IPCP。当点对点的两端进行 NCP 参数配置协商时,主要是用来获得通信双方的网络层地址。

2. PPP 协议的功能

(1) PPP 具有动态分配 IP 地址的能力,允许在连接时协商 IP 地址。

(2) PPP 支持多种网络协议,如 TCP/IP、IPX、NetBEU 等。

(3) PPP 具有错误检测以及纠错能力,支持数据压缩。

(4) PPP 具有身份验证功能。

(5) PPP 可以应用于多种类型的物理介质上,包括串口线、电话线、移动电话和光纤等,常用于因特网接入。

3. PPP 帧格式

PPP 协议的帧格式与 HDLC 协议的帧格式类似,但多了 2B 的 Protocol 字段。PPP 与 HDLC 协议的帧格式对比如图 9-1 所示。

HDLC ISO Frame

1B	1B	1B or 2B	1500B	2B	1B
Flag	Address	Control	Data	FCS	Flag

PPP Frame

1B	1B	1B	2B	Up to 1500B	2B	1B
Flag	Address	Control	Protocol	Data	FCS	Flag

图 9-1　PPP 与 HDLC 协议的帧格式对比

（1）HDLC 协议规定 Address 字段可为任意长度，Control 字段为 1B 或 2B；接收者检查每个 Address 字段的第一位，如果为"0"，则后边跟着另一个 Address 字段；若为"1"，则该 Address 字段就是最后一个 Address 字段。同理，如果 Control 字段第一个字节的第一位为"0"，则还有第二个字节的 Control 字段，否则就只有一字节 Control 字段。

（2）PPP Frame 的 Flag 字段恒为 0x7e，二进制是 01111110，表示帧的开始。

（3）Address 字段恒为 0xff。网络的对等层进行通信时首先需要知道对方的地址，如数据链路层需要知道对方的 MAC 地址、X.21 地址、ATM 地址等；网络层需要知道对方的 IP 地址、IPX 地址等；传输层则需要知道对方的协议端口号。但是 PPP 协议应用在点对点的链路上，点对点链路就可以唯一标识对方，因此使用 PPP 协议互连的通信设备的两端无须知道对方的数据链路层地址，所以该字节无实际意义，将该字节填充为全 1 的广播地址。

（4）Control 字段恒为 0x03。

（5）Protocol 字段表示 PPP 报文中封装的 Data 字段的类型，具体含义如表 9-1 所示。

表 9-1　Protocol 字段常用值含义

字 段 值	含 义	报 文 类 型
0x0021	表示 PPP 封装的是 IP 报文	
0x002B	表示 IPX 报文	属于 PPP 的数据报文
0x0029	表示 apple talk 报文	
0xC021	表示 PPP 的 LCP 报文	
0x8021	表示 PPP 的 NCP 报文	属于 PPP 的控制报文
0xC023	表示 PAP 协议认证报文	
0xC223	表示 CHAP 协议认证报文	属于 PPP 的认证报文
0xC025	表示链路品质报告	

（6）在 PPP 链路传输的数据中出现与标志（Flag）字段相同的字符时，需要进行转义处理。PPP 中的转义处理分为两种情况：当 PPP 用在同步传输链路（如 SONET/SDH）上时，协议规定采用硬件完成"零比特填充法"（与 HDLC 的做法相同）；当 PPP 用在异步传输线路上时，使用字节填充法。

① 零比特填充法。

当 PPP 用在同步传输线路上时,使用零比特填充。零比特填充的具体方法如下。

在发送端先扫描整个信息字段;只要发现有 5 个连续的 1,则立即填入一个 0;接收端在收到一个帧时,先找到标志字段以确定帧的边界,接着再用硬件对其中的比特流进行扫描,每当发现 5 个连续 1 时,就把 5 个连续 1 后的一个 0 删除,以还原成原来的信息比特流。

通过零比特填充后的数据,能够保证不会在信息字段中出现连续的 6 个 1。

② 字节填充法。

当 PPP 用在异步传输线路上时,把 0x7D 定义为转义字符,并使用字节填充。

RFC1662 规定了如下填充方法:把信息字段中出现的每一个 0x7E 字节转变为 2B 序列(0x7D,0x5E);若信息字段中出现一个 0x7D 的字节(即出现了和转义字符一样的比特组合),则把转义字符 0x7D 转变为 2B 序列(0x7D,0x5D);若信息字段中出现 ASCII 码的控制字符(即数值小于 0x20 的字符),则在该字符前面加入一个 0x7D 字节,同时将该字符的编码与 0x20 进行异或加以改变,例如,出现 0x03(在控制字符中是"传输结束"标志 ETX),把它转变为 2B 序列(0x7D,0x23);由于在发送端进行了字节填充,因此在链路上传送的信息字节数就超过了原来的信息字节数,但接收端在接收到数据后再进行与发送端字节填充相反的变换,就可以正确地恢复出原来的信息。

(7) 数据字段可以是零字节。数据字段的最大长度包含填充但不包含协议字段,术语叫作最大传输单元(Maximum Transmission Unit,MTU),默认值是 1500B。在传输的时候,Data 字段会被填充若干字节以达到 MTU 的要求。

(8) FCS 字段为整个帧的循环冗余校验码,用来检测传输中可能出现的数据错误,计算范围是 PPP 帧减去帧头帧尾的 Flag 字段。

(9) 尾部的标志字段,恒为 0x7E,二进制是 01111110,表示帧的结束。

(10) Flag 字段就是 PPP 帧的定界符。连续两帧之间只需要用一个标志字段,如果连续出现两个标志字段,就表示一个空帧,应当丢弃。

报文示例:根据 PPP 的帧格式,理解以下 PPP 报文段的含义。

7E FF 7D 23 80 21 7D 21 7D 5D 7D 23 7D 5E 02 2A 7D 20 7D 3D 3D 3E 23 … B1 2C 7E

首先根据转义规则将报文段中的转义字符转换回来,即转义字符 7D 后的 5D、5E 转为 7D、7E,并去掉转义字符 7D;如果转义字符 7D 后为其他字符,则该字符减去 0x20 并去掉转义字符 7D。因此以上报文转为:

7E　FF　03　80　21　01　7D 03 7E 02 2A 00 1D 3D 3E 23 … B1 2C　7E
标志 地址 控制　NCP 协议　　　　　　　　　　　　　　　CRC 码　标志

4. PPP 运行过程

PPP 的工作状态转换如图 9-2 所示。

PPP 在建立链路之前将首先进行 LCP 协商,协商内容包括验证方式、最大传输单元和工作方式等。LCP 协商过后就进入 Establish 阶段,此时 LCP 状态为 Opened,表示链路已经建立。

如果配置了验证(远端验证本地或者本地验证远端)就进入 Authenticate 阶段,开始 CHAP 或 PAP 验证。

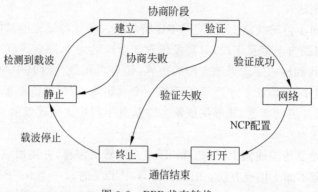

图 9-2　PPP 状态转换

如果验证失败则进入 Terminate 阶段,拆除链路,LCP 状态转为 Closed;如果验证成功就进入 NCP 阶段,此时 LCP 状态仍为 Opened,而 IPCP、IPXCP 和 MPLSCP 状态从 Closed 转到 Opened。NCP 协商支持 IPCP、IPXCP、MPLSCP 和 BridgeCP 协商,IPCP 协商主要包括双方的 IP 地址,IPXCP 协商主要包括双方的网络号和节点号,MPLSCP 协商双方能否承载 MPLS 报文,BridgeCP 协商主要包括双方的 MAC 地址、MAC 地址类型、生成树和 Bridge 标识。通过 NCP 协商来选择和配置一个或多个网络层协议,网络层协议配置成功后,该网络层协议就可以通过链路发送报文。该链路将一直保持通信,直至有明确的 LCP 或 NCP 帧关闭这条链路,或发生了某些外部事件。

5. PPP 的验证方式

PPP 支持四种验证方式:PAP、CHAP、MS-CHAP(Microsoft CHAP)及 MS-CHAP-V2。

1) PAP 验证

PAP 验证为两次握手验证,口令为明文,验证过程如图 9-3 所示。

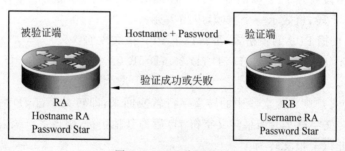

图 9-3　PAP 验证过程

被验证端将用户名和口令发送到验证端;验证端根据用户的配置信息查看本地数据库是否有此用户以及口令是否正确,然后根据结果返回不同的响应。

PAP 验证在双方通信链路建立初期进行。如果验证成功,则通信过程中不再进行验证,如果验证失败,则释放链路。PAP 验证可以在一端进行,即由一端验证另一端的身份,也可以在两端同时进行,双向验证要求两端都要通过对方的验证,否则链路无法建立。

2) CHAP 验证

CHAP 验证为三次握手验证,口令为密文,验证过程如图 9-4 所示。

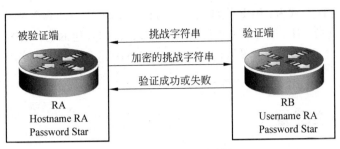

图 9-4　CHAP 验证过程

被验证端向验证端发送用户名请求连接,验证端向被验证端发送一些随机产生的报文;被验证端用自己的口令和 MD5 算法对该随机报文进行加密,将生成的密文发回验证端;验证端用自己保存的被验证端的口令和 MD5 算法对原随机报文加密,比较二者的密文,根据比较结果返回不同的响应。

CHAP 验证只在请求连接时发送用户名,不传输口令,发送经过摘要算法运算过的随机报文("挑战字符串")作为验证的内容。同时,身份验证可以随时进行,包括在双方的正常通信过程中。因此,CHAP 验证的安全性要高于 PAP。但由于 CHAP 验证过程需要多次进行验证与响应,需要耗费的系统资源比较多,因此,CHAP 验证一般应用在对安全性要求较高的场合。

CHAP 验证可以在一端进行,即由一端验证另一端的身份,也可以在两端同时进行,双向验证要求两端都要通过对方的验证,否则链路无法建立。

3)MS-CHAP 验证

MS-CHAP 与 CHAP 类似,是三次握手验证。验证端向被验证端发送随机报文,由会话标识符和任意的挑战字符串组成;被验证端向验证端发送响应,响应包括:用户名、利用挑战字符串和 MD4 加密后的密钥通过 DES 加密算法生成的密文;验证端用同样的方法生成加密报文,和响应报文进行比较,然后返回不同的响应。

4)MS-CHAP-V2 验证

MS-CHAP-V2 验证也是三次握手验证,是一个双向身份验证的过程。验证端向被验证端发送随机报文,由会话标识符和任意的挑战字符串组成;被验证端向验证端发送响应,响应包括:用户名、对等挑战字符串,利用挑战字符串、对等挑战字符串及用户名的 SHA 散列与 MD4 加密后的密钥通过 DES 生成的密文;验证端收到响应后,首先通过同样的方法生成 DES 响应值,比较这个响应值和响应报文中的响应值,若不相同则验证失败,若相同则返回验证成功的报文,报文中需要携带对等挑战的响应报文;被验证端收到验证成功的响应报文后判断对等挑战的响应报文,如果合法则被验证端也认证通过,否则验证失败。

9.2.2　MP 协议

MP 是将多个物理链路的 PPP 捆绑在同一个逻辑端口,用来增加链路的带宽,只要是支持 PPP 的物理链路都可以启用 MP,互相捆绑在同一个逻辑端口 Dialer 口上。MP 允许将 IP 等网络层的报文进行碎片处理,将报文碎片通过多个链路传输,同时到达同一个目的地,以求汇总所有链路的带宽。

MP 的工作过程大致为：PPP 物理链路在协商完 LCP 的一般参数之后，发起 MP 请求，如果对方的链路支持 MP，并且给出正确的应答，那么将和其他的物理链路共同捆绑到逻辑端口上，进而进行 NCP 协商，如果协商成功，所有的 MP 的物理链路将都使用同一个逻辑端口的网络地址。

9.3　PPP 协议配置

9.3.1　PPP 配置任务

PPP 和 CHAP 通常在 PPP 封装的串行链路上应用。本节介绍在专线模式（包括同步串行端口和异步串行端口）下配置 PPP 的方式，配置任务包括：

（1）配置端口封装协议。

（2）配置 PPP PAP 认证。

（3）配置 PPP CHAP 认证。

9.3.2　PPP 配置

1. 端口封装协议配置

配置 PPP，首先要在接口配置模式下封装 PPP 协议。在接口配置模式下，命令格式为：

```
encapsulation ppp
```

其中，锐捷产品的默认封装协议为 HDLC。

用 no encapsulation 命令可以取消端口 PPP 协议的封装。

2. 配置认证方式

在接口配置模式下，命令格式为：

```
ppp authentication {pap|chap}
```

其中，pap 或 chap 为需要对串口配置的认证方式，两端的路由设备必须采用相同的用户认证方式。

用 no ppp authentication 命令可以取消认证方式。

3. 配置本地数据库（即对端的用户名和密码）

在全局配置模式下，命令格式为：

```
username username password {0|7} password
```

其中，**username** 和 **password** 是对端路由器的主机名和密码。密码包括明文输入和密文输入两种方式，选择 0 是明文输入方式，选择 7 是密文输入方式，系统默认是明文输入方式。不同厂商产品互连时，一般采用明文输入方式。如果配置了双向验证方式，需要对验证方增加相同的配置。

4. 若是 PAP 验证，指定被验证方 PPP PAP 验证的用户名和密码

在接口配置模式下，命令格式为：

```
ppp pap sent-username username password {0|7} password
```

其中，username 和 **password** 为发送方的用户名和密码。

9.3.3　PPP PAP 认证配置

PPP PAP 验证配置步骤如下，以如图 9-5 所示为例，RA 为被验证端，RB 为验证端。

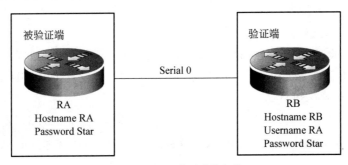

被验证端　　　　　　　　　　　　　验证端

Serial 0

RA
Hostname RA
Password Star

RB
Hostname RB
Username RA
Password Star

图 9-5　PAP 验证连接拓扑

1. 封装端口

```
# RA 的配置
router(config)# hostname RA
RA(config)# interface s 0
RA(config-if)# encapsulation ppp
# RB 的配置
router(config)# hostname RB
RB(config)# interface s 0
RB(config-if)# encapsulation ppp
```

2. 验证端定义本地数据库（即配置对端的用户名和密码）

```
RB(config)# username RA password 0 star
                                          !在验证端定义本地数据库,即配置被验证端的用户名和密码
```

3. 验证端运行 PAP 验证方式

```
RB(config)# interface s 0
RB(config-if)# ppp authentication pap              !在验证端封装了 PPP 的串口下运行 PAP
```

4. 指定被验证端 PAP 验证的用户名和密码（即被验证端发送用户名和密码到验证端）

```
RA(config)# interface s 0
RA(config-if)# ppp pap sent-username RA password 0 star
```

9.3.4　PPP CHAP 认证配置

1. 配置 PPP CHAP 被验证端

CHAP 认证一般有验证端和被验证端，CHAP 的协商由验证端发起，被验证端只发送 PPP 验证用的用户名。默认情况下，被验证端发送自己的主机名作为 PPP 用户名。要配置 PPP CHAP 的被验证端，在接口配置模式下，命令格式为：

```
ppp chap hostname hostname                    !指定 PPP CHAP 验证的主机名
ppp chap password [0|7] password              !指定 PPP CHAP 验证的密码
```

为验证端主机名创建用户数据库记录,两端密码要保持一致。密码的设定有明文输入和密文输入两种,用 0 是明文输入,用 1~7 是密文输入,默认为明文输入,如果要配置双向验证,要增加验证方的配置。

2. 配置 PPP CHAP 验证端

PPP CHAP 验证端将主动挑起验证,由于需要验证对端路由器发送的用户名和密码的有效性,验证端还需要创建和维护一个本地用户数据库。要配置 PPP CHAP 的被验证端,在接口配置模式中依次执行以下命令。

```
ppp authentication chap                       !启动 PPP 验证,并指定 PPP CHAP 验证方式
username username password [0|7] password     !创建用户数据库记录
```

作为验证端,在用户数据库中需要设置好各个用户名和相应的密码,而用户名即是对方路由器(被验证端)的 PPP 主机名。

用 no ppp authentication 命令可以取消 PPP CHAP 验证。

3. PPP CHAP 配置

网络拓扑如图 9-6 所示,RA 为被验证端,RB 为验证端。

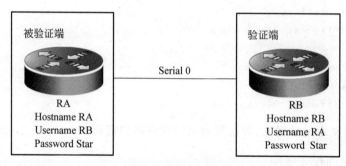

图 9-6 连接拓扑

(1) 封装端口。

```
#RA 配置
router(config)#hostname RA
RA(config)#interface s 0
RA(config-if)#encapsulation ppp
#RB 配置
router(config)#hostname RB
RB(config)#interface s 0
RB(config-if)#encapsulation ppp
```

(2) 验证端定义本地数据库(即配置对端的用户名和密码)。

```
RB(config)#username RA password 0 star
```
　　　　　　　　　　　　　　!在验证端定义本地数据库,即配置被验证端的用户名和密码

（3）验证端运行 CHAP 验证方式。

```
RB(config)#interface s 0
RB(config-if)#ppp authentication chap          !在验证端封装了 PPP 的串口下运行 CHAP
```

（4）如果需要配置双向验证，则在 RA 上增加配置。

```
RA(config)#username RB password 0 star         !配置对方的用户名和密码
RA(config)#interface s 0
RA(config-if)#ppp authentication chap          !在封装了 PPP 的串口下运行 CHAP
```

实验 9-1　广域网协议的封装

【实验要求】

（1）掌握广域网协议的封装类型和封装方法。

（2）封装广域网协议时，要求 V.35 线缆的两个端口协议封装一致，否则无法建立链路。

（3）终端通过 Console 端口连接一台路由器。

【实验步骤】

1. 查看广域网端口的封装类型

```
router#show interface s 0/0

serial 0/0 is DOWN, line protocol is DOWN
Hardware is PQ2 SCC HDLC CONTROLLER serial
Interface address is: no ip address
  MTU 1500 bytes, BW 2000 Kbit
  Encapsulation protocol is HDLC, loopback not set
  Keepalive interval is 10 sec, set
  Carrier delay is 2 sec
  RXload is 1, Txload is 1
  Queueing strategy: WFQ
  5 minutes input rate 0 bits/sec, 0 packets/sec
  5 minutes output rate 0 bits/sec, 0 packets/sec
    0 packets input, 0 bytes, 0 res lack, 0 no buffer, 0 dropped
    Received 0 broadcasts, 0 runts, 0 giants
    0 input errors, 0 CRC, 0 frame, 0 overrun, 0 abort
    0 packets output, 0 bytes, 0 underruns, 0 dropped
    0 output errors, 0 collisions, 1 interface resets
    0 carrier transitions
    No cable
    DCD=down  DSR=down  DTR=down  RTS=down  CTS=down
```

2. 查看广域网端口支持的封装类型

```
router(config)#interface s 0/0
router(config-if)#encapsulation  ?
```

!encapsulation 是封装数据链路层协议的命令,"?"是查看该命令可加的参数

```
frame-relay   Frame Relay networks
hdlc          Serial HDLC synchronous
lapb          LAPB (X.25 Level 2)
ppp           Point-to-Point protocol
x25           X.25
```

命令结果显示此设备的 s 0/0 端口可以封装以上 5 种广域网的数据链路层协议。

3. 更改广域网端口的封装类型

```
router(config)#interface s 0/0
router(config-if)#encapsulation ppp              !协议类型封装为 PPP
router(config-if)#end
router#show interface s 0/0


serial 0/0 is DOWN, line protocol is DOWN
Hardware is PQ2 SCC HDLC CONTROLLER serial
Interface address is: no ip address
 MTU 1500 bytes, BW 2000 Kbit
 Encapsulation protocol is PPP, loopback not set
 Keepalive interval is 10 sec, set
 Carrier delay is 2 sec
 RXload is 1, Txload is 1
 LCP Closed
 Closed: ipcp
 Queueing strategy: WFQ
 5 minutes input rate 0 bits/sec, 0 packets/sec
 5 minutes output rate 0 bits/sec, 0 packets/sec
  0 packets input, 0 bytes, 0 res lack, 0 no buffer, 0 dropped
  Received 0 broadcasts, 0 runts, 0 giants
  0 input errors, 0 CRC, 0 frame, 0 overrun, 0 abort
  0 packets output, 0 bytes, 0 underruns, 0 dropped
  0 output errors, 0 collisions, 2 interface resets
  0 carrier transitions
  No cable
  DCD=down   DSR=down   DTR=down   RTS=down   CTS=down
```

实验 9-2   PPP PAP 认证配置

【实验要求】

网络拓扑如图 9-7 所示。

(1) V.35 线缆背对背连接两台路由器。

(2) 链路协商时用 PAP 认证进行安全验证。

(3) IP 地址自行规划。

（4）被验证端 arouter_1，验证端 arouter_2。

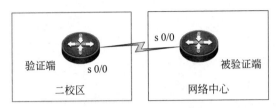

图 9-7 网络拓扑

【实验步骤】

1. 基本配置

#被验证端 arouter_1 配置

router(config)#hostname arouter_1

arouter_1(config)#interface s 0/0

arouter_1(config-if)#ip address 192.168.1.1 255.255.255.252

arouter_1(config-if)#no shutdown

arouter_1#show interface s 0/0

serial 0/0 is DOWN, line protocol is DOWN

Hardware is PQ2 SCC HDLC CONTROLLER serial

Interface address is: 192.168.1.1/30

  MTU 1500 bytes, BW 2000 Kbit

  Encapsulation protocol is HDLC, loopback not set

  Keepalive interval is 10 sec, set

  Carrier delay is 2 sec

  RXload is 1, Txload is 1

  Queueing strategy: WFQ

  5 minutes input rate 0 bits/sec, 0 packets/sec

  5 minutes output rate 0 bits/sec, 0 packets/sec

    0 packets input, 0 bytes, 0 res lack, 0 no buffer, 0 dropped

    Received 0 broadcasts, 0 runts, 0 giants

    0 input errors, 0 CRC, 0 frame, 0 overrun, 0 abort

    0 packets output, 0 bytes, 0 underruns, 0 dropped

    0 output errors, 0 collisions, 2 interface resets

    0 carrier transitions

    No cable

      DCD=down DSR=down DTR=down RTS=down CTS=down

#验证端 arouter_2 配置

router(config)#hostname arouter_2

arouter_2(config)#interface s 0/0

arouter_2(config-if)#ip address 192.168.1.2 255.255.255.252

arouter_2(config-if)#clock rate 64000

arouter_2(config-if)#no shutdown

arouter_2#show interface s 0/0

serial 0/0 is DOWN, line protocol is DOWN

```
Hardware is PQ2 SCC HDLC CONTROLLER serial
Interface address is: 192.168.1.2/30
  MTU 1500 bytes, BW 2000 Kbit
  Encapsulation protocol is HDLC, loopback not set
  Keepalive interval is 10 sec, set
  Carrier delay is 2 sec
  RXload is 1, Txload is 1
  Queueing strategy: WFQ
  5 minutes input rate 0 bits/sec, 0 packets/sec
  5 minutes output rate 0 bits/sec, 0 packets/sec
    0 packets input, 0 bytes, 0 res lack, 0 no buffer, 0 dropped
    Received 0 broadcasts, 0 runts, 0 giants
    0 input errors, 0 CRC, 0 frame, 0 overrun, 0 abort
    0 packets output, 0 bytes, 0 underruns, 0 dropped
    0 output errors, 0 collisions, 2 interface resets
    0 carrier transitions
    No cable
    DCD=down  DSR=down  DTR=down  RTS=down  CTS=down
```

2. 配置 PPP PAP 认证

```
arouter_1(config)#interface s 0/0
arouter_1(config-if)#encapsulation ppp         !封装 PPP
arouter_1(config-if)#ppp pap sent-username arouter_2 password 0 fu
                                               !认证的用户名和密码
arouter_2(config)#username arouter_2 password 0 fu
                                        !验证方配置被验证方的用户名和密码
arouter_2(config-if)#encapsulation ppp
arouter_2(config-if)#ppp authentication pap   !启用 PAP 认证方式
arouter_2#debug ppp authentication            !观察 PAP 验证过程
```

【注意事项】

debug ppp authentication 在路由器物理层 UP 且链路尚未建立的情况下,打开才有信息输出,本实验的实质是链路层协商建立的安全性,该信息出现在链路协商的过程中。

实验 9-3   PPP CHAP 认证配置

【实验要求】

网络拓扑如图 9-8 所示。

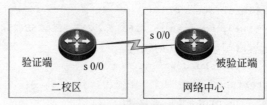

图 9-8　网络拓扑

（1）V.35 线缆背对背连接两台路由器。

（2）链路协商时用 CHAP 认证进行安全验证。

（3）IP 地址自行规划。

（4）被验证端 arouter_1，验证端 arouter_2。

【实验步骤】

1. 基本配置

被验证端 arouter_1 配置

```
router(config)#hostname arouter_1
arouter_1(config)#interface s 0/0
arouter_1(config-if)#ip address 192.168.1.1 255.255.255.252
arouter_1(config-if)#no shutdown
arouter_1(config-if)#end
arouter_1#show interface s 0/0
serial 0/0 is DOWN, line protocol is DOWN
Hardware is PQ2 SCC HDLC CONTROLLER serial
Interface address is: 192.168.1.1/30
  MTU 1500 bytes, BW 2000 Kbit
  Encapsulation protocol is HDLC, loopback not set
  Keepalive interval is 10 sec, set
  Carrier delay is 2 sec
  RXload is 1, Txload is 1
  Queueing strategy: WFQ
  5 minutes input rate 0 bits/sec, 0 packets/sec
  5 minutes output rate 0 bits/sec, 0 packets/sec
    0 packets input, 0 bytes, 0 res lack, 0 no buffer, 0 dropped
    Received 0 broadcasts, 0 runts, 0 giants
    0 input errors, 0 CRC, 0 frame, 0 overrun, 0 abort
    0 packets output, 0 bytes, 0 underruns, 0 dropped
    0 output errors, 0 collisions, 2 interface resets
    0 carrier transitions
    No cable
    DCD=down  DSR=down  DTR=down  RTS=down  CTS=down
```

验证端 arouter_2 配置

```
router(config)#hostname arouter_2
arouter_2(config)#interface s 0/0
arouter_2(config-if)#ip address 192.168.1.2 255.255.255.252
arouter_2(config-if)#clock rate 64000
arouter_2(config-if)#no shutdown
arouter_2#show interface s 0/0
serial 0/0 is DOWN, line protocol is DOWN
Hardware is PQ2 SCC HDLC CONTROLLER serial
Interface address is: 192.168.1.2/30
  MTU 1500 bytes, BW 2000 Kbit
  Encapsulation protocol is HDLC, loopback not set
```

```
Keepalive interval is 10 sec, set
Carrier delay is 2 sec
RXload is 1, Txload is 1
Queueing strategy: WFQ
5 minutes input rate 0 bits/sec, 0 packets/sec
5 minutes output rate 0 bits/sec, 0 packets/sec
  0 packets input, 0 bytes, 0 res lack, 0 no buffer, 0 dropped
  Received 0 broadcasts, 0 runts, 0 giants
  0 input errors, 0 CRC, 0 frame, 0 overrun, 0 abort
  0 packets output, 0 bytes, 0 underruns, 0 dropped
  0 output errors, 0 collisions, 2 interface resets
  0 carrier transitions
  No cable
  DCD=down  DSR=down  DTR=down  RTS=down  CTS=down
```

2. 配置 PPP CHAP 认证

```
arouter_2(config)#username arouter_1 password 0 fu
                            !以对方的主机名作为用户名,密码和对方路由器一致
arouter_2(config)#interface s 0/0
arouter_2(config-if)#encapsulation ppp                    !封装 PPP
arouter_2(config-if)#ppp authentication chap              !PPP 启用 CHAP 认证方式
arouter_1(config)#username arouter_2 password 0 fu
                            !以对方的主机名作为用户名,密码和对方路由器一致
arouter_1(config)#interface s 0/0
arouter_1(config-if)#encapsulation ppp
arouter_2#debug ppp authentication                        !验证端观察 PAP 验证过程
```

【注意事项】

debug ppp authentication 在路由器物理层 UP 且链路尚未建立的情况下,打开才有信息输出,本实验的实质是链路层协商建立的安全性,该信息出现在链路协商的过程中。

习题

1. PPP 的主要特征是什么?
2. 简述 PPP 认证过程。
3. 比较 PAP、CHAP 的优缺点。

第10章　网络设备系统管理

10.1　文件系统

10.1.1　文件系统概述

文件系统指负责管理设备的存储器以及存取存储器上文件信息的机构。锐捷交换机的文件系统和路由器的文件系统类似,本章以锐捷交换机的文件系统为例加以说明。

锐捷交换机提供了 Flash 作为辅助存储器,用于存储和管理交换机的网络操作系统文件,以及一些交换机的配置文件。文件数据在 Flash 上是以日志的格式保存的,每个文件都有一个文件头记录该文件的基本信息。

10.1.2　配置文件系统

1. 文件系统配置通识

使用 Flash 存储占用空间较大的交换设备时,建议文件系统的使用空间不超过128MB。否则,系统启动速度会明显减慢,并且首次在特权模式下使用查看文件命令 Dir 的等待时间会显著变长。

锐捷文件系统的文件名最长为 4096 字符,文件名对大小写不敏感,文件名及路径信息均不支持使用通配符对文件系统进行配置。

文件系统在长时间使用后,建议手动清理一些过时的无用文件。

2. 显示目录内容

在特权用户模式下,命令格式为:

```
dir                                              !显示当前目录下的内容
dir directory                                    !显示指定目录的内容
```

其中,directory 为指定的路径名。

3. 显示当前工作路径

在特权用户模式下,命令格式为:

```
pwd
```

4. 目录切换

在特权用户模式下,命令格式为:

```
cd directory                                     !进入指定 directory 目录
```

其中,directory 为要进入的路径名。

```
cd ../                                           !进入上一级目录
```

5. 创建新目录

在特权用户模式下,命令格式为:

```
mkdir directory
```

其中,directory 为要创建的新目录的名字。

6. 文件复制

在特权用户模式下,命令格式为:

```
copy flash:filename flash:directory
```

其中,将文件 filename 复制到指定的目录 directory 中。

```
copy flash:filename1 flash:filename2
```

其中,把文件 filename1 复制到指定的文件 filename2 中。

配置举例:

```
switch_jiaoxue#copy flash:config.text flash:tmp/
switch_jiaoxue#copy flash:config_bak.txt flash:config.text
```

7. 文件移动

在特权用户模式下,命令格式为:

```
rename flash:old_filename flash:new_filename
```

其中,把名字为 old_filename 的文件命名为 new_filename 文件。

8. 文件删除

在特权用户模式下,命令格式为:

```
del filename
```

其中,filename 为要删除的文件名。

9. 删除空目录

在特权用户模式下,命令格式为:

```
rmdir directory
```

其中,directory 为要删除的空目录名字。

10. 删除非空目录

在特权用户模式下,命令格式为:

```
delete recursive directory
```

其中,directory 为要删除的非空目录名字。

10.1.3 文件系统升级

系统升级指的是在命令行界面下进行主程序或者 Ctrl 程序的升级或者文件的上传和下载,通常有两种方式:一种是使用 TFTP 通过网络进行升级,另一种是使用 Xmodem 协议通过串口进行升级。

1. 通过 TFTP 传输文件

传输文件包括文件上传和文件下载两个方向。文件上传是把文件从交换机端上传到本地主机,文件下载是把文件从本地主机下载到交换机端。

传输文件前,首先在本地主机端安装并运行 TFTP Server 软件,然后选定文件所在的目录。

1) 下载文件

登录到交换机,在特权模式下使用如下命令下载文件,如果没有指明 Location 则需要单独输入 TFTP Server 的 IP 地址。

```
switch_jiaoxue#copy tftp://location/filename flash:filename
```

其中,location/filename 为 TFTP Server 端(即本地主机端)文件的路径和文件名。

2) 上传文件

登录到交换机,在特权模式下使用以下命令上传文件。

```
switch_jiaoxue#copy flash: filename tftp: //location/filename
```

2. 通过 Xmodem 协议传输文件

传输文件前,先通过 Windows 超级终端登录到交换机的带外管理界面。

1) 下载文件

在本地主机的 Windows 超级终端中,选择"传送"菜单中的"发送文件"功能,在弹出的对话框中文件名选择本地主机要下载的文件,协议选择 Xmodem,单击"发送"按钮,则 Windows 超级终端显示发送的进度以及数据包。

```
switch_jiaoxue#copy xmodem flash:filename
```

2) 上传文件

在本地主机的 Windows 超级终端中,选择"传送"菜单中的"接收文件"功能。在弹出的对话框中选择上传文件的存储位置,接收协议选择 Xmodem,单击"接收"按钮,超级终端会进一步提示用户本地存储文件的名称,单击"确认"按钮后开始接收文件。

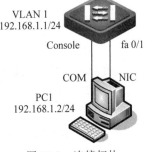

图 10-1　连接拓扑

```
switch_jiaoxue#copy flash:filename xmodem
```

使用上述方式传输文件成功后,重新启动设备,升级文件就会自动完成当前系统的检测和升级,这个过程不需要人工干预和介入。

配置举例:通过 TFTP 传输文件,连接拓扑如图 10-1 所示。

1. 交换机操作系统升级到最新版本 RGNOS.BIN(从 TFTP 服务器下载文件)

配置步骤如下。

(1) 从官方网站下载交换机最新版本的操作系统 RGNOS.BIN。

(2) 按照如图 10-1 所示连接设备。

(3) 在交换机上配置管理 IP 地址。

```
switch_jiaoxue(config)#interface vlan 1
switch_jiaoxue(config-if)#ip address 192.168.1.1 255.255.255.0
switch_jiaoxue(config-if)#no shutdown
```

(4) 修改 PC1 的 IP 地址为 192.168.1.2,掩码为 255.255.255.0,确保交换机和 TFTP 服务器(PC1)的网络连通性,可以使用 ping 命令测试。

(5) 在 PC1 端安装并运行 TFTP Server 软件,并把 RGNOS.BIN 放在 TFTP 服务器主目录(默认目录)下。

(6) 登录到交换机上,进入特权模式,命令格式为:

```
switch_jiaoxue#copy tftp://192.168.1.1/rgnos.bin flash:
Destination filename [rgnos.bin]? y
Accessing tftp://192.168.1.1/rgnos.bin
!!!!!!!!!!!!!!!!!!!!!!!!!
Transmission finished, file length 10838016
```

(7) 使用 Dir 命令查看交换机上的文件。

```
switch_jiaoxue#dir
Directory of flash:/
Mode Link Size MTime Name
--------- ---- --------- ------------------------------ -------------------
1 313020 2017-01-12 00:01:41 hjs.dat
1 10838016 2017-01-12 00:07:30 rgnos.bin
1 317 2017-01-12 00:01:25 config.text
--------------------------------------------------------------------
3 Files (Total size 11151353 Bytes), 9 Directories.
Total 33030144 bytes (31MB) in this device, 20492288 bytes (19MB) available.
```

(8) 在交换机上执行如下操作。

```
switch_jiaoxue#reload                        !重启交换机
switch_jiaoxue#show version                  !查看版本信息
```

2. 将配置文件从交换机备份到 TFTP 服务器的备份目录 C:\Backup(上传文件到 TFTP 服务器)

配置步骤如下。

(1) 按照如图 10-1 所示连接设备。

(2) 在交换机上配置管理 IP 地址。

```
switch_jiaoxue(config)#interface vlan 1
switch_jiaoxue(config-if)#ip address 192.168.1.1 255.255.255.0
switch_jiaoxue(config-if)#no shutdown
```

(3) 修改 PC1 的 IP 地址为 192.168.1.2,掩码为 255.255.255.0,确保交换机和 TFTP 服务器(PC1)的网络连通性,可以使用 ping 命令测试。

(4) 在 PC1 端安装并运行 TFTP Server 软件,进入备份目录 C:\Backup 下。

（5）登录到交换机上，进入特权模式，命令格式为：

```
switch_jiaoxue#copy running-config startup-config
```
　　　　　　　　　　　　　　　　　　　　!先把当前配置文件保存为启动配置文件
```
switch_jiaoxue#copy startup-config tftp://192.168.1.1/
```
　　　　　　　　　　　　　　　　　　!备份交换机的配置文件到 TFTP 服务器

```
Destination filename [config.text]? y
!!!!!!!!!!!!!!!!!!!!!!!!!
Transmission finished, file length 317
```

（6）确认 TFTP 服务器的 C:\Backup 目录下是否出现了 CONFIG.TEXT 文件。

配置举例：通过 Xmodem 传输文件。

（1）将文件 CONFIG.TEXT 从 PC 下载到交换机端（从 TFTP 服务器到交换机）。

① 首先用串口线将 PC 的串口和交换机的 Console 端口连接。

② 打开 Windows 的超级终端，连接到交换机的控制台界面。

③ 在特权模式下，命令格式为：

```
switch_jiaoxue#copy xmodem: flash:/config.text
```

④ 在 PC 的 Windows 超级终端中，选择"传送"菜单中的"发送文件"功能，如图 10-2 所示。

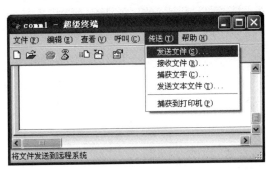

图 10-2　超级终端显示界面（一）

⑤ 在弹出的对话框中文件名选择本地主机要下载的文件，协议选择 Xmodem，单击"发送"按钮，则 Windows 超级终端显示发送的进度以及数据包，如图 10-3 所示。

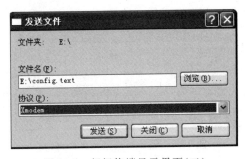

图 10-3　超级终端显示界面（二）

⑥ 使用 Dir 命令查看交换机上的文件。

```
Directory of flash:/
Mode Link Size MTime Name
-------- ---- ------- --------------------- ------------------
1 313020 2017-01-12 00:01:41 hjs.dat
1 10838016 2017-01-12 00:07:30 rgnos.bin
1 317 2017-01-12 00:01:25 config.text
------------------------------------------------------------
3 Files (Total size 11151353 Bytes), 9 Directories.
Total 33030144 bytes (31MB) in this device, 20492288 bytes (19MB) available.
```

(2) 上传文件,将文件 CONFIG.TEXT 从交换机上传到 PC 端。

① 首先用串口线将 PC 的串口和交换机的 Console 端口连接。

② 打开 Windows 的超级终端,连接到交换机的控制台界面。

③ 在特权模式下,命令格式为:

```
switch_jiaoxue#copy flash:/config.text xmodem
```

④ 最后在本地主机的 Windows 超级终端中,选择"传送"菜单中的"接收文件"功能,如图 10-4 所示。

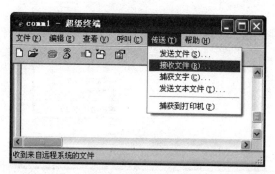

图 10-4　超级终端显示界面(三)

⑤ 在弹出的对话框中选择上传文件的存储位置,接收协议选择 Xmodem,单击"接收"按钮,超级终端会进一步提示用户本地存储文件的名称,单击"确认"按钮后开始接收文件,如图 10-5 所示。

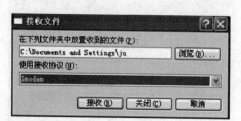

图 10-5　超级终端显示界面(四)

⑥ 确认 PC 上的 C:\Documents and Settings\ju 目录下是否出现了 CONFIG.TEXT 文件。

10.2　利用 ROM 方式重写系统

10.2.1　重写交换机操作系统

交换机的操作系统因某种原因丢失或者密码丢失,交换机无法正常工作时,可以利用 ROM 方式重写交换机的操作系统。

设备连接拓扑如图 10-6 所示。PC1 的 COM 端口通过 Console 线缆与交换机的 Console 端口连接,同时计算机的网卡通过跳线连接到交换机的以太网端口 fa 0/1 上,PC1 上安装 TFTP Server 软件,通过 Xmodem 重写交换机操作系统。

1. 启动 TFTP Server

启动 TFTP 服务器,确保 TFTP 服务器和交换机连通。

2. 设置超级终端的端口参数

启动 TFTP 服务器上的超级终端,设置 COM 口属性参数:每秒位数为 57 600,数据位为 8,奇偶校验为无,停止位为 1,数据流控制为无,如图 10-7 所示。

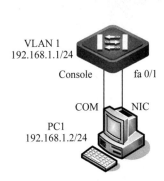

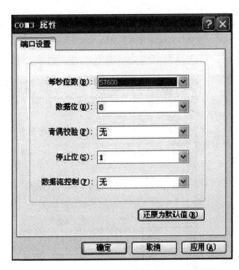

图 10-6　连接拓扑图　　　　　　图 10-7　交换机超级终端端口参数配置

3. 交换机加电

交换机加电后立刻有节奏地按 Esc 键,出现如图 10-8 所示的提示界面,此时输入"y"。

然后出现如图 10-9 所示的选项菜单,在 Input Command：处输入 1,并按照提示输入交换机操作系统文件名。

输入文件名后回车,超级终端开始传送文件,在看到出现一连串"⊥"符号时,立刻在超级终端窗口的菜单中选择"传送"→"发送文件"命令,如图 10-10 所示。

然后会弹出一个对话框,在"文件名"框中选择操作系统文件名和完整的路径,在"协议"下拉列表框中选择 Xmodem,如图 10-11 所示。

单击"发送"按钮后,开始传送文件,显示界面如图 10-12 所示。整个传送过程用时较长,慢慢等待。

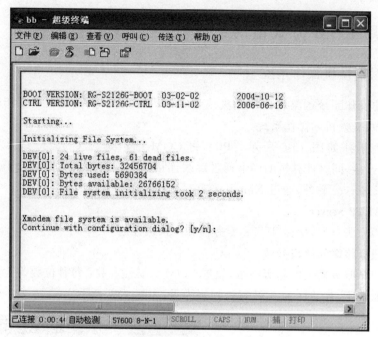

图 10-8　交换机启动界面

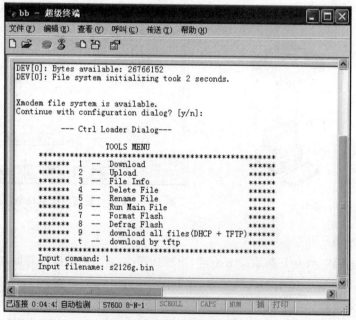

图 10-9　交换机选项菜单

传输完成后,会显示 Download OK 的提示,如图 10-13 所示。

4. 重启交换机

重启交换机后,操作系统已经重新写入 Flash,能够正常启动和引导交换机了。

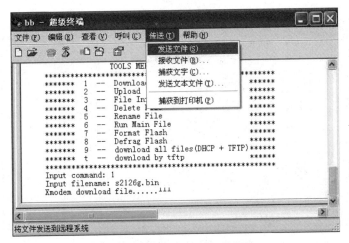

图 10-10 交换机发送文件菜单

图 10-11 交换机发送文件界面

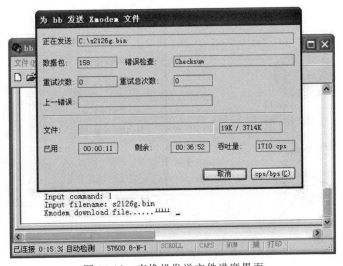

图 10-12 交换机发送文件进度界面

图 10-13　重写交换机操作系统完成

10.2.2　重写路由器操作系统

路由器的操作系统损坏后，也可以利用 ROM 方式重写路由器操作系统。

设备连接拓扑如图 10-14 所示。PC1 的 COM 端口通过 Console 线缆与路由器的 Console 端口连接，同时计算机的网卡通过跳线连接到交换机的以太网端口 fa 0/1 上，PC1 上安装 TFTP Server 软件，通过 Xmodem 重写路由器的操作系统。

1. 启动 TFTP 服务器

启动 TFTP 服务器，确保 TFTP 服务器和路由器连通。

2. 设置超级终端端口参数

启动 TFTP 服务器上的超级终端，设置 COM 端口属性参数：每秒位数为 9600，数据位为 8，奇偶校验为无，停止位为 1，数据流控制为无，如图 10-15 所示。

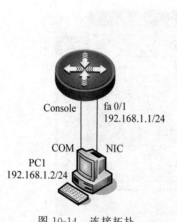

图 10-14　连接拓扑

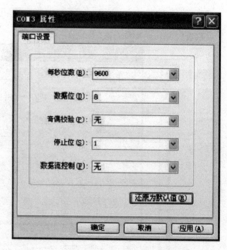

图 10-15　路由器超级终端端口参数

3. 路由器加电

路由器加电后立刻按 Ctrl＋C 组合键，进入路由器的监控模式，如图 10-16 所示。

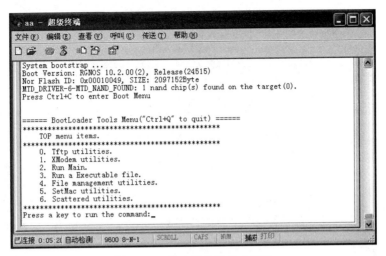

图 10-16　路由器监控模式界面

在 Press a key to run the command：处输入 1，使用 Xmodem 重写路由器的操作系统。在出现的子菜单中选择"1"，升级路由器的主程序，也就是操作系统，如图 10-17 所示。

图 10-17　路由器选项菜单

超级终端开始发送文件，在界面中出现一串"C"提示符后，立刻在超级终端的菜单中选择"传送"→"发送文件"命令，如图 10-18 所示。

弹出一个对话框，在"文件名"框中选择文件名和完整的路径，在"协议"下拉列表框中选择 Xmodem，如图 10-19 所示。

单击"发送"按钮后，开始传送文件，传送界面如图 10-20 所示。整个传送过程用时较长，请耐心等待。

文件传输完毕后，出现如图 10-21 所示的信息，包括操作系统文件的版本、大小等，然后

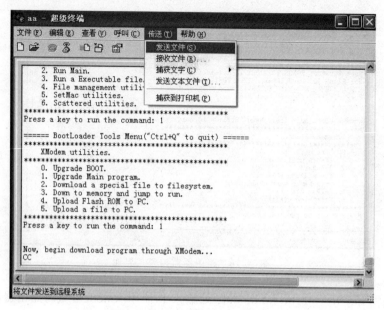

图 10-18　路由器发送文件菜单

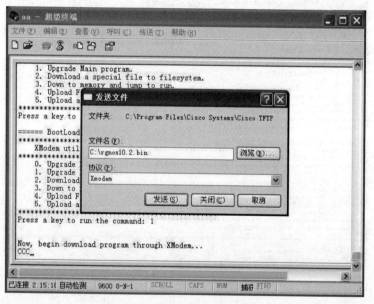

图 10-19　路由器发送文件界面

询问是否要升级操作系统(路由器中旧的操作系统为 10.1 版本,新传进去的为 10.2 版本),默认是"Y"。

　　然后开始写入新操作系统的过程,结束后返回到菜单界面,如图 10-22 所示。

4. 重启路由器

　　重启路由器,操作系统已经重新写入 Flash,能够正常启动和引导路由器了。

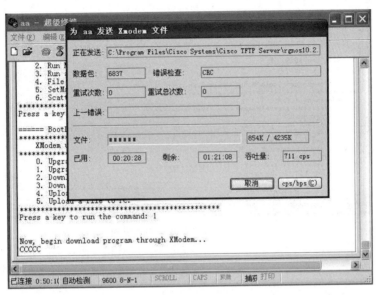

图 10-20 路由器发送文件进度界面

图 10-21 路由器升级提示界面

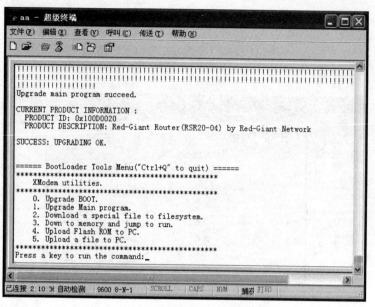

图 10-22　路由器升级完成界面

参 考 文 献

[1] 丛书编委会. 交换机/路由器的配置与管理[M]. 北京：中国电力出版社，2008.

[2] 何林波. 网络设备配置与管理技术[M]. 北京：北京邮电大学出版社，2010.

[3] 三轮贤一. 图解网络硬件[M]. 盛荣，译. 北京：人民邮电出版社，2014.

[4] 谢希仁. 计算机网络[M]. 6 版. 北京：电子工业出版社，2013.

[5] TANENBAUM A S. 计算机网络[M]. 4 版. 北京：清华大学出版社，2003.

[6] 徐敬东，张建忠. 计算机网络[M]. 3 版. 北京：清华大学出版社，2013.

[7] 吴黎兵，彭红梅，黄磊. 计算机网络实验教程[M]. 北京：机械工业出版社，2007.

[8] 王群. 计算机网络技术[M]. 北京：清华大学出版社，2012.

[9] 刘衍珩，梅芳，魏达，等. 计算机网络[M]. 3 版. 北京：科学出版社，2015.

图书资源支持

感谢您一直以来对清华版图书的支持和爱护。为了配合本书的使用，本书提供配套的资源，有需求的读者请扫描下方的"书圈"微信公众号二维码，在图书专区下载，也可以拨打电话或发送电子邮件咨询。

如果您在使用本书的过程中遇到了什么问题，或者有相关图书出版计划，也请您发邮件告诉我们，以便我们更好地为您服务。

我们的联系方式：

清华大学出版社计算机与信息分社网站：https://www.shuimushuhui.com/

地　　址：北京市海淀区双清路学研大厦 A 座 714

邮　　编：100084

电　　话：010-83470236　010-83470237

客服邮箱：2301891038@qq.com

QQ：2301891038（请写明您的单位和姓名）

- -

资源下载：关注公众号"书圈"下载配套资源。

资源下载、样书申请

书圈

图书案例

清华计算机学堂

观看课程直播